天祝白牦牛繁育生产技术

李开辉 裴成芳 主编

甘肃科学技术出版社

图书在版编目（CIP）数据

天祝白牦牛繁育生产技术 / 李开辉, 裴成芳主编
. -- 兰州 : 甘肃科学技术出版社, 2022. 12
ISBN 978-7-5424-2978-0

Ⅰ. ①天… Ⅱ. ①李… ②裴… Ⅲ. ①牦牛 – 繁育
Ⅳ. ①S823. 8

中国版本图书馆CIP数据核字(2022)第238188号

天祝白牦牛繁育生产技术
李开辉　裴成芳　主编

责任编辑　刘　钊
封面设计　孙顺利

出　版　甘肃科学技术出版社
社　址　兰州市城关区曹家巷1号　　730030
电　话　0931-2131572（编辑部）　0931-8773237（发行部）
京东官方旗舰店　https://mall.jd.com/index-655807.html

发　行　甘肃科学技术出版社　　印　刷　甘肃新新包装彩印有限公司
开　本　787毫米×1092毫米　1/16　插　页 2　印　张 18　字　数 360千
版　次　2023年2月第1版
印　次　2023年2月第1次印刷
印　数　1～1 000
书　号　ISBN 978-7-5424-2978-0　　定　价 89.00元

编 写 人 员

主　编：李开辉　裴成芳

副主编：祁万祯　罗文学　马　毅　陈丽丽

编　者：何梅兰　马秀山　祁学东　常　伟

张金菊　吴成梁　张锦蓉　陈宗芳

蒲晓明　梁育林　李春涛　李锋红

王俊毅　马玉珍

前　言

天祝白牦牛是中国乃至世界稀有而珍贵的牦牛地方品种，是经过长期自然选择和人工选育而形成的独具特色的家畜种质资源，已被列入《甘肃省家畜品种志》和《全国家畜品种志》。

近年来，国家加大生态环境保护和建设力度，实施最严厉的生态保护制度，天祝县牧区实行禁牧休牧，天然草原被划分核心区、缓冲区和实验区，在核心区和缓冲区是禁止放牧的，这给天祝白牦牛品种资源保护和产业发展带来严峻挑战。针对这种现状，天祝藏族自治县(简称“天祝县”)县委县政府提出要转变生产经营方式，发展白牦牛舍饲育肥生产，实行牧区繁育、农区育肥，减轻牧区天然草场压力，恢复草原植被，改善生态环境。同时，开展白牦牛异地育肥生产，这种变化，缩短了饲养周期，提高了白牦牛出栏率。

目前，由于缺少天祝白牦牛牧区繁育农区育肥这方面的技术资料，应广大农业技术推广人员和农牧民要求，天祝县畜牧技术推广站组织专业技术人员编写了《天祝白牦牛繁育生产技术》一书，用于指导生产实践。本书结合天祝白牦牛生产实际，介绍了白牦牛生产性能、白牦牛繁殖生物技术、繁殖生产技术、妊娠诊断与分娩助产技术、舍饲育肥技术、舍饲育肥场地建设与环境保护技术、牧草加工调制与利用技术等。在编写过程中，力求融知识性、实用性和可操作性于一体，做到了通俗易懂、简明扼要，可作为广大养殖户、基层畜牧科技工作者学习相关知识和指导生产的技术资料。

本书由天祝县畜牧技术推广站李开辉、裴成芳二同志主编，第一、二、五、六、八章由李开辉同志主编，第三、四、七、九章由裴成芳同志主编。祁万祯、罗文学、何梅兰、马秀山、祁学东、常伟、张金菊、吴成梁、张锦蓉、陈宗芳、梁育林、李春涛、李锋红、王俊毅、马玉珍等同志参加了本书的编写工作。

由于编者水平有限，书中缺点和错误在所难免，恳请专家和广大读者批评指正。

编者

2022 年 5 月

目　　录

第一章 天祝白牦牛

第一节 牦牛概述

牦牛的世界通称为雅克(yak),是藏语的音译。牦牛的叫声似猪,尾形似马尾,故又称其为猪声牛或马尾牛。西方国家因牦牛主产于中国青藏高原地区,故又称其为西藏牛。牦牛的分布主要限于亚洲的高原和山地,包括喜马拉雅地区、帕米尔高原、昆仑山脉、天山山脉和阿尔泰山脉。在中国古代,牦牛分布极为广泛,由于生态环境变迁和人类经济活动的影响,现代牦牛主要分布在青藏高原地区。

到目前为止,世界上没有牦牛数量的准确统计数。根据资料概算,中国是牦牛的主产国。世界其他地区的牦牛主要分布在蒙古国、塔吉克斯坦、吉尔吉斯斯坦等地,印度、不丹、锡金、克什米尔等地少有分布。阿富汗东北部兴都库什山脉高山地区和巴基斯坦北部高山地区也有少量分布。

牦牛主要分布在中国的青藏高原及其毗邻高山地区,集中于东经 70°~115°北纬 27°~55°。中国是世界牦牛数量最多的国家,现有牦牛 1400 余万头,占世界牦牛总数的 94%以上。它主要分布在喜马拉雅山、昆仑山、阿尔金山及祁连山所环绕的青藏高原上,即海拔 3000m 以上的西藏、青海、新疆、甘肃、四川、云南等地。分布区地势高峻,地形复杂,气候寒冷潮湿,空气稀薄;年平均气温均在 0℃以下,最低温度可达-50℃,年温差和日温差极大,相对湿度 55%以上,无霜期 90 天(5~8 月)。内蒙古的贺兰山区以及河北北部山地草原和北京西山地草原,也有少量饲养。由于受不同的地理生态条件、草地类型、饲养水平、选育程度等因素影响,形成了天祝白牦牛、甘南牦牛、青海高原牦牛、环湖牦牛、雪多牦牛、九龙牦牛、麦洼牦牛、木里牦牛、金川牦牛、昌台牦牛、西藏高山牦牛、娘亚牦牛、帕里牦牛、斯布牦牛、类乌齐牦牛、中甸牦牛和巴州牦牛等 17 个地方品种(或遗传资源)和 1 个野牦牛遗传资源,同时培育出了大通牦牛、阿什旦牦牛 2 个培育品种,使中国成为世界上牦牛遗传资源最丰富的国家。

牦牛是高寒地区主要畜种和重要生产生活资料,是青藏高原不可替代的畜种资源。牦牛养殖业是高度适应高寒生态条件的特定养殖模式,是高寒地区地方经济的支柱产业,更是广大牧民世代经营并赖以生存和发展的基础产业。一位研究牦牛的西方专家指出,没有牦牛就没有西藏的经济,牦牛是中国西部地区人民饲养的能适应高寒缺氧环境的一种多功能动物,像沙漠之舟——骆驼一样,牦牛被誉为高原之舟。牦牛具有肉用、役用、奶用等多种价值,其肉、奶等是具有半野生风味的天然食品。藏族人民的衣、食、住、行都与牦牛息息相关,中国是世界上饲养牦牛最多的国家,牦牛提供的奶产品,分别在西藏、青海、四川等地占该类产品的95%、90%和70%以上。牦牛分布的区域是中国西北、西南,是海拔3000m以上的生态脆弱区。因此,牦牛作为一种自然资源、生态资源和经济资源,在保护生物多样性、发展区域经济和实施乡村振兴战略中发挥着巨大的作用。

甘肃现有牦牛110余万头,占甘肃省养牛总量的近1/3,占全国牦牛数量的7.8%左右,居青海、西藏、四川之后,排第四位,集中分布在河西走廊的祁连山脉和甘南藏族自治州。牦牛业的发展和生产水平,直接影响到甘肃牧区畜牧业经济的发展水平,并对民族地区的经济发展、社会进步和稳定等发挥着越来越重要的作用。

第二节 天祝白牦牛品种资源

天祝白牦牛是中国乃至世界稀有而珍贵的牦牛地方品种,是经过长期自然选择和人工选育而形成的独具特色的家畜种质资源,属肉毛兼用型牦牛地方品种,1988年被列入《中国牛品种志》,2000年首次被列入国家级畜禽品种资源保护名录。2008年天祝白牦牛主产区被确定为国家级畜禽品种资源保护区。

天祝白牦牛被毛纯白,体态结构紧凑,有角或无角。鬐甲隆起,前躯发育良好,荐部较高。四肢结实,蹄小,质地密,尾形如马尾。胸部、后躯、四肢、颈侧、背腰及尾部着生较短的粗毛及绒毛,腹下着生长而粗的裙毛。公牦牛头大、额宽、头心毛卷曲,有角个体角粗长,颈粗,雄性特征明显,鬐甲显著隆起,睾丸紧缩,悬在后腹下部。母牦牛头清秀,角较细,颈细,鬐甲隆起,背腰平直,腹部较大但不下垂,乳房呈碗碟状,乳头短细,乳静脉不发达。天祝白牦牛母牦牛初配年龄为2~4岁,一般4岁才达到体成熟,妊娠期260天左右。公牦牛初配年龄为3~4岁,公母配种比例为 1:20 左右,利用年限为 4~5 年。繁殖成活率 63%左右。

一、天祝白牦牛的生物学特性

任何动物在其进化过程中,都不同程度地适应它们所处的环境条件,地理、气候条件是其发生形态变化的重要因素。体格大小、体型结构和皮肤及其覆盖物等形态解剖学特征,是适者生存的结果,并由此决定了体表的保温程度、皮下脂肪层的分布特点、消化器官和采食器官(牙齿和口腔)的结构。天祝白牦牛在高原特殊而严酷的生态环境条件下,经过漫长的适应和进化,形成了不同于其他畜种的生物学特性。

(一)适应高原缺氧环境的生理特性

天祝白牦牛生活在海拔 3000m 左右的高寒草原上,这些地区空气中的含氧量与海平面相比,只有 14%~15%,空气稀薄,大气压低。在高山草原环境的长期作用下,形成了天祝白牦牛适应环境的相关特性,主要表现在气管、胸腔的结构及呼吸、脉搏、血液红细胞和血红蛋白等指标上。

1.气管

天祝白牦牛的气管短而粗,长 44~51cm(同龄普通牛为 65cm),其气管断面是半月形(普通牛呈近圆形),周径为 13~14.5cm,由 50~53 个软管环组成。软骨环两端间的距离大,成年母牦牛为 2.2~3cm,公牦牛达 5cm,软管环两端间的肌肉长而发达,气管同犬的气管相似,可适应频繁呼吸,使天祝白牦牛在高原缺氧环境下行走、奔跑时获得更多的氧气。

2.胸腔的结构及呼吸、脉搏

天祝白牦牛的胸部较长,胸椎骨有 14~15 个,与普通牛相比,胸椎较大,而且多 1~2 个(或肋骨多 1~2 对),胸部发育良好,肺大,占体重的 1.4%。因此,天祝白牦牛的胸腔大而发达,心脏、肺脏相应发育较好,心肺指数(心、肺脏的重量与活重之比)比普通牛高,且肺泡面积大,同样肺组织断面上的肺泡,天祝白牦牛平均占 58%,所以天祝白牦牛肺泡工作面积大,同重量肺脏的气体交换机能比普通牛高。呼吸、脉搏快,呼吸频率为 9~77 次/min,脉搏跳动次数为 45~79 次/min,比普通牛的快,而且幅度大,在空气含氧量少的环境下呼吸,不会导致缺氧。

3.血液

血红蛋白是由一个分子的球蛋白和四个分子的亚铁血红素结合而成的结合蛋白质,当血液流进肺部时,由于该处氧分压高,亚铁离子键上的 H_2O 就被 O_2 所取代而成为氧合血红蛋白。当血液流经体组织时,由于氧分压低,又把 O_2 释放出来供组织细胞生物氧化使用,O_2 的位置又被 H_2O 所取代而成为还原血红蛋白。如此循环往复完成输送 O_2 的任务。正常情况下,每克血红蛋白能与 1.36ml 的氧结合。

同一般的黄牛、奶牛相比,天祝白牦牛血液中的红细胞、血红蛋白的含量高,红细胞不仅数量多，而且直径大，成年母牦牛红细胞平均直径为4.83μm，初胎母牦牛为4.63μm，同龄普通牛为4.38μm。由于独特的生理特点，增加了天祝白牦牛血液及体组织中的氧容量，在保持正常呼吸的条件下，能获得机体必需的氧气，以适应高海拔、低气压和空气含氧量少的生态环境条件。此外，肌红蛋白制约着肌肉的色泽，天祝白牦牛的肌红蛋白含量高，所以肌肉色泽鲜红。

（二）适应高原寒冷气候环境的生态生理特征

1.皮肤

天祝白牦牛的皮肤比较厚，为6.2mm左右，真皮层及其下面的脂肪层发育较好，容易沉积皮下脂肪。脂肪层是热的不良导体，能防止体热过度散发。一般而言，皮肤厚，散热差。此外，天祝白牦牛的汗腺发育较差，在低温环境下，体表的蒸发散热少。天祝白牦牛的汗腺是弯曲的小管，细且长，在组织切片上是小球或小线团状，排汗或分泌较差，所以不利于散发热，即耐寒而不耐热。

2.被毛

天祝白牦牛在同寒冷气候条件相互作用的漫长过程中，保存了有利于耐寒的被毛变异。天祝白牦牛的被毛虽为开放的被毛，但季节变化显著。进入冷季后粗毛间密生绒毛，身体凸出部位腹部及臀部的粗毛(又称裙毛)密度为(3167.8±918.8)根/cm^2，其中绒毛占58.4%，粗毛和两型毛分别占26.6%和15%，这种不同毛纤维类型组成的混型被毛，具有保温性能极其良好的空气层，身体各凸出部位如腹部及臀部的粗毛（又称裙毛）密长[毛股长度为(190.0±35.9)mm]，同尾毛一起裹着后躯(臀、后肢、乳房或睾丸)、腹部(内脏器官)、胸部和前肢，像“围裙”一样，保温和保护这些部位免受冻害。并且其被毛是由不同纤维类型组成的混型被毛，具有保温性良好的静止空气层(是热传导的一种不良导体)，其特点比单型被毛的空气层厚而相对稳定。所以被毛的保温性(即阻止体热散失的性能)好。

3.呼吸

呼吸是天祝白牦牛散热的重要途径之一。天祝白牦牛可根据气温的变化，通过呼吸来调节自己机体的能量代谢活动。通过呼吸蒸发水分、实行气体交换，散发体热。如在气温28℃时呼吸次数为80次/min，在10℃时呼吸次数为49.4次/min；在寒冷环境(−6℃)下，呼吸可减少到7~15次/min。即天祝白牦牛以增加或减少呼吸次数来调节热量散发，以维持正常体温。

天祝白牦牛适应高原寒冷气候环境的生态生理特征，还表现在天祝白牦牛体格大，体质结实紧凑，四肢相对较短，耳垂皮小，体表很少有皱褶，相对体表面积小(牦牛每千克活重的体表面积为0.0182m^2)，即单位体重的体表散热少，有利于保存体内热量。

天祝白牦牛的这些特性，有效地降低了机体热量通过对流蒸发及辐射、传导等方式的散失，有利于保存体内热量，使天祝白牦牛在高原寒冷的气候环境条件下，减少体内营养物质或热能的消耗，维持体温正常。

(三)适应高山草原矮草采食及地势的生态生理特征

天祝白牦牛是一个主要靠从高山草甸草原摄取牧草维持营养需要的放牧畜种，在采食并适应高原牧草低矮、稀疏、枯草期长的环境条件下，形成了独特的采食特性。天祝白牦牛上唇黏膜光滑，靠近唇缘有小而圆的乳头，向口角外逐渐增高，并由圆球变成锥状，与颊部锥状乳头连成一片，下唇靠近口角处有许多呈佛手状的乳头，比上唇的高且大并排成 3~5 列，锥状乳头由口角向后逐渐变高，尖端向后，与颊部乳头相连。天祝白牦牛的鼻镜小，上唇中部处鼻镜宽约 1cm，两鼻孔间宽约 4cm，门齿面比普通牛的宽且呈铲形齿冠，并与齿板的接触面向后倾斜。天祝白牦牛的舌端较圆而宽薄，近似马的舌，舌尖背面的两侧，密集分布着锥型乳头。锥状乳头粗而大，尖端朝向咽部，在舌体背面逐渐变细变短，锥状乳头角化程度较高，因而舌面特别粗糙，触之如刺钩，有利于将牧草抓卷入口腔。在天然牧草约 5cm 时，天祝白牦牛即可采食。在积雪的牧场放牧时，天祝白牦牛还可以踏开较厚的雪层，甚至用颜面撞开疏松的厚雪层(8~12cm)进行采食，绵羊难以利用的灌木林地及边远牧场，天祝白牦牛能很好利用。这种多种采食方式的结合，能够充分利用不同草层的牧草，很好地适应了高山矮草生态环境。

同时，天祝白牦牛具有良好的适应高山草原地势的生理特性。高山草原有的层峦叠嶂，草坡与云天相连，地势陡峭，山高路险，跨冰河，过雪原，天祝白牦牛行走比马稳健，这与天祝白牦牛对地势的生理适应是分不开的。天祝白牦牛四肢较短，强壮有力，骨髓坚实致密，含钙、磷多。蹄大坚实，蹄底侧及前面有坚硬而凸出的边缘围绕，蹄底后面有柔软高弹性的足掌蹄，细致发亮，蹄叉开张。蹄尖狭窄锐利，蹄底有很深的凹陷蹄壳，与地面所构成的内角较大(牦牛为 50°~70°，黄牛一般为 45°)，前蹄大于后蹄。这种独特的蹄形结构不仅着地稳当，而且其身体向下滑动的速度和冲力，能使牦牛在陡峭的高山上放牧或驮运东西时行走自如，能充分利用只有山羊才能到达的高山陡峭的草场和边缘草场取食。

二、天祝白牦牛的行为特点

(一)天祝白牦牛的个体行为

天祝白牦牛的驯化度较其他牛种低，性情较野。公牦牛性情暴烈，喜角斗，群内优胜序列明显。在母牦牛发情季节，反应敏感，往来于各牛群之间争夺配偶，5~6 岁交配力最强，7 岁以后的公牦牛在牛群中成为强者，但交配力差，常常对发情母牦牛“霸而不配”。公牦牛护群性强，遇到野兽侵犯牛群时，能挺身而出，攻击凶猛，但一般不伤害人。在配种季节过后，合群性差，往往离群赴高山深处单独觅食，不主动归群，也很少受到兽害。母牦牛母性很强，妊娠后期比较安静，一般逃避角斗或不主动向其他牛只挑衅，行动缓慢，放牧多落在群后。临近分娩时，喜离群到较远而僻静的地方产犊。刚产犊后的母牦牛，喜带犊牛离群游走，卧息于远处，一般不主动归群。母牦牛在哺乳期间，具有很强的保护、照料犊牛的行为或很强的母子依恋行为。产乳母牦牛挤乳前必须经犊牛哺乳引起排乳反射才能挤乳。发情母牦牛的性行为不如普通牛种强烈，在发情季节，母牦牛常在雨后阴天及早晚凉爽时发情。犊牛出生后5~15min就能站立并寻找哺乳，1月龄时犊牛的视觉和嗅觉的分辨能力不强。犊牛活泼好动，喜在一起相互追逐、嬉戏或奔跑。断奶后，当犊牛与母牦牛分离时，犊牛呼唤不已，不愿采食，表现为精神不安，离群寻母，甚至丢失。

（二）天祝白牦牛的群体行为

天祝白牦牛需终年放牧，保留了野生祖先的一些群体行为，放牧的牛群基本趋向于成群结队，在牧场上采食和游走，夜间则在圈地休息，由公牦牛担任警戒任务，保护牛群的安全。群与群之间有排斥性，群内优胜序列明显，无论公母牛，均有最强者或列居第二、第三及最弱者的群居等级排列次序，强者为群内“带头牛”，吃的草料多，繁殖的后代也多。成年公牦牛间常常为争夺配偶发生角斗，但一般时间较短，不易造成伤亡。天祝白牦牛容易兴奋或惊群，稍加驱赶就奔跑。夏季在阴坡、高山或阴雨有风天放牧时，牛群相对安静；在炎热的夏天放牧时，牛群往往会喜欢到高山或凉爽有风的地方去采食或者休息。

第三节 天祝白牦牛的产地与分布

一、产地自然环境

天祝白牦牛产于甘肃省武威市天祝藏族自治县境内，天祝县地处河西走廊东端、青藏高原东北边缘，东经102°07′~103°46′，北纬36°31′~37°55′。地势西部高峻，而东南逐渐变低，属青藏高原、黄土高原和内蒙古高原的交汇地带，海拔2040~4874m。境内4000m以上的大山有马牙雪山、雷公山、牛头山、歪巴郎山、代乾山、干沙峨博、磨脐山、响水顶、卡洼掌等。天祝县以代乾山及乌鞘岭、毛毛山为界，岭南主要有大通河、金强河、石门河等黄河水系；岭北主要有毛藏河、哈溪河、南岔河、响水河、西大滩河等石羊河水系。气候寒冷，温度变化剧烈，垂直分布明显，日照强，雨量充沛，相对湿度高，属寒冷高原性气候，小区域气候复杂多变，常有干旱、冰雹、洪涝、霜冻、风雪等自然灾害发生。日照时数年均2500~2700h，年均气温-8℃~4℃，相对无霜期90~145天，年均降雨量265~632mm。

天祝县总土地面积 7149km^2，东西宽 142.6km，南北长 158.4km。草原面积 49 万 hm^2，草地资源丰富，牧草种类繁多。天然牧草以莎草科和禾本科为主，种类成分为莎草科占 16.9%~51.6%，禾本科占 26.4%~29.3%，杂类草占 14%~45.6%，毒草占 0.9%~1.0%。草原可分高山草甸草场、草原草场和森林灌丛草场三大类型，高山草甸草场牧草以禾本科、莎草科为主，主要牧草有垂穗披碱草、早熟禾、苔草、蒿草、莎草等；草原草场牧草以禾本科、菊科为主，主要牧草有克氏针茅、扁穗冰草、芨芨草、冷蒿等；森林灌丛草场的牧草以禾本科和苔草、杂草为主。

二、数量及分布

天祝县牦牛饲养量 15.6 万头，其中天祝白牦牛饲养量约 8 万头，占全县牦牛总数的 51.3%。天祝白牦牛主要分布在天祝县华藏寺、石门、打柴沟、松山、抓喜秀龙、安远、西大滩、炭山岭、赛什斯、天堂等乡镇，其他乡镇有少量分布。

第二章 天祝白牦牛生产性能

第一节 天祝白牦牛产肉性能

天祝白牦牛肉与其他畜种及黄牛肉相比，颜色较深，主要原因是肌肉中肌红蛋白含量高，适应高山草原少氧的生态环境。天祝白牦牛多在高寒草场上放牧，无工业污染和农药残留污染，加之高寒地区气候条件特殊，太阳辐射强，昼夜温差大，牧草营养成分中粗蛋白、粗脂肪、无氮浸出物、热能值高，粗纤维含量低，使天祝白牦牛产肉率高、色泽鲜红、肉质鲜嫩、食之有野味、营养丰富、口感好。

一、活重

天祝白牦牛公犊牛初生重为12.74kg，母犊牛为10.96kg；成年天祝白牦牛公牛活重为270.1kg，母牛为190.5kg。1~4周岁天然草场上放牧的公牛平均日增重为161.8g、157.1g、114.4g、135.8g，母牛为160.1g、154.2g、71.2g、52.6g(表2-1)。5周岁以上放牧白牦牛体尺及活重(表2-2)。

表2-1 1~4周岁放牧白牦牛活重及日增重(kg、g)

年龄(周岁)	公牦牛			母牦牛		
	活重	年净增重	平均日增重	活重	年净增重	平均日增重
1	71.7±10.1	59.5	161.8	69.3±13.31	58.3	160.1
2	129.5±11.7	57.3	157.1	126.3±7.11	56.1	154.2
3	171.5±4.79	41.8	114.4	152.6±5.33	26.4	71.2
4	219.9±37.23	49.9	135.8	171.9±19.59	19.6	52.6

表 2-2 5 周岁以上放牧白牦牛体尺及活重(cm、kg)

性别	测定头数	体高	体长	胸围	管围	活重
公牛	20	120.2±4.49	124.3±4.59	162.5±4.46	18.3±1.19	269.9±18.5
母牛	82	105.3±5.41	112.7±5.29	153.7±8.09	16.7±1.50	189.7±20.6

二、屠宰率、净肉率

据试验测定，成年天祝白牦牛屠宰率公牦牛平均为 52.02%，阉牦牛为 54.55%；骨肉比公牦牛为 1:2.43，母牦牛为 1:3.73，阉牦牛为 1:4.06；公牦牛、母牦牛、阉牦牛净肉率分别为 36.26%、39.58%和 41.36%(表 2-3)。胴体含骨率成年阉牦牛为 14%~32%，成年母牦牛为 25%~33%(表 2-4)。

表 2-3 天祝白牦牛屠宰率及净肉率(%、kg)

性别	宰前活重	胴体重	屠宰率	净肉重	净肉率
公牛	272.59±37.51	141.59±19.39	52.02	100.19±18.76	36.26
母牛	217.78±15.49	113.41±10.13	52.05	89.31±12.88	39.58
阉牛	245.10±37.56	134.28±25.66	54.55	107.76±11.61	41.36

表 2-4 天祝白牦牛阉牦牛与其他牦牛胴体与非胴体部分活重的百分率比较(kg)

项目	天祝白牦牛 (n=3~4 岁)		西藏当雄牦牛 (n=4~9 岁)		蒙古牦牛 (n=4~9 岁)	
	重量	占活重(%)	重量	占活重(%)	重量	占活重(%)
活重	261.77	100	527.80	100	298.30	100
胴体重	133.37	50.95	240.60	45.59	145.80	48.90
血	10.90	4.16	20.50	3.88	12.50	4.20
头	14.90	5.69	27.30	5.17	11.60	3.90
胃总重	9.43	3.60	21.80	4.13	10.70	3.60
肠总重	7.10	2.71	11.65	2.21	6.90	2.31
心脏	1.43	0.55	2.10	0.40	1.50	0.50
肺脏	3.37	1.29	7.10	1.35	3.60	1.21
肝脏	3.47	1.33	6.10	1.16	4.30	1.44
肾脏	0.80	0.31	0.95	0.18	0.80	0.27
蹄	5.37	2.05	9.50	1.80	6.20	2.08
皮	20.07	7.67	29.00	5.49	23.80	7.98
其他	3.83	1.46	—	—	1.90	0.64

三、天祝白牦牛肉的特性

（一）蛋白质含量高

天祝白牦牛阉牦牛眼肌中蛋白质含量为21.13%，比蒙古牦牛肉高2.34%。必需氨基酸和非必需氨基酸的含量分别达到37.57%和53.59%，氨基酸总量显著高于青海牦牛和西藏牦牛(表2-5)。

表2-5 天祝白牦牛与其他牦牛肌肉蛋白质中氨基酸含量比较(%)

氨基酸	新疆和静牦牛(眼肌)	新疆肉犏牛(眼肌)	天祝白牦牛(眼肌)
必需氨基酸	35.50	35.31	37.57
苏氨酸	4.16	4.07	4.43
缬氨酸	4.29	4.15	5.04
蛋氨酸	1.25	1.13	0.30
异亮氨酸	3.93	4.15	4.82
亮氨酸	7.39	7.23	7.56
酪氨酸	2.85	2.95	3.17
苯丙氨酸	3.57	3.64	3.56
赖氨酸	7.86	7.99	8.69
非必需氨基酸	50.36	49.19	53.59
天冬氨酸	8.23	7.98	9.13
丝氨酸	3.54	3.65	3.56
谷氨酸	16.00	17.18	16.43
甘氨酸	4.38	3.85	4.10
丙氨酸	5.75	5.62	5.69
胱氨酸	—	—	1.00
组氨酸	3.51	3.25	4.04
精氨酸	5.62	5.37	6.04
脯氨酸	2.89	1.90	3.60
半胱氨酸	0.72	0.39	—
氨基酸总量	85.66	84.50	91.16
比率1/2	0.70	0.71	0.70

（二）脂肪含量低

天祝白牦牛体内脂肪呈橘黄色，大量沉积于皮下和腹腔中，一般母牦牛贮存较多，特别是

“干巴”母牛更多，阉牦牛和公牦牛贮存较少。皮下脂肪的厚度与育肥程度及性别有关，幼牦牛的皮下很少沉积脂肪。阉牛眼肌中仅占 1.41%。脂肪中胡萝卜素含量丰富，每千克脂肪中含量达 19.1 mg。体脂肪的熔点为 52.8℃，凝点为 37.1℃，皂化值为 196.6，碘值为 31.8。

（三）矿物质元素含量丰富

经对天祝白牦牛肋骨样块（10、11、12 肋骨）表面肌肉分析，其中含钙 0.0190 %、含磷 0.1384 %、灰分含量 0.87 %；眼肌中含钙 0.0179 % 、含磷 0.2016 %、灰分含量 1.05 %(表 2-6)。

表 2-6 天祝白牦牛与其他牦牛肉化学组成比较(%)

肉类	水分	蛋白质	脂肪	灰分	热能值(kJ/kg)
天祝白牦牛肉（肋骨表面肌肉）	66.20	20.20	11.87	0.87	9618.88
天祝白牦牛肉（阉牦牛眼肌）	76.32	21.13	1.41	1.05	5591.76
蒙古牦牛肉	72.76	18.79	5.03	0.92	6327.51
新疆和静牦牛肉	75.30	21.19	3.76	1.02	6467.14
四川龙日牦牛肉	73.63	21.59	3.76	1.02	6467.14
四川龙日犏牛肉	72.31	21.73	4.94	1.02	6968.72

天祝白牦牛肉具有营养丰富、高蛋白、低脂肪的显著特点，生长环境远离工矿区，自然放牧，绝对无污染，是名副其实的纯天然绿色食品，具有很高的开发利用价值。

四、牦牛产肉性能的测定及计算方法

（一）活重、日增重测定和计算

（1）初生重。犊牛出生后未哺乳前称重。母牦牛护犊，容易攻击测定人员，要特别注意安全。

(2)不同月龄称重。在早晨出牧或补饲(包括饮水)前称重，并连续称重 3 次，取其平均值。

(3)活重估算。在牧区无条件进行称重时，可采用经验公式估算。估算公式为：

牦牛活重(kg)=体直长(m)×胸围 2(m)×70

(4)平均日增重。日增重是衡量天祝白牦牛生长发育或育肥效果的重要指标。根据定期实测牛只各阶段的活重或增重阶段的体重，计算公式为：

平均日增重=(期末体重-期初体重)/期初到期末饲养日期

=饲养期内绝对增重/饲养期天数

(5)校正断奶重。牦牛犊随母牛自然哺乳，由于出生日期不同，断奶时间很难统一。因此，比较断奶体重时，须校正到同一断奶日龄。断奶日龄采用 200 天，校正公式为：

校正的断奶体重=[(断奶重-初生重)/实际断奶日龄]×校正断奶日数+初生重

（二）屠宰率测定和计算

屠宰前1天必须停止放牧或补饲，可饮水，宰前12h停止饮水，使消化道的内容物得以大量排泄，使牛体内极少部分蛋白质、脂肪及肝脏中的淀粉等充分分解，分布于全身，以提高肉的风味和减少屠宰过程中的工作量。

屠宰前要尽量减少对牛只的刺激，最好电晕，以免牦牛在屠宰时挣扎惊恐而引起血液大量流入肌肉等，造成放血不全，使肉含水量多，微生物大量繁殖，从而加快肉的腐败。放血完全的肉，不仅色泽好，质地细嫩柔软，而且不易腐败。

1.屠宰测定

屠宰前要测定宰前活重、血重、胴体重、净肉重、骨重和头、蹄、皮、脂肪及内脏各器官重等，还要测定肋骨样块和眼肌面积。宰前活重是屠宰前停止饲喂24h后临宰时实称的活重；血重是直接称量放出的血量；胴体重是除去头、蹄、皮、内脏器官的胴体(带肾脏及其周围脂肪)的重量；净肉重是胴体剔骨后的全部肉重；骨重是胴体所剔出的全部骨重。取样和测定肋骨样块时，在第9和第12肋骨后缘处切开，将第10、11、12肋骨与胴体分离(不包括眼肌及胸椎)，再将肋骨与肌肉分离，称其重量。全部采样肌肉供化学分析用。测定眼肌面积时，在第13肋骨后缘处将胸椎锯开，再将第13及14肋骨间切开，在第13肋骨后缘用硫酸纸将眼肌面积画出，用求积仪测其面积。

2.屠宰率及净肉率计算

屠宰率(%)=胴体重/宰前活重×100%

或 屠宰率(%)=(胴体重+脂肪重)/宰前活重×100%

净肉率(%)=净肉重/宰前活重×100%

或 净肉率(%)=(净肉重+脂肪重)/宰前活重×100%

五、评膘

（一）一类膘(上等膘)

全身丰满，被毛光亮、密长。肋骨、脊椎骨不明显，腰角、臀端呈圆形。触摸大腿部，肌肉厚实且有弹性。屠宰后胴体表面布满脂肪，并有一定的厚度，肾脏外部全由脂肪包埋。

（二）二类膘(中等膘)

全身较丰满，被毛整齐，光泽较差。肋、腰椎横突不明显，但腰角及臀末端圆，触摸大腿部时肌肉欠厚实。屠宰后的胴体表面未布满脂肪，仅尾根至腰及髻甲部有相连的薄脂肪，内脏脂肪也少。

（三）三类膘(下等膘)

被毛粗而无光泽，肋、脊椎骨明显可见，但尻部不塌陷。屠宰后的胴体表面很少有脂肪。

(四)四类膘(瘦弱牛)

骨瘦如柴,被毛粗乱,全身的骨骼关节明显可见,尻部塌陷。营养状况差,严重时行动迟缓或四肢站立不稳。

表 2-7 成年天祝白牦牛评膘指标(下限)

单位:kg

指标	上等膘	中等膘	下等膘
活重	440.0	408.1	334.7
胴体重	235.1	212.8	157.8
屠宰率(%)	53.4	52.1	47.1

六、影响天祝白牦牛产肉性能的因素

(一)饲草

良好的放牧、补饲条件,是提高白牦牛产肉性能和改善肉质的重要因素。不同营养条件下牛只的膘情不同,屠宰率的差异很大。根据试验测定,下等膘情的天祝白牦牛屠宰率为47.1%,肉的热能值只有4100.32kJ/kg,而上等膘情的天祝白牦牛屠宰率为53.4%,肉的热能值高达6033.33kJ/kg或更高。

(二)性别

一般公牦牛的活重大于母牦牛,产肉量较高。但母牦牛的肉质较好,肌纤维较细,肉的风味也好。公牦牛去势后,易育肥,肉质好。阉牦牛沉积的脂肪多,瘦肉少。公牦牛比阉牦牛增重快,单位增重饲料消耗少,屠宰率高,胴体含有较多的瘦肉,因此,大多数白牦牛养殖场采用不去势的公牦牛来育肥生产牛肉。

(三)年龄

年岁较大的牦牛养殖经济效益不高,这是因为老牦牛消耗的饲料多,肉质差,市场售价低。在维持需要的基础上,单位增重所需要的净能,幼龄母牛高于幼龄公牛,老龄牛高于幼龄牛。老母牛与阉牛在腹腔和皮下沉积的脂肪多,幼龄牛首先在肌纤维之间沉积脂肪,在皮下和腹腔沉积较少。目前国内外市场多喜欢含脂肪较少的牛肉,肉中蛋白质与脂肪的比例为1.3~1.7:1为佳。因此在生产中应尽量减少肉用牦牛的越冬次数,以减少能量的重复浪费。近年来,天祝白牦牛肉用公牛(包括阉牛)的出栏年龄提前到了3~4周岁,肉质好,周转快,效益高。

(四)屠宰前的长途驱赶

天祝白牦牛在屠宰前一般都要经过长途驱赶,这对活重影响较大。据报道,一群牦牛从海拔2000m处驱赶至海拔600m处的屠宰厂,如果在7月份,经8天驱赶,每天行程16.25km,总行程130km,成年阉牦牛平均每头日增重200g,母牦牛日增重300g;另一群经19天驱赶,每日行程 13.68km,中途休息 3 天,全程 260km,途中放牧,定期喂盐,成年母牦牛平均每头日减重 410g。天祝牧区的个别地方至今还有牦牛经纪人将收购后的牦牛进行长途驱赶,这对肥育后的天祝白牦牛造成很大损失。

七、提高天祝白牦牛产肉性能的重要措施

(一)开展天祝白牦牛保种和提纯复壮工作

加快天祝白牦牛保种选育体系建设,在主产区建立健全良种繁育体系,制订选育种牛计划,同时加大种牛调换力度,开展提纯复壮,实行血缘更新。选择优秀种牛建立育种核心群,突出保种选育群的类型特点,制订选育目标,完善选育方案和选育标准,选择产肉、产毛性能高的个体进行选种选配,逐步扩大群体数量,提高种群质量和生产性能。同时,利用国内外现有先进的遗传繁殖技术和管理成果,积极开展天祝白牦牛细管冻精的制作、人工授配工作,采用冻精授配、胚胎移植等生物技术措施,提高优良种牛的利用率,扩大种群数量和群体规模,提高养殖效益,依靠产业发展带动保种,使保种逐步走向良性循环,使白牦牛产业成为农牧民脱贫致富的重要支柱产业。在主产区加大饲草料种植面积,解决白牦牛饲草料短缺的问题,转变生产经营方式,开展白牦牛舍饲育肥生产,缩短饲养周期,加快周转,提高养殖效益。

(二)加强白牦牛饲养管理工作

天祝白牦牛虽然有较强的暖季补偿生长能力,但是任何家畜的补偿生长都有一定限度,冷季过度乏弱对天祝白牦牛生产性能影响较大。为了提高白牦牛产肉性能,应加强冷季补饲,提高补饲营养水平。在暖季注意贮备足够的饲草料,以供冷季补饲之用;有条件的还可补饲一定量的精料,尽量满足牛只冷季的营养需要。改善养殖环境条件,修建养殖暖棚,做好冷季防寒保暖,减少牛只在冷季活重的损失。优良的放牧和补饲条件是提高天祝白牦牛产肉性能和改善肉质的主要措施。不同膘情牛只的屠宰率差异较大,而且每千克肉的热能值也不同。据报道,下等膘的天祝白牦牛肉热能值为 4103.06kJ/kg,而上等膘的天祝白牦牛肉则为 6037.37kJ/kg 或更高。因此在天祝白牦牛育肥生产中,针对市场对天祝白牦牛肉品质的需要,依据其生长规律,开展犊牛和架子牛舍饲育肥,可显著提高白牦牛产肉性能和牛肉品质。

(三)掌握适宜的屠宰年龄

天祝白牦牛年龄越大,单位增重所消耗的营养物质就越多,因为老龄牦牛增重的主要原因是体脂肪增加,而脂肪沉积比肌肉生长需要更多的营养物质。同时,年龄越大,饲养时间就越长,越冬度春的次数就会增多,累计损失的活重就越多。如阉牦牛从出生到 48 月龄时,要经过 4 个冷季,4 个冷季总减重相当于 2 头牦牛的净重。就肉的品质而言,老龄牦牛的肉质较粗硬,风味差,肉中的脂肪过多,降低了人体对营养物质的消化和肉的烹饪特性。因此,采取放牧加补饲的饲养方式,快速育肥出栏架子牛,减少白牦牛越冬度春的次数,加快周转,是提高白

牦牛产肉性能和经济效益的有效途径。

由于受天祝白牦牛产区生态条件和农牧民思想观念的束缚，目前市场上销售的白牦牛肉多为淘汰牛所生产，犊牛肉和2周岁左右的小牦牛肉很少。为了提高白牦牛养殖效益和白牦牛肉的品质，可以试验探究白牦牛犊牛和架子牛的舍饲育肥生产，向市场提供优质的白牦牛肉，实现白牦牛四季均衡出栏上市。同时，开展白牦牛犊牛早期断奶舍饲育肥生产，可以提高白牦牛的繁殖率，能够实现白牦牛一年一产。

第二节 天祝白牦牛产毛性能

一、产毛量

天祝白牦牛被毛总含量在50.02%~97.80%，含绒率非常高，被称为"雪绒"。由于其被毛纯白，可染性强，是独特的轻纺工业原料。天祝白牦牛成年公牦牛裙毛量(包括粗毛)平均为3.63kg，最高达5.8kg。产绒量为0.41kg，尾毛量为0.62kg；成年母牦牛产裙毛、绒、尾毛量分别为1.16kg、0.73kg、0.33kg；阉牦牛分别为1.67kg、0.47kg、0.29kg。

表2-8 天祝白牦牛(5岁以上)的产毛量(kg)

性别	头数	裙毛量			抓绒量			尾毛量		
		X	S	CV	X	S	CV	X	S	CV
公牛	20	3.63	1.63	44.90	0.41	0.05	12.20	0.62	0.22	35.48
母牛	20	1.16	0.36	31.03	0.73	0.23	31.51	0.33	0.08	24.24
阉牛	20	1.67	0.43	25.75	0.47	0.11	23.40	0.29	0.07	24.14

表2-9 天祝白牦牛裙毛、尾毛和头心毛的产量

性别	年龄(岁)	头数	裙毛量(kg)	尾毛量(kg)	头心毛量(g)
公牛	6	10	1.15	0.33	78.56
母牛	6	10	0.54	0.25	33.58
阉牛	6	10	0.60	0.38	—

表 2-10 天祝白牦牛(5 岁以上)各部位毛股长度(cm)

性别	头数	背	腹	臀	尾
公牛	20	8.03	30.26	22.25	52.32
母牛	20	11.38±3.33	52.11±3.80	19.99±3.13	44.72±4.91
阉牛	20	11.62±4.09	30.11±3.46	23.89±1.13	45.10±5.39

二、天祝白牦牛毛纤维的结构

天祝白牦牛绒毛与其他牛毛相比,柔软有弹性,保暖性能好,可纺性与羊绒相似,光泽好,这与它独特的结构有关。天祝白牦牛绒毛具有复瓦状排列的不规则鳞片,边缘呈锯状而不翘起,鳞片重叠度大。电子显微镜下放大 3000 倍时,鳞片表面光滑而无类似美利奴毛的微细结构,鳞片边缘薄而紧贴,所以天祝白牦牛的粗毛具有强烈的光泽。天祝白牦牛绒的鳞片形状不同于绵羊毛,也不同于山羊绒,属于非环形鳞片,形状不规则,边缘不整齐,在电子显微镜下放大到 1000 倍时,鳞片表面起伏不平,呈轻微的条纹状结构;放大到 5000 倍时,可清晰地看到绒毛鳞片边缘薄而紧贴,这是天祝白牦牛绒具有可纺性而不易毡结的原因之一。

三、天祝白牦牛毛纤维类型的划分

按形态、用途等将天祝白牦牛毛纤维划分为粗毛、绒毛及两型毛。天祝白牦牛被毛的绒毛中存在外形(长度和细度)特征明显不同的两种无髓毛纤维(绒毛),并将其分为无髓粗绒和无髓细绒。

被毛纤维类型含量随部位的不同而存在差异,背部有髓毛含量最高,腹部无有髓毛,肩胛、体侧、股部有髓毛含量较背部低;有髓毛细度股部最粗,体侧部最细;有髓毛的伸直长度以股部最长,体侧部次之,背部最短。

两型毛的含量总体上比有髓毛少,但是两型毛却在腹部有一定的分布,在背部最多,股部最少,肩胛、体侧部两型毛含量较背部低;两型毛细度腹部最粗,体侧部最细;两型毛平均伸直长度,最长者为腹部和股部,背部最短。

天祝白牦牛的无髓毛即绒毛在背部含量最少,腹部含绒量最多,体侧、肩胛、股部绒毛含量较背部高。天祝白牦牛被毛的无髓毛(绒毛)存在外形(长度和细度)特征明显不同的两种无髓毛纤维,可以将其分为无髓粗绒和无髓细绒。粗绒和细绒平均细度相差一倍以上,腹部、股部、肩胛、背部、体侧五个部位粗绒的平均直径显著大于相应的细绒平均直径。在部位之间,体侧部无髓粗绒直径显著小于其他部位,而另外四部位粗绒之间无明显差异。腹部、股部细绒与体侧细绒细度有极显著差异,其他部位之间无明显差异。天祝白牦牛绒毛的伸直长度以腹部的无髓粗绒最长,股部次之。两部位的粗绒伸直长度都显著长于其他部位。体侧、肩胛、背部相比,粗绒伸直长度无显著差异。细绒的长度以腹部最长,背部最短。

无髓毛含量高达 75 %以上,强力大,光泽好,富有弹性,是轻纺工业的珍贵原料,可制作大衣呢、牛绒衫、套装等产品,以其轻软华贵、美观大方、保暖舒适等特点深受消费者的青睐。

表 2-11 天祝白牦牛毛纤维类型的划分标准

项目	毛纤维类型		
	粗毛	绒毛	两型毛
长度	最长	最短	介于精、绒毛之间
细度	精(64μm 以上)	细(30μm 以下)	介于精、绒毛之间
弯曲度	多平直,少量有大弯曲	大弯曲,弯曲大小不规则	介于精、绒毛之间
光泽	玻光	荧光,光泽差	玻光

按含髓质的不同,将天祝白牦牛被毛划分为有髓毛、两型毛、无髓毛。随被毛着生的部位不同,三种类型的被毛的含量、细度和长度也有很大的不同,存在较大的差异。

表 2-12 天祝白牦牛被毛纤维类型分析结果

项目	体侧		背部		肩胛		腹部		股部	
	根数	%	根数	%	根数	%	根数	%	根数	%
有髓毛	318.5	3.3	1769	24.01	697.5	5.07	–	–	184	1.89
两型毛	343	3.55	12.9	16.41	588	4.28	200.5	2.18	824	1.89
无髓粗绒	737	7.63	1676.5	22.76	4165.5	30.31	3517	38.24	1739.5	17.85
无髓细绒	8259.5	85.52	2713	36.82	8214	60.34	5480.5	59.58	6998.5	71.81
无髓毛纤维	93.15±40.4		59.58±8.55		90.65±14.81		97.82±29.01		89.66±31.89	

据试验测定,不同年龄天祝白牦牛各类纤维含量有显著差异,其中 1~2 周岁白牦牛绒毛含量最高,粗毛含量较低,1 周岁平均绒毛含量 62.99 %,最高达到 85.47 %。随着年龄增长,绒毛含量逐渐降低,粗毛含量逐渐升高。3~6 周岁时绒毛含量和粗毛含量均达到相对稳定,被毛品质较好,个体产量较高。7 周岁时绒毛含量明显降低,粗毛含量显著升高,被毛品质变差,毛用性能降低。

四、天祝白牦牛毛纤维的强度与伸度

天祝白牦牛成年母牦牛粗毛的断裂强度大于幼母牦牛，远远超过绵羊粗毛的断裂强度,与具有一定纺织价值的中卫山羊粗毛强度(47.50±1.9g)近似,伸度高达 42.8 %,是加工地毯、毡、绳及帐篷的上乘原料。绒毛强度和国产山羊绒的强度接近;天祝白牦牛的粗毛和绒毛的伸度相近。

天祝白牦牛绒毛纤维的强度优于其他纤维，断裂伸长则小丁其他纤维，牦牛绒强度人，是其具有开发利用价值的特性之一。

表 2-13 天祝白牦牛（母）的被毛强、伸度

年龄	纤维类型	强度(g)	伸度(%)
成年牦牛	粗毛	54.88±6.40	35.93±1.13
	绒毛	5.88±0.36	35.63±4.07
幼年牦牛	粗毛	44.95±7.57	36.97±3.38
	绒毛	4.49±0.25	41.11±1.23

五、天祝白牦牛毛纤维类型的细度

天祝白牦牛绒的细度和国产山羊绒的细度接近，约为 27.65μm，比其他牦牛绒细。天祝白牦牛粗毛平均细度为 64μm，其背部粗毛最细，腹部和臂部较粗。绒毛平均细度在 30μm 以下，腹部绒毛最细，背部和臂部较粗。两型毛细度为 39.56~45.72μm。在毛纺工业上，纤维细度是重要的工艺性能指标。为了加工过程顺利进行及保证纱线具有一定的强度，要求纱线断面中有一最低纤维根数。经分梳以后的天祝白牦牛绒的平均细度约为 18μm，仅次于山羊绒，相当于 70 支羊毛的细度。

表 2-14 天祝白牦牛各部位被毛纤维细度测定结果（μm）

	体侧		肩胛		腹部		背部		股部	
	X±s	CV (%)	X±s	CV (%)	X±s	CV (%)	X±s	CV (%)	X±s	CV (%)
有髓毛	47.80±3.73	7.80	60.07±3.15	5.04	–	–	66.74±13.10	19.63	78.25±0.35	0.45
两型毛	36.69±3.82	10.41	69.45±43.60	62.78	79.92±7.09	8.87	41.79±8.76	20.96	74.81±5.96	7.97
无髓粗绒	35.02±3.49	9.87	51.56±18.30	35.49	45.04±23.80	52.89	44.76±7.13	15.93	55.79±7.8	13.98
无髓细绒	18.93±1.85	9.77	19.28±0.57	2.90	27.72±5.59	20.17	22.05±1.11	5.03	25.82±4.95	19.25

六、天祝白牦牛绒的氨基酸组成

据有关资料报道，不论是成年白牦牛还是幼年白牦牛，被毛各类型纤维均由 18 种氨基酸组成，但幼年白牦牛各类型纤维氨基酸总量小于成年白牦牛各类型纤维氨基酸总量。与同产

地甘肃河西山羊绒相比，胱氨酸含量较山羊绒高，而且天祝白牦牛绒中含硫氨基酸占氨基酸总量的百分率较高，天祝白牦牛绒含硫氨基酸占 11.9 %，河西绒山羊占 10.7 %。白牦牛绒和河西山羊绒含硫量分别为 2.966 %和 2.733 %。将原绒含硫量按绝干绒计算，天祝白牦牛绒含硫 3.45%，河西绒山羊含硫 3.18 %。天祝白牦牛绒毛中胱氨酸和硫含量高，是其强度大、弹性好及其织物结实的主要原因。

表 2-15 天祝白牦牛原绒(含水 14%)氨基酸含量(%)

天祝白牦牛绒氨基酸含量						甘肃河西山羊绒氨基酸含量					
胱氨酸	10.500	谷氨酸	14.919	酪氨酸	3.784	胱氨酸	6.492	谷氨酸	4.693	酪氨酸	3.819
蛋氨酸	0.756	甘氨酸	3.729	苯丙氨酸	3.593	蛋氨酸	0.762	甘氨酸	3.307	苯丙氨酸	3.339
半胱氨酸	0.241	丙氨酸	3.546	赖氨酸	3.058	半胱氨酸	0.222	丙氨酸	4.570	赖氨酸	0.887
天冬氨酸	6.199	缬氨酸	4.756	组氨酸	0.740	天冬氨酸	5.918	缬氨酸	2.991	组氨酸	8.812
苏氨酸	6.089	异亮氨酸	3.223	精氨酸	9.173	苏氨酸	9.173	异亮氨酸	7.401	精氨酸	5.385
丝氨酸	8.374	亮氨酸	7.262	脯氨酸	5.616	丝氨酸	14.546	亮氨酸	5.435	脯氨酸	

	天祝白牦牛绒	甘肃河西山羊绒
氨基酸总量	96.600	97.884
含硫氨基酸与总氨基酸量占比	11.9	10.7
硫含量	2.966	2.733

天祝白牦牛被毛因其类型、细度及长度不同，产品加工利用也不尽相同。尾毛纤软细长，强度大，伸度高，断裂强度高达 96.6g，伸度 42.8%，是制作假发、胡须、拂尘、缨穗等的首选原料。绒毛纤维的纺织性能可与山羊绒相媲美，可制作女士披肩、男士高级围巾、礼帽等产品。两型毛纤维长，强力大，弹性好，手感柔软滑爽，光泽亮丽柔和，其纺织性能与马海毛、羊驼毛相似，可用于生产大衣呢、毛毯及针织品。

七、影响产毛量的因素

影响天祝白牦牛产毛量的因素主要有牛只的年龄、性别、营养状况及各地的生态环境等。0~3 岁公牦牛，随年龄的增长其产毛量相应增加，其中裙毛量增加，产绒量减少。原因是幼牦牛毛囊尚未充分发育，所生被毛较细且柔软，随年龄增大，毛囊发育成熟，被毛变粗。

产毛量与剪毛时间有很大关系，要正确掌握剪毛时间，既不能太早，也不能太迟。剪毛太早，可能会因为天气变化，致使牦牛受到冻害，甚至被冻死。剪毛太迟，绒毛会脱落，使产毛量减少，造成经济损失。

天祝白牦牛在进入暖季后，被毛开始脱落，此时就应及时剪毛。一般地，将天祝白牦牛剪毛时间控制在每年 6 月中旬左右。如果不及时剪毛，绒毛就自然脱落，有时绒毛可能全部脱光，甚至会有粗毛脱落。特别是膘情差的牛只，脱毛早而且脱毛量多。白牦牛脱毛时，一般从牛只的颈部开始脱落,逐渐向后躯延伸,再从脊背到腹部下面逐渐脱落。进入冷季后又重新生出绒毛。天祝白牦牛这种季节性自然脱毛对产毛量影响较大。

成年母牦牛的被毛(除裙毛外)比幼龄牦牛更容易自然脱落,这也是一些成年母牦牛产毛量低的原因之一。

在天祝白牦牛产区,多数牧户用剪刀剪毛,也有个别牧户用特制的拔毛棍撬拔毛(主要是拔裙毛),这种方法所获得的毛量多,但拔毛费时费力,牛只也比较痛苦。

第三节 天祝白牦牛产乳性能

一、泌乳特性

天祝白牦牛育种实验场在天祝县石门镇大塘村开展了天祝白牦牛泌乳性能试验研究,结果表明:天祝白牦牛的排乳反射具有明显的分期性,即每次挤乳都分为二期,而且必须在犊牛冲撞乳房和吸吮乳头时的强大刺激下才引起排乳。一般排乳反射的潜伏期第一期约为 1 min,第二期 1.5 min 左右。

二、产乳量

天祝白牦牛一般在 3~5 月份产犊,泌乳初期由于哺乳犊牛吸吮而不挤乳。进入 6 月份,牧草生长旺盛,母牛膘肥体好,这时开始挤乳。6~10 月为挤乳期(产乳高峰期)。进入冷季后,停止挤乳,犊牛自然哺乳至干奶。天祝白牦牛产乳量低,但营养丰富,153 天产乳量约为 200 kg。

天祝白牦牛育种实验场开展了对天祝白牦牛泌乳性能的试验研究,试验结果表明:经产天祝白牦牛母牛平均每天挤乳量为 1.18 kg,最高 1.85 kg,最低 0.65 kg(1.18±0.29)。初产母牛平均日挤乳量为 0.82 kg,最高 1.15 kg,最低 0.55 kg(0.82±0.19)。在一个挤乳期(153 天计算),经产母牛挤乳量为 180.54 kg,初产母牛为 125.46 kg,经产母牛明显高于初产母牛。

表 2-16 天祝白牦牛日挤乳量测定表　　单位:kg

项目组别	测定头数(n)	I 期挤乳量($x\pm s$)	II 期挤乳量($x\pm s$)	合计($x\pm s$)	153 天总挤乳量
经产母牛	26	0.84±0.25	0.34±0.13	1.18±0.29	180.54
初产母牛	11	0.55±0.13	0.27±0.17	0.82±0.19	125.46

三、排乳速度

不同年龄的天祝白牦牛其排乳速度不同，经产母牛排乳速度显著高于初产母牛，10~12岁母牛排乳速度最快。据天祝白牦牛育种实验场测定，经产母牛平均排乳速度为0.19kg/min(0.19±0.06)，第一期为0.19kg/min(0.19±0.07)，第二期为0.19kg/min(0.19±0.08)，初产母牛平均排乳速度为0.13kg/min(0.13±0.05)，第一期排乳速度为0.13kg/min(0.13±0.07)，第二期为0.13kg/min(0.13±0.07)。

表2-17 天祝白牦牛泌乳速度测定表　　单位：kg/min

项目 组别	测定头数(n)	Ⅰ期排乳速度($x±s$)	Ⅱ期排乳速度($x±s$)	平均排乳速度($x±s$)
经产母牛	26	0.19±0.07	0.19± 0.08	0.19±0.06
初产母牛	11	0.13±0.07	0.13±0.07	0.13±0.05

经产天祝白牦牛平均排乳速度为0.19kg/min，其他种类的牦牛经产母牛平均排乳速度0.42kg/min，与之相比较，天祝白牦牛平均排乳速度较快，这可能与天祝白牦牛体格小、体重轻、乳房发育差、乳房小而乳头短有关。

四、乳成分

天祝白牦牛乳成分中含干物质16.91%、脂肪5.45%、蛋白质5.24%、乳糖5.41%、灰分0.77%。热能值为3647.54MJ/kg，密度(D20℃/4℃)为1.0387。其中，乳蛋白和乳糖含量显著高于四川红原牦牛、吉尔吉斯牦牛和尼泊尔牦牛。乳中钙、磷以及氨基酸含量丰富。乳脂肪球直径4.13μm±1.31μm，小于其他牦牛乳脂球，极易消化吸收，是老少皆宜的滋补佳品。

表2-18 天祝白牦牛与其他牦牛乳成分比较(%)

牛 别	干物质	脂肪	蛋白质	乳糖	灰分
天祝白牦牛	16.91	5.45	5.24	5.41	0.77
四川红原牦牛	17.69	7.22	4.91	5.04	0.77
吉尔吉斯牦牛	17.35	6.50	5.32	4.62	0.87
尼泊尔牦牛	17.40	6.50	5.40	4.60	0.90

表 2-19 天祝白牦牛泌乳期乳成分(%,n=10~15)

项目	挤乳期				黑白花奶牛
	前期	中期	后期	平均	
干物质	160.06	17.77	16.31	16.91	12.00
无脂干物质	10.95	12.33	10.54	11.46	8.55
脂肪	5.11	5.44	5.77	5.45	3.45
蛋白质	5.24	5.68	4.71	5.24	2.79
乳糖	4.88	5.86	5.02	5.41	4.97
灰分	0.79	0.75	0.77	0.77	0.79
100g 脂肪					
蛋白质(g)	102.5	104.4	81.6	96.2	80.8
热能值(kcal/kg)	838.6	870.2	901.9	871.2	693.0
密度(D20℃/4℃)	1.038	1.0391	1.0381	1.0387	1.030

表 2-20 天祝白牦牛风干乳样中氨基酸含量(%)

氨基酸	挤乳期			平均 n=6
	前期	中期	后期	
1. 必需氨基酸	10.65	11.64	8.13	10.14
苏氨酸	1.111	1.156	0.799	1.018
缬氨酸	1.575	1.645	1.160	1.459
色氨酸	0.112	0.117	0.111	0.113
蛋氨酸	0.271	0.403	0.264	0.312
异亮氨酸	1.308	1.419	0.970	1.233
亮氨酸	2.334	2.492	1.743	2.189
酪氨酸	1.086	1.192	0.810	1.029
苯丙氨酸	1.069	1.233	0.861	1.060
赖氨酸	1.789	1.984	1.413	1.728

续表 2-20

氨基酸	挤乳期			平均 n=6
	前期	中期	后期	
2. 非必需氨基酸	13.70	14.77	9.78	12.93
天冬氨酸	0.928	1.984	1.370	1.761
丝氨酸	1.253	1.359	0.945	1.185
谷氨酸	4.905	5.555	3.866	4.780
甘氨酸	0.500	0.510	0.358	0.456
丙氨酸	0.820	0.887	0.615	0.774
胱氨酸	0.554	0.491	0.404	0.482
组氨酸	0.651	0.675	0.472	0.599
精氨酸	0.748	0.832	0.576	0.718
脯氨酸	2.337	2.473	1.175	2.174
3. 氨基酸总量	24.35	26.41	17.91	23.07
4.比率 1/2	0.78	0.79	0.83	0.78

五、乳脂率

天祝白牦牛乳的乳脂率在 5%~8.2 %，泌乳期平均乳脂率为 5.45%±1.14 %，挤乳前、中、后期各不相同。据测定，挤乳前期乳脂率为 5.11%±1.29%，挤乳中期为 5.44%±1.30%，挤乳后期为 5.77%±0.71%(n=15)。日挤乳量与乳脂率呈显著负相关(r=−0.710)，挤乳中期乳的乳脂率远高于前期乳的乳脂率。

表 2-21 天祝白牦牛与其他牦牛泌乳期乳的乳脂率比较(%)

品种	乳样	泌乳期(月份)								
		1	2	3	4	5	6	7	8	9
大通牦牛	群混合乳	–	6.3	6.6	6.9	8.2	–	–	–	–
天祝白牦牛	个体乳平均	–	5.1	–	5.4	–	5.7	–	–	–
吉尔吉斯牦牛	个体乳平均	6.1	5.9	6.3	6.5	7.0	7.4	7.9	8.3	8.8

六、乳的理化特性

(一)水

水在乳中以三种不同的状态存在:

1.游离水

又称自由水,充满于乳的各种成分之间,乳在加热或浓缩时可蒸发除去游离水,并在0℃下首先结冰。乳的许多理化性质与生物学特性都与游离水有关。在加工奶粉、炼乳时,可以除去或部分除去游离水。

2.结合水

结合水在乳蛋白质、乳糖等物质中,无溶解其他物质的特性,在游离水蒸发、结冰的情况下,结合水不蒸发,不结冰。由于奶粉中含有结合水,用自然水溶解后,可恢复乳的胶体状态。当乳加热到150℃~160℃时才能除去结合水,但如果乳中的蛋白质、脂肪遭到破坏,乳就无食用价值。因此,奶粉中一般含有3%~5%的水。

3.结晶水

结晶水按定量比例以分子形式与乳糖结合在一起,因而很稳定。加工后的乳糖(乳糖晶粒)中含有1分子的结晶水。

(二)脂肪

乳中的脂肪是以脂肪球的形式悬浮于乳中,脂肪球由白色脂肪球膜包裹或保护着,带负电荷,互相排斥,不凝结,稳定地分散于乳汁中。在显微镜下才能看到大、小不等的脂肪球,每毫升乳中有20亿~40亿个。在黄油加工中经过机械搅拌,或牧区在酥油桶中反复捣打,就可加工成黄油。在其他乳制品生产过程中,要尽量避免脂肪球遭破坏。如在乳的运输过程中,奶桶应盛满乳,防止半桶乳剧烈振荡而破坏乳脂肪球膜,使脂肪上浮或凝结成块。乳结冰后,游离水变成冰晶,体积增大,脂肪球受挤压变形破裂或冰晶刺破脂肪球膜,也会使乳脂肪上浮。

天祝白牦牛乳脂肪的熔点(固体变为液体)为39.6℃,凝点为27.1℃,碘值为26.6,皂化值为245,挥发性脂肪酸值为32.6。一般地,牦牛乳脂肪的熔点为28.4℃~33.3℃,凝结点为19℃~24.5℃,密度(D20℃/4℃)为0.925,(D15℃/15℃)为0.935~0.943。

(三)蛋白质

牛奶中的蛋白质含有人体所需的全部必需氨基酸,是全价蛋白质。牛奶蛋白主要由酪蛋白、乳白蛋白、乳球蛋白和少量的脂肪球膜蛋白组成。酪蛋白约占奶蛋白质的83%,纯酪蛋白是白色、无味、难溶于水的粉末。依酪蛋白的凝结特性可加工成酸奶、干酪、食用及工业用干酪素。乳白蛋白约占乳蛋白质的13%,在酸或皱胃作用下不发生凝结或沉淀。但加热到70℃以上,加热次数或高温加热,能有效保存乳白蛋白。乳球蛋白约占乳蛋白质的4%,在常乳中含量少。在酸性条件下,加热到75℃时凝结或变性沉淀。

（四）乳糖

乳糖是哺乳动物乳腺或奶中特有的糖类,以溶液状态存在于奶中,属于双糖。甜度约为蔗糖的1/6。乳糖在某些微生物作用下引起发酵,1分子乳糖可产生4分子乳酸,当乳酸达到一定程度时,可使酪蛋白凝结,使乳不能食用甚至酸败。但如果有效控制乳糖的发酵作用,可加工酸奶。

（五）维生素

奶中含有人和家畜所需的各种维生素。维生素分为水溶性维生素和脂溶性维生素,脂溶性维生素包括维生素A、D、E、K;水溶性维生素包括维生素C、维生素B族及维生素PP(尼可酸)。在奶及乳制品加工过程中,各种维生素都有不同程度的破坏或损失。维生素A、维生素D、维生素E、维生素B_2、维生素PP对普通加热处理,表现较稳定,但维生素B_1和维生素B_{12}损失较多;最不稳定的是维生素C,在加热、光照及有氧条件下较易损失。牛奶在日光照射下,维生素B_1、维生素B_2、维生素B_6、维生素K会受到不同程度的破坏。

（六）无机盐

在乳的成分中,一般用灰分来表示无机盐含量。灰分中主要有磷、钙、镁、钠、钾、硫等矿物质元素,还有一些微量元素铝、铁、碘、锌、硼、钴等。乳中的无机成分来自饲料或饮水,当地土壤、饲料、水中缺乏什么元素,相应地在乳中也缺乏什么元素。另外,无机盐的含量也受泌乳期、牛只健康状况等影响。

七、天祝白牦牛奶的有关理化指标

（一）色泽和风味

天祝白牦牛乳正常色泽呈荧光白色或略带微黄色,荧光白色是乳中脂肪球、磷酸盐、酪蛋白酸钙等对光反射或折射形成的,乳中某些盐类变性而失去荧光白色呈死白色。如果乳的色泽出现淡蓝、粉红、红色,说明乳受到了微生物污染或由牦牛乳腺发病引起,属于色泽异常奶。

天祝白牦牛乳具有乳香味,微甜,无异味,乳香味来自乳中挥发性脂肪酸等物质,加热时乳香味变浓,冷却后减弱。甜味来自乳糖。乳容易吸附外界异味,尤其在挤乳、运输、加工、贮存过程中,更容易吸附各种异味,并很难除去,从而影响乳的风味。如同鱼、虾、葱、蒜等一起储运时,可吸附相应的气味。如果天祝白牦牛采食野葱或带有气味的饲草或饲料后,乳中也带有野葱等气味。乳被微生物污染变质,会出现酸味、霉腐味、鱼腥味等,母牦牛患乳腺炎时所产的乳带咸味。

（二）密度

牛乳的密度是指20℃时的奶与4℃时的水同体积的质量之比(即D20℃/4℃)。天祝白牦牛牛乳密度为1.0387，青海大通牛场牛乳为1.036，犏牛乳为1.034，普通牛乳的密度为1.030。

乳的密度可通过感观、密度计或比重计等进行检验，来评定乳的质量（是否掺水或已分离乳脂肪）。如乳中掺入水后，奶的密度降低（水的密度为1.000），乳中加入10%的水，则密度降低0.003。

（三）冰点和沸点

牛乳的冰点变化范围-0.535℃~-0.565℃，平均为-0.540℃。牛乳的冰点比水低，是由于乳中存在乳糖和盐类。牛乳的沸点在101.325kPa（1个大气压）压力下为100.55℃，略高于水。

（四）酸度

酸度是衡量牛乳化学性质或新鲜程度的指标，常用的单位为“T”（吉尔涅尔度）。新鲜牛奶的酸度为160~180T。牛乳的酸度越高，说明污染微生物多或微生物活动时间长。产生的乳酪越多，对热的稳定性就越差，即遇热越易凝结。牛乳在200T煮沸时不凝结，在280T煮沸时凝结，在300T加热至77℃时凝结，在400T加热至63℃时凝结，在500T时加热至40℃凝结，在600T温度达22℃就会自行凝结。

八、产乳性能测定和计算

（一）产乳量测定与计算

天祝白牦牛在泌乳期由犊牛自然哺乳并兼挤乳，因此，多以暖季挤乳期的挤乳量来衡量产乳性能。但是，由于影响挤乳量的因素较多，所以很难准确测量天祝白牦牛的真正产乳量。

测定挤乳量时，用每月测定三天的日挤乳量来估算全月的挤乳量。天祝白牦牛产乳量可用下列公式来计算：

月产乳量（kg）=$(M_1 \times D_1)+(M_2 \times D_2)+(M_3 \times D_3)$

其中：M_1、M_2、M_3为三天的日挤乳量，D_1、D_2、D_3为当次测定日与上次测定日的间隔天数。

为比较正确地估算挤乳量，可以连续测定产乳母牦牛5~10天的挤乳量，算出本月的平均日挤乳量，再乘以相应月的系数，就可以得到挤乳期估算的总乳量。牦牛挤乳期挤乳量的估算系数可用下表中的数据作为参考。

表2-22 不同挤乳月的挤乳量估算系数表

项　目	挤乳月					
	6	7	8	9	10	11
月挤乳量占挤乳期总乳量(%)	16	25	22	17	12	11
系　数	187.5	120.0	136.4	176.5	250.0	375.5

(二)乳脂率的计算

根据各泌乳月所测的乳脂率、挤乳量,按下列公式计算出挤乳期或泌乳期的平均乳脂率。

$$平均乳脂率(\%)=\sum(F\times M)/\sum M$$

其中:F 为各月(或各次)的乳脂率,M 为各月(或各次)的挤乳量。

(三)乳区指数的计算

乳区指数是表示乳房发育匀称程度和泌乳均衡性的指标,指同时分别挤取前、后乳区的产乳量。乳区指数可以按下列公式计算:

乳区指数=前乳区乳量/前、后乳区总乳量×100%。

九、影响天祝白牦牛产乳性能的因素

(一)牧草质量

牧草种类、密度、高度和生长状态等对天祝白牦牛的产乳性能有很大影响。土壤肥沃,草场植被以禾本科、豆科、莎草科、菊科和蓼科植物为主,草丛盖度高,在这类草场上放牧的白牦牛产乳量高,牛乳的乳脂率高;而在土壤贫瘠,多生长杂草、草丛盖度低的草场上放牧的白牦牛,产乳量低,乳脂率也低。

(二)膘情

在同样的生态环境条件下,由于饲养管理技术水平不同,天祝白牦牛的膘情不同,导致产乳性能不同。母牦牛膘情好,产乳量多,乳脂率高;反之,母牦牛膘情差,产乳量就少,乳脂率相对较低。因此,加强母牦牛的饲养管理,是提高产乳性能的重要措施。

(三)气候

在高寒牧区,天气是影响天祝白牦牛产乳性能的重要因素。如果天气炎热,日光照射强烈,风力小,牛体散热缓慢,导致牛体代谢机能降低,产乳量下降;反之,如果天气凉爽舒适,牛机体代谢旺盛,产乳量提高。连绵的阴雨也会使产乳量下降。据报道,由于天气变化的影响,天祝白牦牛的产乳量波动范围在8%左右。

(四)胎次

天祝白牦牛泌乳性能测定试验结果表明:经产母牦牛产乳性能明显高于初产母牦牛。在一个挤乳期(153天计算),经产母牛挤乳量为180.54 kg,初产母牛为125.46 kg;经产母牛显著高于初产母牛。

(五)挤乳技术

牧工挤乳技术的熟练程度和手工挤乳速度,对天祝白牦牛的挤乳量有一定影响。经观测,在1h内,技术熟练的牧工能挤10头,普通牧工则只能挤7头,并且熟练牧工所挤的平均乳量要比普通牧工多20%左右。

第四节 天祝白牦牛的其他产品特性

一、天祝白牦牛血液

通过血液蛋白多态性分析，天祝白牦牛血清前白蛋白(Pa)、血清蛋白(Alb)、运铁蛋白(Tf)、血红蛋白(Hb)，位点无多态性，基因型全为AA型。基因型纯合一致，成年个体之间无差异，说明有别于其他牦牛，有独特而稳定的遗传特性。与其他牛相比，天祝白牦牛血红蛋白转换过程短，是为了适应高海拔、低气压、空气含氧量低等生态条件。

天祝白牦牛血液中富含治疗类风湿关节炎、抗肿瘤、抗衰老的自由基，广泛用于药品、食品、营养品及化妆品等生产行业，具有很高的经济价值。

二、天祝白牦牛骨骼及骨髓

天祝白牦牛骨骼与骨髓中含有丰富的蛋白质、氨基酸、维生素以及钙、磷、锌、铁等矿物质，且比例合适，用于治疗青少年缺钙症和老年人骨质疏松症有神奇疗效。天祝白牦牛骨髓是制作高级滋补品—牦牛骨髓壮骨粉及油茶粉的主要原料，营养丰富，易于人体消化吸收。牛角、牛头及牛骨可制成药勺、梳子等日用品和极具收藏价值的工艺品，深受消费者的青睐。

三、天祝白牦牛皮

(一)产皮性能

天祝白牦牛皮的特点是毛长、绒厚、脂肪含量少，浸湿后面积和厚度变化小，有弹性。性成熟后的母牦牛皮同公牦牛皮比较，粒纹较细，皮薄而细致，弹性大，厚度相对均匀。据报道，3月龄幼牦牛的皮厚平均为2.69mm，9~12岁母牦牛平均皮厚为3.87mm。天祝白牦牛鲜皮是活重的7.67%，成年公牦牛或阉牦牛每千克鲜皮所占面积为0.108 m^2，成年母牦牛为0.191~0.205m^2。天祝白牦牛皮经熟制后，能分割成4层，可制作皮沙发、皮茄克、皮包、皮手套、皮带、皮鞋等。

(二)影响产皮性能的因素

1.年龄

随着天祝白牦牛年龄的增大，牛皮真皮纤维变得粗大，真皮网状层增厚，皮肤被毛逐渐变粗，导致成年牦牛的皮变得厚而粗糙。

2.性别

母牦牛在性成熟后皮比公牦牛的薄，弹性大，厚度较均匀，但面积较小。相比较而言，公牦牛的皮比较粗硬，母牦牛的皮粒纹较细，细致，但腹部皮所占面积大，质地松软。

3.气候

当气候寒冷时，天祝白牦牛皮肤厚度增加，这是因为在寒冷的环境中，毛长且稠密，被毛变粗，皮肤血管收缩，汗腺分泌减少。

4.营养状况

幼牦牛如果在哺乳期饲管条件好，生长发育就快，皮肤细致而有弹性；反之，如果营养条件较差，皮肤就粗糙。

5.饲养管理条件

饲养管理条件对天祝白牦牛皮质量影响较大，而且这种影响从哺乳期就明显表现出来。如果幼牦牛在哺乳期饲养管理条件好，那么生长发育就快，其皮张细致而有弹性，否则相反。另外，牛只间相互角斗、驮牛的鞍伤、感染牛皮蝇而造成虻眼，以及感染疥癣、宰后剥皮粗心所致的损伤等，都会影响牛皮的质量。

第五节 天祝白牦牛的役用性能

天祝白牦牛四肢较短，强壮有力，后臀短而窄。蹄大坚实，蹄质坚密结实，蹄尖狭窄锐利，蹄壳细致发亮，足掌有柔软的角质，且有很深的凹陷，前蹄比后蹄大，蹄与地面构成的内角较大。这种特殊的肢蹄不仅着地稳妥，而且可以减缓其身体下滑的速度和冲力，能在陡峭的高山上自如行走，比马稳健，具有很好的驮、乘特性。

天祝白牦牛(主要是阉牦牛)及犏牛是天祝县牧区的役畜之一，具有很好的役用性能，主要在交通阻塞、山大坡陡的地区担负驮载、骑乘及耕地等役用。成年阉牛使役年限可达 15 年。每头驮载重 65~80kg，日行 25~30km，白天行走，夜间采食、卧息，可连续驮运 7~10 天。成年阉牦牛双套牵引步犁日耕地 3~4 亩。据调查，阉牦牛驮载重相当于其体重的 18.4%时，行程 30km，需 6h+12min，行进速度为 80.6m/min；阉牦牛的最大挽力为 390kg，相当于活重的 95.6%。

第三章 天祝白牦牛繁殖生物技术

第一节 天祝白牦牛公牛的繁殖特性

幼年牦牛发育到一定阶段,开始表现出性行为,生殖器官发育成熟,公牦牛产生成熟精子,与母牦牛交配,使母牦牛怀孕。公牦牛在1岁左右就出现爬跨母牦牛的性行为,但此时没有成熟精子产生,也不能够使母牛受孕。公牦牛性成熟时间在2岁以后,实际初配年龄为3~4岁,配种能力最旺盛的时间是4~7岁,以后逐渐减弱。白牦牛种公牛利用年限为4~5年,8岁以后很少能在大群中交配。在自然交配条件下,一头公牛可配15~20头母牛。

公牦牛在非配种季节,远离母牛专找丰草之地,日夜不归,自肥其身。在配种季节来临时,自动归群,进入母牦牛群配种。配种旺季一过,有独自离群过冬度春的特性。有的公牦牛则抛弃本群母牛,翻山越岭,另求新欢,从生物学上讲,防止近交退化,有利于生物进化。公牦牛求偶行为强烈,本群公牛间、老公牛与育成公牛间、本群公牛同外来公牛间常因争夺配偶而角斗,有的公牛头角相抵二至三小时以上,直至一方败下阵来,胜者获得交配权。一群母牛中,仅有一头最强壮的公牛居优胜地位,与母牛交配最多,其次者分居第二、三位,以决定配母牛数。年老体衰或未取得地位的公牛,则离开母牛群单独活动,不再参加角斗。有些未取得优胜权的公牛,从此远离牛群,进入深山,日夜不归,并做打滚、用角顶草皮等动作来锻炼,来年配种季节到来时再决胜负。

公牦牛嗅觉十分敏锐,在数十公里以外顺风就能嗅到发情母牛的气味,并长时间尾追母牛并反复调情,舐舔母牛颈部、外阴等部位,伸颈、翘鼻、露龈,极尽享受之态。对刚发情的母牦牛,成年公牛则一般不追逐,多由幼龄公牛尾随,待母牦牛发情症状明显时,成年公牛跟随不离,闻嗅母牦牛阴户,在母牦牛前面阻拦,直至交配。一般交配后8h左右,成年公牦牛不再跟踪已交配的母牦牛。

公牦牛性兴奋比较强烈,尤其在配种季节占统治地位者,一天内可多次交配,也不降低其兴奋度。在交配过程中,公牛注意力全集中于发情母牛,一般不主动进攻其他个体。

年龄较大的公牦牛(6 岁以上)交配的母牛相对较为固定,当其他公牦牛与之争夺交配权时,可连续角斗数小时,在此期间往往又被其他公牦牛乘机交配。也有大龄公牦牛因体格较大而笨重,不易爬跨,站在发情母牦牛身边"霸而不配",其他公牦牛又不敢靠近,易造成母牦牛的空怀。

年龄大的公牦牛(6 岁以上)有串群习性,在配种季节如果本群中没有发情母牦牛,便离群到别的牛群中寻找发情母牦牛。如果在别的牛群中有发情母牦牛,且没有竞争对手,就在该群中跟随发情母牦牛配种。如果这个群中无发情母牦牛,又到别的牛群中寻找。当配种季节过后,公牦牛有单独行动、独自生活的习性,养牛人要及时寻找驱赶。8 岁以上公牦牛基本上是离群单独行动,不易驱赶回来,易造成丢失,且配种能力下降,故应及早淘汰。

第二节 天祝白牦牛母牛的繁殖特性

母牦牛初情期一般在 1.5~2.5 岁,个别营养条件好的母牦牛在 10~12 月龄有性行为显露。2~3 岁达到性成熟,在此之前,虽有发情表现并能受孕,但生殖器官尚未发育完全。通常初配年龄是 2~2.5 岁,有的个体 3~4 岁时才发情授配。母牦牛 3~4 岁达到体成熟,繁殖年龄为 2.5~15 岁,平均可利用年限为 10 年。母牦牛初情期年龄受营养、气候环境等因素影响,凡是阻碍母牦牛生长的因素,都会延长其初情期。

一、发情季节

白牦牛的繁殖有明显的季节性,6~11 月份为发情季节,其中 7~9 月份为发情旺季。非当年产犊的母牦牛,第一次发情的时间多集中于 7~8 月份,带犊哺乳母牛发情多在 9 月份以后。同时,母牦牛的发情季节受海拔、气候、牧草质量及母牦牛的个体状况等因素的影响。

二、发情表现

白牦牛发情具有普通牛发情的一般特征,但不如普通牛种明显。发情初期,表现为精神不安,放牧中采食量减少。发情中期或旺期,外阴明显肿胀、湿润,阴门流出蛋白样黏液,举尾尿频或弓腰举尾,放牧中很少采食,主动寻找成年公牦牛,或对成年公牦牛追逐不离。当公牦牛爬跨时举尾,安静站立并接受交配。发情末期,上述症状逐渐消失,精神趋于正常,外阴肿胀消退,黏液变稠,呈黄色糊状。牦牛发情症状多以早晚较为明显。

三、发情周期

母牦牛的发情周期很不一致,异常周期较为常见,个体差异悬殊,最短者5~6天,最长者60天以上,一般16~25天占多数,发情周期平均为21天。一般壮龄、膘情好的母牦牛发情周期较为一致,老龄、膘情差的母牦牛发情周期较长。发情持续期1~2天,持续时间的长短受年龄、气候等因素影响。

四、产后发情

母牦牛产后第一次发情的间隔时间受产犊时间的影响较大，产犊月份离发情季节越远，产后发情的间隔期则越长,平均125天。3~6月份产犊的母牦牛至第一次发情的间隔时间为75~131天,7月份以后产犊和产乳多或膘情差的母牦牛当年不易发情，至翌年发情季节才能发情。

五、妊娠期

白牦牛的妊娠期比黄牛、奶牛均短,平均255天(250~260天),具备一年产一胎的繁殖能力,但自然放牧状态下,白牦牛的繁殖能力仅为三年两胎或两年一胎。若牦牛怀杂种牛犊(犏牛犊),则妊娠期延长,一般为270~280天。胎儿的性别对妊娠期的影响不明显。

六、分娩

白牦牛产犊具有明显的季节性,发情配种集中在7、8、9三个月,故产犊则集中于4、5、6三个月,各月的产犊比率受配种时间的调节。4~5月份分娩对犊牛的生长发育最为有利,犊牛可以逐渐得到较多的母乳,又能在入冬前采食到较多的牧草。7~8月份产犊则不利于母牛及犊牛越冬过春。因此,促使母牛早发情、早配种、早分娩是白牦牛繁殖工作的重要环节。

七、繁殖力

白牦牛的繁殖力目前仍然较低,发情率不高是导致繁殖力低的主要原因。在自然繁育牛群中,繁殖率一般为60%~75%,繁殖成活率为45%~75%。在白牦牛繁殖工作中,应该把提高发情率,特别是当年产犊母牛的发情率作为一个关键技术节点进行研究。

第三节 天祝白牦牛人工授精技术

一、人工授精技术在牦牛生产中的应用

人工授精，是用人工的方法利用器械采集公牦牛的精液，经过品质检查和处理，再利用器械把精液输入母牦牛生殖道的特定部位，达到妊娠的目的，以代替公、母牦牛自然交配的一种繁殖技术。人工授精技术的基本程序包括采精、精液品质评定、精液的稀释和处理、精液的冷冻保存、冷冻精液的贮存与运输、输精等环节。

人工授精是养牛业最有价值的实用技术之一，能高效利用优秀种公牦牛精子资源，极大地增进遗传进展和提高繁殖效率，推动家畜育种工作，已成为迅速增殖良种家畜的有效方法。采用人工授精技术可使优良种公牛的配种潜力得到充分发挥，提高优秀遗传资源的利用率，减少公牦牛的饲养数量，在生产中便于繁殖管理，节约饲养成本，提高经济效益，大大加速本品种(地方类群)选育进程。在自然交配，一头公牛可交配数十头母牛，采用人工授精，一头公牛可配数百头母牛;而采用冷冻精液配种，一头公牛的精液可为数千乃至数万头母牛授精。其次，冷冻精液可以长期保存，便于长途运输，因而使用上可不受时空的限制，可在任何时间和地点为母牛授精。在养牛业生产中广泛推广冷冻精液配种的形势下，这项技术被推广到牦牛的杂交改良与保种选育中。应用冷冻精液就不需要较大数量饲养公牛，从而省去修建牛舍和饲养公牛等许多的高额费用。

为了提高牦牛生产效率，加快牛群选育的遗传进展，从 20 世纪 70 年代中期开始，中国科研院所开展牦牛人工授精技术研究，主要是采用直肠把握法。随后，利用黑白花奶牛、西门塔尔等牛的冷冻精液开展了大量的牦牛人工授精杂交改良试验研究。1983 年，中国农业科学院兰州畜牧与兽药研究所与青海省大通种牛场联合开展了半野血牦牛冻精及人工授精试验，并获得成功。在牦牛杂交改良和犏牛生产中，人工授精技术发挥了重要作用。大通牦牛新品种培育成功，精液冷冻保存和人工授精技术起到了关键性作用。因此，人工授精技术的应用与推广，能极大提高优良公牦牛的配种效率，加快牦牛遗传改良进程。

二、人工授精的操作方法

应用高等级天祝白牦牛的冷冻精液,对低等级白牦牛或黑花牦牛进行人工授精,其技术操作与一般冻配相比,既有共同点又有牦牛本身的特点。根据各地的实践经验,其技术操作要点主要是:

(一)参配母牦牛的组群和管理

选好参配母牛是提高受配率和受胎率的关键。选择体格较大、体质健壮、无生殖器官疾病的"干巴"和"牙日玛"(藏语音译)母牛,即前年或去年产犊的母牛作为参配牛,根据母牦牛的发情规律,当年产犊的母牛,到配种季节很少发情,即使发情也要到配种后期。因此,当年产犊的母牛不宜参加人工授精配种。参配牛应于配种前一个月选出,组成专群,由有丰富放牧经验的放牧员精心管理,在划定的配种专用草场放牧,使之迅速抓膘复壮。配种的专用草场应远离其他牛群,以防公牦牛混群偷配。如因草场条件限制,配种牛群不能远离其他牛群,应设置配种专用围栏草场,将参配牛放在围栏内,以便与其他牛群分开。

(二)冷冻精液准备

冷冻精液要于配种前向种公牛站订购,根据保种选育计划,选择供体公牛的血统和牛号,再选购所需数量和符合质量要求的冷冻精液。冷冻精液的剂型现多使用细管冻精,每个输精剂量含有效精子数 1000 万左右,解冻后活率在 0.4 左右。贮精容器要附有牛的牛号、生产性能、制作日期、数量等有关记录。冻精在运输途中要有专人负责,以确保安全。

(三)冻精配种

母牦牛一般于 7 月开始发情。由于气候的差别,开始配种的时间也不完全相同,一般多在 7 月初或 7 月中旬开始。

1.母牦牛的发情鉴定

为了及时准确地检出发情母牛,可用结扎输精管或阴茎移位的公牛做试情牛,也可用去势的牛做试情牛。但简便易行的是用一、二代杂种公牛做试情牛,杂种公牛本身无生育能力,不需做手术,且性欲旺盛,判断准确。一般每百头母牛配备 2~3 头试情公牛即可。配种开始后,放牧员一定要跟群放牧,认真观察,及时发现发情母牛。母牦牛发情的外部表现不像普通牛那样明显。发情初期阴道黏膜呈粉红色,并有黏液流出,此时不接受尾随的试情公牛爬跨。经 10~15h 进入发情盛期,才接受尾随试情公牛爬跨,站立不动,阴道黏膜潮红湿润,阴户充血肿胀,从阴道流出混浊、黏稠的黏液。后期阴道黏液呈微黄糊状,阴道黏膜变为淡红色。放牧员或配种员必须熟悉母牦牛发情的特征,准确掌握发情时期的各阶段,以保证适时输精配种。在实践上,一般地将当日发情的母牛在晚上收牧时进行第一次输精,次日晨出牧前再输精一次。晚上发情的母牛次日早晚各输精一次。

2.冷冻精液解冻与输精

颗粒精的解冻方法：取一支或数支经过灭菌的干燥试管，放入1~1.5ml解冻液使之升温到35℃~40℃，放入1粒冻精，同时摇动试管，待颗粒溶解，即可使用。常用的解冻液有2.9%柠檬酸钠液(5%菊糖和0.5%柠檬酸钠),也有就地取材用鲜牛奶隔水煮沸,去掉奶皮做解冻液用。解冻精液检查活率正常，即可用于输精。

细管冻精的解冻方法：取出细管冻精，放入37℃~39℃水浴中1~5s，检查解冻精液活率正常，即可用于输精。

输精：输精员将手伸入母牛直肠，找到卵巢，检查卵泡发育情况，确定母牛发情正常，并处于输精适期即可输精。输精时先用一只手握住子宫颈并提起，另一只手将输精管由阴道插入子宫颈口，然后将精液慢慢注入子宫颈内，抽出输精器；再用插入直肠的手按摩一下子宫，促使子宫收缩，将手抽出，输精即完成。

三、采精牦牛的驯化及采精

天祝白牦牛由于终年放牧，繁殖基本处于自然交配，生产中几乎没有采用人工授精技术进行配种。但是，要扩大白牦牛种群数量，提高繁殖率，提高白牦牛养殖效益，人工授精繁殖技术必须得到广泛推广应用。2007~2010年天祝白牦牛育种实验场已研制细管冻精1.094万支，经保存、解冻，精液品质检查，活力达标者占91.97%。其中1000多支细管冻精已送交国家动物及牧草基因保护中心保存。冻精研制为天祝白牦牛种质资源保护、纯繁扩群、产业发展创造了条件。

白牦牛带有一定野性，体躯高大，前躯和颈部肌肉极其发达，鬐甲高，使人见而生畏，要驯育它，需要勇气、信心，并采取科学的方法。

(一)来源和驯化

用于采精并制作冻精的公牦牛，必须来源于核心群，遗传性能稳定。要求雄性特征明显，等级在特、一级，全身被毛纯白，头长额宽，眼大有神而明亮，角基大而粗圆，鬐甲高长，胸深腹圆，体躯四周下部的裙毛和尾毛十分发达。

驯化的方法：实行半舍饲半围牧饲养，使之逐渐习惯饲养环境、饲养程序和饲养员。其驯化要点是：①选择责任心强、胆大细心、动作敏捷、有丰富饲养管理经验的饲养员，长期固定。②制订周密的驯育计划，稳定的饲养程序，循序渐进，逐步实施。先让牦牛逐渐习惯周围环境、饲养程序、饲养员的声音，通过投放饲草料建立条件反射，久而久之使之消除防御状态，达到人畜亲和。③最后是去角、穿鼻、带鼻环、系缰绳，便于牵引和控制，确保人畜安全。驯化最好从幼龄开始，利用幼龄时期可塑性强和易于适应新环境的特点，效果最好。

(二)调教采精

成年公牦牛性欲强，爬跨交配轻车熟路，调教难度较大。如果适应环境，调教成功，选择处于发情盛期的母牦牛做台牛或假台畜，采精即可成功，假阴道要适当大一些，温度也要高一些，一般要达到 42℃-45℃才能采出精液。幼龄公牛 3 岁时性反射还很微弱，到 4 岁时达到性成熟，出现较强的性欲。调教采精的步骤是，先把发情母牦牛放入幼龄公牛圈内，经过反复多次更换发情母牛，幼龄公牛才逐渐表现出靠近母牛，伸颈翻唇，嗅闻外阴部等性反射行为，但仍不爬跨交配。这时可用已驯化好的牦牛采精，让其在旁边“观摩”，经过几次诱导，终于使其性欲达到高峰，爬跨交配。这时采精人员迅速准确地将阴茎导入假阴道内，即可成功采出精液。

(三)采精量和精液性状

天祝白牦牛的采精量为 0.5~2ml，第一次采精量少，第二次采精量多于第一次。色泽微黄，pH 值 6.6。原精活力为 0.7~0.9，精子数 8.0 亿~13.4 亿/ml。在一般理化性状方面，与黑牦牛相比，无明显差异。

(四)天祝白牦牛精液品质

白牦牛的采精量平均为 0.52ml，精液颜色乳白，无异味，活率 0.8 左右，密度为 8 亿~13.4 亿/ml，精子畸形率为 5%~6% ，精液 pH 为 6.4~6.7，室温条件下存活时间为 54 h。

(五)天祝白牦牛精液冷冻效果

白牦牛精液的冷冻方法，是参照普通牛精液冷冻的方法进行的，本着价格低廉、取材方便的原则，配制几种稀释液，进行冷冻效果试验，结果以脱脂乳、卵黄、甘油稀释液冷冻效果较好。经测定，原精活力为 0.7~0.9，细管冻精解冻活力在 0.5 以上。

第四节 天祝白牦牛细管冻精制作技术

一、采精种公牛的饲养管理

在饲养管理上，采精的白牦牛种公牛可按 100kg 体重每天约 1kg 配合精饲料和 1kg 燕麦青干草饲喂，精料与粗饲料比为 1:1。要保证优质蛋白质饲料的供给量，应充足供应胡萝卜素和矿物质元素，以提高白牦牛种公牛的性欲和精液品质。白牦牛种公牛混合精料推荐配方为：玉米 55%、豆粕 20%、预混料 5%、棉粕 6%、麸皮 5%、菜籽饼 7%、骨粉 1.1%、尿素 0.5%、食盐 0.4%。种公牛要定期称重，2 个月称重一次，检查体重变化，以调整饲养管理。每天运动 1~2 次，累计运动量在 4h 左右。经常检查肢蹄有无异常，每年春秋各修蹄一次，以保证其放牧、配种行动灵活。应保证供给白牦牛种公牛充足清洁的饮水,但配种或采精前后或运动前后 0.5h 内不宜饮水,以免影响种公牛的健康。要经常刷拭,做到人牛亲和,防止发生恶癖。夏天注意防暑降温。

二、采精器械清洗和消毒

将各种器械提前清洗、消毒、杀菌,准备好。假阴道在使用前要洗涤,安装内胎前应洗净双手,用 75%的酒精棉球消毒假阴道内胎并晾干。采精前用玻璃棒蘸取润滑剂由入口处向内,在假阴道内胎的前 2/3 处均匀涂抹, 提前注入相当于假阴道内外壳间容积 2/3 的温水来维持内部温度,采精时温度控制在 38℃~40℃,并从活塞孔打气,使假阴道有适度的压力。

(一)玻璃器皿

玻璃器皿如集精管、烧杯、量筒、平皿等,先用自来水浸泡 30min,再在加有洗涤剂的温热溶液中刷拭,再用水冲洗干净,最后用蒸馏水冲洗,直至器皿光亮、无水滴附着为止。将洗净的玻璃器皿送入电热干燥箱,加热至 160℃后再恒温 60min,自然冷却后待用。载玻片和盖玻片,用后立即浸泡于水中,洗涤后用柔软的布擦拭干净备用。

(二)橡胶塑料制品

橡胶塑料制品如胶管等,洗涤时,先在加有洗涤剂的温水中清洗,然后用清水冲洗干净,胶管内用 75%的酒精棉球擦拭,胶管表面紫外线照射 2h,然后放入无菌箱中待用。胶粒、枪头、胶塞洗涤干燥后,用 75%的酒精浸泡 2min 捞出,待酒精自然挥发后,放入无菌箱中保存备用。

(三)金属制品

金属制品如镊子、细管剪等,洗涤时,先在加有洗涤剂的温水中刷洗,然后用清水冲洗干净,干燥后用 75%的酒精擦拭消毒,然后放入无菌箱中备用。

(四)假阴道

假阴道每次使用完毕后,应完全拆卸下来并立即清洗。内胎和集精漏斗应翻转过来刷洗,再用自来水冲洗,然后用蒸馏水冲洗,最后在 70%的酒精中浸泡 5min,取出后竖挂于无尘的柜子内使其干燥。使用前必须进行消毒,可使用酒精、蒸煮、高压蒸气或高温烘干等消毒法。内胎用 75%酒精棉球擦拭消毒,待完全挥发后,再用稀释液冲洗。集精杯可用酒精、蒸煮或高温烘干。

二、采精

(一)采精前准备

1.采精白牦牛公牛

用于制作冷冻精液的白牦牛公牛符合天祝白牦牛品种特征, 等级评价为特级或一级,无遗传病,体质健壮,生殖机能正常,性欲旺盛,精液量多,精子密度大,品质好,使用年限长。

2.采精场地

白牦牛采精场地应保持宽敞、平坦、安静、清洁,采精场地不宜随意变换,以便种公牛建立起条件反射。采精场地设有采精架以保定台畜,室内附设喷洒消毒和紫外线照射杀菌设备,每周消毒一次。

(二)采精技术

1.假阴道安装

安装假阴道时,使内胎光滑面向内,粗糙面向外,平整地放入外壳内,然后将内胎的两端翻卷于外壳两端之外,用胶圈固定好,且不能使内胎出现皱褶,松紧度适当。集精杯安在靠近外壳注水孔的一端,然后套上胶帽固定好。假阴道安装完毕后,往假阴道夹层中注入38℃左右的温水。采精前在假阴道内胎的前2/3处用涂抹棒均匀涂擦适量消毒过的润滑剂,假阴道入口处应稍涂多一些,并由外向里逐渐变薄。并从活塞孔打气,使假阴道有适度的压力。采精时假阴道内胎的温度应控制在40℃~42℃。采精前,还要检查假阴道是否有漏水及泄气现象。假阴道安装准备工作做完后,用灭菌毛巾或纱布盖好假阴道入口部,以免灰尘污染。

2.采精方法

天祝白牦牛采精技术宜用假阴道法。采精时选用白牦牛母牛作为台畜,使效果最好。选择性情温顺、体格适当、健康无病、四肢有力的白牦牛母牛做台牛。采精前应先对公牦牛进行调教,使其建立条件反射。采精时将台牛保定在采精架内,将其尾系于台牛体左侧,用来苏儿溶液擦拭尾根部、外阴部和阴门,再用清水擦洗,用干净的纱布擦干。

采精前先让白牦牛种公牛进行数次空爬,使之有充分的性准备,待公牛性欲旺盛时采精。为提高白牦牛种公牛的性欲,可采取空爬、抑制爬跨、更换台牛、更换地点、观摩、引诱、被爬跨、按摩等措施。采精时将公牦牛引至台牛后面,采精员站在台牛后部右侧,右手握持备好的假阴道。当公牦牛准备起步爬跨时,采精人员用左手取下盖假阴道入口的灭菌纱布;公牛爬跨后,迅速用左手准确地托握公牛包皮,右手持假阴道与台牛呈40°角,将阴茎导入假阴道入口,使假阴道靠在台牛臀侧,随后公牛的后躯向前一冲即完成射精。当公牛滑下时,采精人员应持假阴道随公牛滑下,缓慢地把假阴道脱出,立即将假阴道口斜向上方,打开活塞放气,使精液尽快地流入集精管内,然后小心地取下集精管,盖上集精杯盖迅速送至精液处理室。

(三)采精频率

在白牦牛配种季节(6~10月),成年白牦牛公牛每周可采精两次,每次可连续排精2~3次,每次采精间隔在40min以上。

三、精液处理

（一）新鲜精液质量

从外观看，精液呈翻腾云雾状，色泽为乳白色或淡黄色。而且精子经镜检和密度仪测定，精子活力≥60%，精子密度≥6×10⁸/ml，精子畸形率≤12%。

（二）精液的稀释

1.精液稀释液

冷冻精液稀释液配方：①称取蔗糖 12g，放入 100ml 容量筒内，加入蒸馏水 50ml 左右，搅拌至蔗糖溶解后，再加蒸馏水至 100ml，混匀后过滤于三角瓶内，封口置于 75℃水浴锅中消毒 30min。②取冷却后的蔗糖溶液 75ml、甘油 5ml、卵黄 20ml，加入三角瓶中，充分搅拌均匀后，每 100ml 稀释液中加青、链霉素各 5 万~10 万单位，放入 4℃~5℃的冰箱内备用，但放置时间不能超过 24h。

蛋黄的取用：卵黄要取自新鲜鸡蛋，鸡蛋应来源于无疫病的鸡场，且完整干净，用 75%酒精棉球对蛋壳表面进行消毒，待酒精挥发尽后用蛋清分离器取出完整的卵黄，然后用灭菌的注射器穿过卵黄膜抽取卵黄。

稀释液的使用：用平衡后（32℃~34℃）的第一液缓慢加入精液中，摇匀，所加第一液的量=[(所加稀释液总量+精液量)/2]–精液量，用烧杯盛适量的水（32℃~34℃），把稀释管放入后置于 4℃低温柜内降温，与此同时把第二液也放入 4℃低温柜。当降温至 10℃时加入第二液，所加第二液的量=(所加稀释液总量–所加第一液的量)。加入第二液后再平衡 0.5h 以上，然后在低温柜中细管分装，分装后的细管即可进行冷冻。分装可使用细管分装一体机进行细管分装操作。

2.稀释比例

稀释比例可根据精液的密度和活力进行，调整稀释比例，保证每一剂量的有效精子数达到规定标准。将经过检查合格的精液（活力 0.7 以上、精子密度中等）按 1:2~5 倍稀释液进行稀释，其稀释原则是，应保证每个颗粒精液中所含精子数不少于 3000 万~4000 万个，解冻后呈直线前进运行的精子不少于 1500 万个。

3.降温和平衡

稀释后的精液，要在 2~3h 内使精液温度逐步降到 4℃~5℃。

（三）剂型和剂量

细管冻精、微型≥0.18ml。

（四）封装、平衡和标记

按照 NY/T 1234 规定执行。

四、精液冷冻

（一）上架

平衡、封装后的细管精液上架码放时应注意细管摆放的方向，把棉塞封口端靠近操作者，超声波封口端远离操作者，入冷冻仪时亦应妥善放置。

（二）冷冻

宜采用程序化冷冻方法。冷冻仪是由电子计算机控制的全自动冷冻容器，可根据使用者的需要获取多条冷冻曲线。使用时首先在电脑中设置好冷冻的最佳温度曲线，冷冻仪与低温柜应尽量靠近，开启液氮罐阀门把冷冻仪降温至4℃，关闭风扇电源，待风扇完全停止后把待冻细管的架子迅速放入冷冻仪，盖严盖子，按预先设定好的程序自动完成冷冻过程。

（三）收集

冷冻完成后，打开冷冻容器盖子，冻精按牦牛号投入盛满液氮的不同提筒中，细管的超声波封口端在上，棉塞封口端在下，不得倒置，并迅速浸泡在液氮中。

五、冷冻精液解冻

（一）细管冻精解冻

宜用38℃±2℃温水直接浸泡解冻，解冻时间30~60s。

（二）解冻后的使用时限

解冻后使用时限不得超过6h。

六、冻精镜检

（一）检查内容

1.冷冻后活力检测

解冻温度为38℃左右，解冻时间10s左右。用纸将解冻后的精液细管擦干，将精液滴在载玻片上进行镜检，经检查合格的入库保存，不合格的废弃。解冻后精液活力应保持在30%以上。

2.前进运动精子数

直线前进运动的精子数≥800万个。

3.畸形率

精子畸形率≤22%。

4.细菌数

细菌数≤1000个。

5.精子存活时间

5℃~8℃存活时间≥12h,20℃存活时间≥6h,37℃存活时间≥3h。

（二）检查方法

按照 GB 4143 规定执行。

七、精液灌装和标记

稀释好的精液在灌装前,应将精液摇匀后再缓慢倒入锥形瓶中,精液倒入不要过快,以免对精子造成损伤。细管冻精包装经过检查后严密封闭,按牛号和批次分别包装。标记内容应包括牛号、制作日期和制作单位、数量及活力等。

八、冻精保存与运输

冻精应贮存于液氮罐的液氮中,贮存冻精的低温容器应符合 GB/T5458 标准规定。细管精液抽样样品经解冻检查合格后,按编号、采精日期、型号、包装、标识等分类贮存,每头公牛的冻精应单独贮存,避免种类和个体间冻精混淆。冻精应专人管理,经常检查液氮罐中的液氮贮量,定期加注并保证细管冻精浸泡于液氮中。贮存冻精的容器每年至少清洗一次,并更换新鲜液氮。

冻精运输过程中要有专人负责,贮存容器防止碰撞、倒置和重叠,保证冻精始终浸在液氮中。运输途中应及时检查和补充冷源。

第五节 天祝白牦牛发情控制技术

一、诱导发情技术

(一)诱导发情的概念和意义

1.诱导发情

诱导发情是指对因生理或病理原因不能正常发情或处于乏情状态 (无发情周期) 的母牦牛,利用外源激素(如促性腺激素)和某些生理活性物质(如初乳)以及环境条件的刺激,促使乏情母牦牛的卵巢从相对静止状态转变为机能活跃状态,以恢复母牦牛正常发情和排卵。

2.诱导发情的目的意义

利用诱导发情可以控制母牦牛发情时间、缩短繁殖周期、增加怀胎次数和产犊数,使其一生繁殖较多后代,从而提高繁殖力。同时,可以调整产犊季节,使牦牛产奶时间提前或延后,调整牦牛奶市场供应时间,并可使牦牛按市场需求供应牛肉,提高牦牛养殖经济效益。

(二)诱导发情的机理

牦牛的一切性活动始终是在内分泌和神经系统共同作用下进行的,因此,除利用外源激素处理外,神经刺激(环境条件的改变、断奶、异性刺激等)也可使母牦牛性机能趋于活跃,特别是性刺激有时具有显著作用。利用外源激素和神经刺激诱导母牛发情,其本质都是通过内分泌和神经作用,激发母牛卵巢的机能,使卵巢从相对静止状态转为活跃状态,促进卵泡的生长发育,继而使母牛发情、排卵,并进行配种。

(三)诱导发情的方法

1.生殖激素处理

(1)孕激素处理方法:从母牦牛产后 2 周开始,采用孕激素处理 9~12 天,即可诱导母牦牛发情。因生理乏情,母牦牛的卵巢处于静止状态,无黄体存在。孕激素处理后,对垂体和下丘脑有一定的刺激作用,从而促进卵巢活动和卵泡发育。如孕激素处理结束,给予一定的孕马血清促性腺激素(Pregnant mare serum gonadotropin,PMSG)或卵泡刺激素,效果会更明显。

(2)PMSG 的处理方法:乏情母牦牛卵巢上应无黄体存在,一定量的 PMSG(750~1500IU 或每千克体重 3~3.5IU),可促进卵泡发育和发情,卵巢上无黄体存在。

(3)FSH 处理方法:FSH 在动物体内半衰期为 2~3 h,用该激素诱导发情时,剂量为 5~7.5 mg,分 6~9 次,连续 2~4 天,上午和下午肌内各注射 1 次为 1 个疗程。处理 4~6 天后仍未见发情,再处理 1 个疗程。

(4)GnRH 处理方法:目前国产的 GnRH 类似物半衰期长,活性高,这种类似物有促排卵素 2 号(LRH-A2)和促排卵素 3 号(LRH-A3),是经济有效的诱导发情的激素制剂。

2.公牦牛刺激

在与公牦牛隔离的母牦牛群里,在发情季节到来之前,将公牦牛放入母牦牛群里,利用公畜效应,刺激母牦牛,使其提前发情。

(四)影响诱导发情效果的因素

在高寒牧区,公母牦牛大多混群放牧饲养,生殖机能好的母牦牛基本都与群内的公牦牛交配,未交配的母牦牛基本都存在一定的生殖问题或者体质较差。因此,牦牛的体况及环境因素是影响牦牛诱导发情的主要因素。

二、同期发情技术

(一)同期发情的概念和意义

1.同期发情

同期发情又称同步发情,就是利用激素或类激素的药物人为处理母牦牛,使其在特定时间内集中统一发情,并排出正常的卵母细胞,以达到集中配种和受胎的目的。同期发情的关键是人为控制卵巢黄体寿命,同时终止黄体期,使牛群中经处理的牛只卵巢同步进入卵泡期,从而使其同时发情。同期发情是针对群体而言,主要指周期性发情的母牦牛,同时也用于乏情状态的母牦牛,经激素处理后在特定时间内同时发情。而诱导发情是针对长期乏情的个体母牦牛,在时间上并无严格要求或准确性,同期发情可以说是诱导发情技术的提高和发展。

2.同期发情的意义

(1)同期发情有利于推广人工授精 人工授精因牛群分散或交通不便而受到限制,如果能在短时间内使牛群集中发情,就可以根据预定的日期定期集中配种,促进冷冻精液更迅速、更广泛的应用。

(2)同期发情便于组织管理和生产 控制母牦牛同期发情,可使母牦牛配种、妊娠、分娩及犊牛培育相对集中,便于牛群组织管理,可以集中精力大规模搞好犊牛、育成牛的科学饲养管理,对节约劳动力、饲养成本、降低管理费用具有重要意义。

(3)同期发情可提高牦牛繁殖率 同期发情技术不仅应用于发情周期正常的母牦牛,而且也可使乏情状态的母牦牛出现性周期活动,缩短母牦牛的繁殖周期,提高牦牛群繁殖率。

(二)同期发情的机理

母牦牛的发情周期,从卵巢的机能和形态变化可分为卵泡期和黄体期两个阶段。卵泡期是在周期性黄体退化继而液中孕酮水平显著下降后,卵巢中卵泡迅速生长发育,最后成熟并导致排卵的时期,是牦牛发情周期中的第 18~21 天。卵泡期之后,卵泡破裂并发育成黄体,随即进入黄体期,是发情周期中的第 1~17 天内。黄体期内,在黄体分泌的孕激素作用下,卵泡发育成熟受到抑制,母牛不表现发情,在未授精的情况下,黄体维持 15~17 天 即行退化,随后进入另一个卵泡期。相对高的孕激素水平可以抑制卵泡发育和发情,黄体期的结束是卵泡期到来的前提条件。因此,情期发情的关键是控制黄体寿命,并同时终止黄体期。

同期发情技术主要有两种。一种方法是向母牦牛群同时施用孕激素,抑制卵泡的发育和母牦牛发情,经过一定时期同时停药,随之引起同期发情。这种方法在施药期内,如黄体发生退化,外源孕激素代替了内源孕激素(黄体分泌的孕激素),造成了人为黄体期,发情期推迟。另一种方法是利用前列腺素 $F_{2\alpha}$ 使黄体溶解,中断黄体期,从而提前进入卵泡期,使发情提前到来。

(三)同期发情技术在牦牛生产中的应用

在牦牛生产中,同期发情技术便于组织生产和管理,提高牛群的发情率和繁殖率。另外,同期发情技术有利于人工授精技术的进一步推广,也是胚胎移植技术的重要环节。同期发情不但用于周期性发情的母牦牛,而且也能使处于乏情状态的母牦牛出现性周期活动。例如,卵巢静止的母牦牛经过孕激素处理后,多数表现发情。因持久黄体存在而长期不发情的母牦牛,用前列腺素处理后,黄体消散,生殖机能随之得以恢复。用于母牦牛同期发情的药物种类很多,处理方法不尽相同,但较适用的是孕激素阴道栓塞法和孕激素+前列腺素法。

1.孕激素阴道栓塞法

栓塞物可用泡沫塑料块或硅胶橡胶环,包含一定量的孕激素制剂。将栓塞药物放在子宫颈外口处,其中激素即渗出。处理结束时,将其取出即可,或同时注射孕马血清促性腺激素。孕激素的处理有短期(9~12 天)和长期(16~18 天)两种。长期处理后,发情同期率较高,但受胎率较低。短期处理后,发情同期率较低,而受胎率高,接近或相当于正常水平。孕激素处理结束后,在第 2~4 天内大多数母牛的卵巢上有卵泡发育并排卵。

2.前列腺素及其类似物处理法

前列腺素的投药方法有子宫注入(用输精器)和肌内注射两种。子宫注入,用药量少,效果明显,但注入较为困难。肌内注射操作容易,但用药量要适当增加。

前列腺素处理是溶解卵巢上的黄体,中断周期黄体发育,使母牦牛同期发情。前列腺素处理法仅对卵巢上有功能性黄体的母牦牛起作用,只有当母牦牛在发情周期第 5~18 天(有功能黄体期)才能产生发情反应。对于周期第 5 天以前的黄体,前列腺素并无溶解作用。因此,前列腺素处理后,总有少数牦牛无反应,需做二次处理。有时为使一群母牦牛有最大同期发情率,第 1 次处理后,表现发情的母牦牛不予配种,经 10~12 天后,再对全群牛进行第 2 次处理,这时所有的母牦牛均处于发情周期第 5~18 天之内。第二次处理后母牦牛同期发情率显著提高。用前列腺素处理后,从投药到黄体消退需要近 1 天时间,一般在第 3~5 天母牦牛出现发情,比孕激素处理晚 1 天。

3.孕激素和前列腺素结合法

将孕激素短期处理与前列腺素处理结合起来,效果优于二者单独处理。即先用孕激素处理 5~7 天或 9~10 天,结束前 1~2 天注射前列腺素。

目前,用于牦牛同期发情的药物主要有激素和中药制剂两大类,激素主要包括 GnRH 及其类似物、前列腺素(PGF)或类似物、促性腺激素类。处理方法有单激素处理、激素组合处理、中药制剂处理等,其中激素组合处理方法有三合激素法、前列腺素 ($PGF_{2\alpha}$)+促性腺激素法、GnRH 类似物+促性腺激素法等。用药方法有肌内注射、阴道栓埋植和灌服法。处理次数有一次处理和二次处理,其中二次处理发情率高于一次处理。由于牦牛同期发情受生殖生理状况、激素种类、激素剂量、处理方法以及营养水平等因素的影响，目前报道的牦牛同期发情率差异很大，从0%到100%不等。牦牛同期发情受牦牛自然繁殖规律的制约性强。因此，在今后研究与应用中，应严格遵从牦牛繁殖特性与自然繁殖规律，这样才能使牦牛同期发情技术广泛应用于生产实践。不论采用什么处理方式，处理结束时配合使用3~5mg促卵泡素（FSH）、700~1000IU孕马血清促性腺激素(PMSG)或50~100μg促排卵3号(LRH-A3)，提高处理后的同期发情率和受胎率。

同期发情处理后，虽然大多数牦牛的卵泡正常发育和排卵，但不少牦牛无外部发情症状和性行为表现，或表现非常微弱，其原因可能是激素未达到平衡状态。第二次自然发情时，其外部症状、性行为和卵泡发育则趋于一致。尤其是单独用$PGF_{2\alpha}$处理，对那些本来卵巢静止的母牦牛，效果很差或甚至无效。这种情况多发生在枯草季节或产后的一段时间，这也是牦牛同期发情处理效果不理想的主要原因。

（四）影响同期发情效果的因素

1.母牛生殖状况

被处理母牦牛的体况是影响同期发情处理效果的关键，体况包括年龄、体质、膘情、生殖系统健康状况等。好的同期发情处理方法，只有在被处理母牦牛身体素质良好、生殖机能正常、无生殖道疾病、获得良好的饲养管理、公母牦牛分群饲养时，才能获得较好的效果。

2.合理的处理条件

同期发情处理所用药品必须保证质量。由于牦牛生存环境的特殊性和枯草期相对较长，必须在繁殖季节开展牦牛同期发情处理，处理方案也不同于奶牛、肉牛。同时，精液质量也是获得高受胎率的关键。

3.输精人员的技术水平

同期发情后，短时间内要给多头母牦牛输精，配种人员需要有一定的技术和体力。因此，需要有一支素质高、技术水平好、体质好、强壮有力的专业技术队伍，以确保能在短时间内准确、有效地完成发情母牦牛输精工作任务。

4.补饲

补饲能显著提高牦牛围产期前后的营养状况，隔离哺乳及补饲能有效促进产后牦牛发情周期的恢复，促进牦牛在繁殖季节出现自然发情症状，从而使产后牦牛获得较高的自然发情率和妊娠率。对产后牦牛在隔离哺乳及围产期补饲的基础上，采用隔离哺乳+围产期补饲的同期发情处理，能显著提高产后牦牛的同期发情效果及整个繁殖季节的发情及妊娠效果。

5.配种后母牦牛的饲养管理

在同期发情输精后一段时间内，放牧时不能急促驱赶母牦牛，以免受精卵不能着床和早期流产，影响受胎率。同时，应注意补饲适当的饲料，使母牦牛和胎儿有足够的营养，保证母牛和犊牛正常生长发育，坚决杜绝饲喂霉变饲料。

三、超数排卵技术

（一）超数排卵的概念和意义

1.超数排卵的概念

超数排卵简称“超排”，是应用外源性促性腺激素诱发母牦牛卵巢的多个卵泡同时发育，并排出具有受精能力的卵子，是提高母牦牛繁殖效率的繁殖调控技术之一，通常用于母牦牛的胚胎移植。

2.超数排卵的意义

哺乳动物的卵巢上含有20万~40万个卵母细胞，但在自然条件下仅有数十个卵母细胞得以正常发育并排卵。为了提高动物的繁殖效率，应用超排技术可以使母牦牛每次排卵由1~3个增加至10~20个，以开发卵母细胞资源，增加受胎比例，充分挖掘优良母牦牛的繁殖潜力，加速品种改良。

（二）超数排卵的原理

超数排卵的过程是应用超过体内正常水平的外源性促卵泡素，使将要转化为闭锁卵泡的有腔卵泡发育成熟而排卵。自然情况下，牛卵巢上约有99%的有腔卵泡发生闭锁而退化，只有1%能发育成熟而排卵。在牛有腔卵泡闭锁之前，注射FSH或PMSG可使大量卵泡不闭锁而正常发育成熟，在排卵之前注射黄体生成素或人绒毛膜促性腺激素补充内源性LH的不足，保证这些大量成熟卵泡同时排卵，形成超数排卵。

（三）超数排卵在白牦牛生产中的应用

1.超数排卵的处理时期

超数排卵的处理时期应选择在发情周期的后期，即黄体消退时期，此时的卵巢正处于由黄体期向卵泡开始发育的过渡时期。如果在发情周期的中期进行超排处理，则需在施用促性腺激素后48~72h配合注射$PGF_{2\alpha}$，促使黄体消退。

2.超数排卵处理方法

用于超数排卵的药物大体可分为两类，一类是促进卵泡生长发育的，主要有孕马血清促性腺激素(PMSG)和促卵泡素(FSH)；另一类是促进排卵的，主要有人绒毛膜促性腺激素(PMSG)和促黄体素(LH)。

(1)使用FSH进行超数排卵：FSH在牛体内的半衰期短，注射后在短时间内失去活性，因而使用时应进行分次注射。在牛发情周期的9~13天任意一天开始注射FSH，以后以递减剂量的方式连续肌内注射4天，每天2次，每次间隔12h，总剂量需按牛的体重做适当调整。在第一次注射FSH后48~60h之内，肌内注射$PGF_{2\alpha}$2~4 ml。也可采用子宫灌注的方法，剂量减半。权凯等(2007)报道，用8.8mg FSH (中国科学院动物研究所研制)对3头半血野牦牛进行超数排卵,头均获得 4 枚有效胚胎。用 15mg FSH(新西兰产)对 3 头半血野牦牛进行超数排卵,头均获得 0.7 枚有效胚胎;但 FSH 8.4mg 组、PVP 包埋 FSH8.5mg 组均没有得到胚胎。李全等(2008)报道,国产激素 9mg FSH+9mg PG+1000U hCG 组合与 9mg FSH+9mg PG 组合,对繁殖季节中的牦牛进行超排处理,都可以引起反应,但个体间超排反应差异较大。

(2)使用 PMSG 进行超数排卵:在发情周期 11~13 天的任意一天肌内注射 1 次即可。在注射 PMSG48~60h 后,肌内注射 1 次 $PGF_{2\alpha}$2~4ml。在对母牦牛进行超数排卵处理时,随着 PMSG 剂量的增大,卵巢的反应也会增强,发情时间提前。当母牦牛出现发情后 12h 再肌内注射抗 PMSG,剂量以能中和 PMSG 的活性为准。

(3)采用 CIDR 和 FSH 联合超数排卵:CIDR(孕酮阴道硅胶栓)是促动物发情的含药阴道栓。具体用法是在母牛的阴道内插入阴道栓,并在埋栓的第 9 天开始注射 FSH,共注射 4 天,第 11~12 天撤栓,在撤栓前约 24h 内注射前列腺素,并观察发情表现,输精 2 次。

(4) 采用 FSH+PVP+$PGF_{2\alpha}$ 联合用药法进行超数排卵:在白牦牛发情 9~13 天一次肌内注射 FSH-R(30mg FSH 溶解在 10mg 30%的 PVP 中),隔 48h 后肌内注射 $PGF_{2\alpha}$,再经过 48h 后人工授精。由于 PVP 是大分子聚合物(相对分子量为 40000~700000),用 PVP 作为 FSH 的载体,与 FSH 混合注射,可使 FSH 缓慢释放,从而延长 FSH 的作用时间,一次性注射 FSH 可达到超排的目的。

(四)超数排卵的效果

牦牛对超数排卵药物的敏感程度受环境、季节和营养状况影响较大,效果不稳定,超排有效胚胎数较黄牛和奶牛少。另外,抓捕保定牦牛对药物用量及超排效果的影响,尚需进一步研究和完善。

(1)受胎率:超数排卵的卵子受精率和母牦牛受胎率均低于自然发情的受精率和受胎率。回收胚胎的时间越迟,变性胚胎的比例就越大,因此,回收胚胎的时间应适宜。

(2)排卵数:供体母牦牛一次超数排卵的数目不宜过多,两侧卵巢第一次排卵以 10~15 枚为宜。

(3)发情率:应用促性腺激素和 $PGF_{2\alpha}$ 进行超数排卵处理时,母牦牛有 60%~80%有发情表现,有的虽不表现发情,却能正常排卵。

(4)发情出现时间和胚胎回收率:超数排卵处理时,供体母牦牛在注射 $PGF_{2\alpha}$ 后 48h 内发情牦牛的回收率最高,72h 以后发情牦牛胚胎的回收率明显下降,且大多为未受精的卵子。

(5)发情周期:超数排卵处理后的母牦牛,血液中含有高浓度的孕激素,因而发情周期延长。

第六节 牦牛的胚胎移植技术

一、胚胎移植发展概况和意义

胚胎移植是将良种母牛的早期胚胎取出，或者是由体外授精及其他方式获得的胚胎,移植到生理状态相同的母牛体内,使之继续发育成为新个体。提供胚胎的母牛称为供体(Donor),接受胚胎的母牛称为受体(Recipient)。胚胎移植实际上是生产胚胎的供体母牛和养育后代的受体母牛分工合作,共同繁殖后代,所以也有人通俗地叫借腹怀胎。胚胎移植产生的后代,遗传物质来自供体母牛和与之交配的公牛,而发育所需的营养物质则从受体获得。因此,供体决定着它的遗传特性(基因型),受体只影响它的体质发育。

(一)发展概况

胚胎移植在家畜上的试验最早是在 20 世纪 30 年代。绵羊(1934 年)、山羊(1949 年)、猪(1951 年)、牛(1951 年)和马(1970 年)相继获得胚胎移植个体。20 世纪 60 代以后,牛的胚胎移植发展到应用阶段。20 世纪 70 代后期,中国开始将胚胎移植应用到畜牧业生产上,并在绵羊(1974 年)、牛(1978 年)上相继获得成功。

牦牛胚胎移植研究相对于奶牛、黄牛较晚。1991 年,陈静波等对牦牛胚胎移植首次进行了尝试研究,将 10 枚中国荷斯坦奶牛胚胎分别移植到 10 头牦牛受体内,结果只有 1 头妊娠,但最终死亡(陈静波 等,1995 年)。结果表明:牦牛支持普通牛胎儿整个妊娠期的发育,但仍有不确定性因素影响其发育,需进一步研究。2004,甘肃农业大学动物医学院和天祝白牦牛育种实验场共同开展了天祝白牦牛胚胎移植试验,经过药物调理、同期发情、超数排卵等技术处理,平均胚胎回收率 55.6%,共收集 18 枚可用胚胎,将 12 枚胚胎移植到 10 头同期发情的受体牦牛,最终妊娠率 50%,分娩率 40%(余四九 等,2007 年)。此试验首开牦牛胚胎移植的先河,为世界珍稀牛种天祝白牦牛种质资源保护、纯繁扩群、持续利用起到了积极的推动作用。随后,姬秋梅等(2007 年)开展了西藏当雄牦牛胚胎移植试验,处理 10 头供体牛,共获得 7 枚胚胎,$PGF_{2\alpha}$+ FSH 连续递减法得到 5 枚可用胚胎,Cu−Mate+FSH 法没有冲到胚胎,5 枚胚胎移植给 5 头受体后,妊娠并产出 4 头犊牛,胚胎移植在西藏获得成功。牦牛胚胎移植虽然取得成功,但胚胎来源比较困难,同时在超数排卵和移植技术水平方面还有待进一步改进和完善。随着牦牛胚胎移植技术的不断完善和提高,胚胎移植技术将成为牦牛良种扩繁和其他高新技术应用的潜在技术手段,具有广阔的应用前景和重要的现实意义。

(二)胚胎移植的意义

胚胎移植的目的在于发挥优良母畜的繁殖潜力,加快家畜改良的速度,作为胚胎操作的基础,长期保存冷冻胚胎、便于运输和保存遗传资源。

1.充分发挥优良母牛的繁殖潜力

后代的生产性能取决于双亲。畜群品质的提高和数量的增加不仅取决于公畜,也依赖于母畜。作为供体的优良母牦牛,通过超数排卵处理,一次即可获得多枚胚胎,以产生更多的胎儿。供体母牦牛只产生具有良种遗传物质的胚胎,妊娠过程则由种用价值较低的受体母牛承担。作为供体的优秀母牛省去较长的妊娠期,缩短繁殖周期。胚胎移植可充分发挥优秀母牛的繁殖潜力,提高繁殖效率。

2.胚胎移植是育种工作的重要方法

通过超数排卵和胚胎移植技术(Multiple ovulation and embryo transfer,MOET)可使供体繁殖的后代增加 7~10 倍。该项技术可加速品种改良、扩大良种畜群,加大选择强度和选择准确性,缩短世代间隔,及早进行后裔测定。胚胎移植不受时间和地域的限制,可代替活畜的引进,节约引种费用。胚胎移植突出了优良母畜在育种工作中的意义,从而成为现代育种工作的有力手段。

3.保存品种资源

胚胎的长期保存是保存某些特有家畜品种和野生动物资源的理想方式,把优良品种的胚胎贮存起来,可以避免因遭受意外灾害而导致种质资源灭绝,且比保存活畜的费用低得多,容易实行。冷冻精液、冷冻卵母细胞和冷冻胚胎共同构成动物优良性状的基因库。

4.促进基础理论研究

胚胎移植技术作为繁殖技术的一种手段,可为动物繁殖生理学、遗传学、胚胎学、细胞学、动物育种学和进化学等学科提供技术支撑,拓宽了新兴学科的研究途径。

二、胚胎移植的基本原则

(一)胚胎移植前后供体和受体所处环境的同一性

1.生理上的一致性

即受体和供体在发育时间上的同期性。在胚胎移植实践中,一般供体、受体发情同步差要求在 24h 以内。

2.结构部位的一致性

即胚胎移植后与移植前,所处的空间部位的相似性。也就是说,如果胚胎采自供体的输卵管,那么要移植的胚胎也要移植到受体的输卵管,如果胚胎采自供体的子宫角,那么要移植的胚胎也要移植到受体的子宫角。

(二)胚胎的发育期限

胚胎采集和移植的期限(胚胎的日龄)不能超过周期黄体的寿命。最迟要在受体周期黄体退化之前数日进行,当然更不能在胚胎开始附植之时进行。通常是在供体发情配种后3~8天内采集胚胎,受体也在相同时间接受胚胎移植。

(三)胚胎的质量

从供体采集到的胚胎必须经过严格鉴定,确认发育正常者(可用胚胎)才能移植。在胚胎移植全过程中,胚胎不应受到任何不良因素(物理、化学、微生物)的影响而降低生活力。移植前的胚胎需要经专业人员鉴定、评定等级,评估受胎能力。

(四)供体、受体的状况

1.全身及生殖器官的生理状态

供体、受体应健康,营养良好,体质健壮,特别是生殖器官具有正常生理机能,否则会影响胚胎移植的效果。

2.生产性能和经济价值

供体具有优良的生产性能或遗传特性。供体的生产性能要高于受体,经济价值要大于受体,这样才能体现胚胎移植的优越性。

三、胚胎移植的技术程序

胚胎移植技术包括供体受体的选择、供体超排处理、供体的发情鉴定和配种、胚胎采集与鉴定、受体同期发情处理、胚胎移植等过程。

(一)供体和受体的选择

1.供体的选择

(1)供体应具备遗传优势:供体在育种上有价值,生产性能高,经济价值大,系谱清楚,有后裔测定成绩。牦牛应选择生长发育快、产肉性能好、种用价值高的母牦牛作为供体。

(2)供体应具有良好的繁殖能力:供体既往繁殖史正常,无遗传缺陷,具有良好的繁殖能力。分娩顺利,无难产或胎衣不下记录,生殖器官正常,无繁殖疾病,性周期正常,发情症状明显。

(3)供体应营养良好:供体体质健壮,健康无病,营养条件良好,体格要大,采食能力强。

2.受体的选择

受体母牛可选用非优良品种个体,但应具有良好的繁殖性能和健康状况,可选择与供体发情周期同步的母牛为受体。

(二)供体超数排卵处理

在母牦牛发情周期的适当时间，施以外源性促性腺激素，使卵巢中比自然情况下有较多的卵泡发育并排卵，超数排卵理论上是越多越好，但排出的卵子数量太多，往往出现受胎率和胚胎收集率低的趋势。其原因可能是由于外源激素引起动物内分泌紊乱，排出不成熟的卵子。对牦牛来说，每个卵巢排8~10个卵母细胞最合适。

1.超数排卵的方法

(1)用于超数排卵的主要激素

①FSH：其优点是药效比较均衡，超排效果比较稳定。缺点是需连续注射4天，操作烦琐，价格比PMSG高。

②PMSG：其优点是使用简单，只需注射一次，价格比较低廉。缺点是超排效果不稳定。

③前列腺素($PGF_{2\alpha}$)及其类似物：其主要作用是溶解黄体，增强超排效果，并使供体、受体在预定时间内发情。

④促黄体生成素(LH)：促进卵泡破裂并排卵。

⑤孕激素：主要是醋酸氟孕酮和甲孕酮，用其制成孕激素阴道海绵栓或孕激素阴道Y型栓。

⑥促性腺激素释放激素(GnRH)：间接促进卵泡破裂排卵。

(2)超数排卵的方法

①PMSG或FSH超排：给供体母牦牛注射PMSG或FSH，发情开始后12~16h和20~24h各配种(输精)一次，并于第一次配种后静脉注射hCG或LH，以便排出更多的卵子。

②配合应用前列腺素(PG)：PG的用法通常是在应用PMSG或FSH后进行肌内注射。

③埋栓处理：CIDR缓慢插入阴道内。

④PMSG与抗PMSG配合使用：抗PMSG可以消除PMSG的残留作用，明显增加可用胚胎数，提高超排效果。

(3)具体实施案例

①用FSH

A.FSH+PG法：在发情周期9~13天中的任何一天开始肌内注射FSH，以递减量连续肌内注射4天，每天注射2次(间隔12h)，总剂量按牛的体重胎次做适当调整。在第一次注射FSH后48h到60h内，同时各肌内注射一次$PGF_{2\alpha}$，每次2~4ml。若采用子宫灌注，剂量可减半。

B.FSH+孕激素(CIDR)+PG法：给供体母牦牛阴道内放入CIDR，在埋栓的第9天开始注射FSH，连续注射4天，每天2次，共8次。在第七次肌内注射FSH时取出CIDR，并肌内注射$PGF_{2\alpha}$。一般取出CIDR后，24~48h发情。或给供体母牦牛阴道放入第一个CIDR，10天后取出第一个 CIDR,同时放入第二个 CIDR,第五天开始注射 FSH,连续注射 4 天,每天 2 次,共 8 次。在第七次注射 FSH 时,取出第二个 CIDR,并肌内注射 $PGF_{2\alpha}$,一般取 CIDR 后,24~48h 发情。

C.FSH+PVP(polyvinnylpyrrolidone,聚乙烯吡咯烷酮):FSH 的超排效果虽优于 PMSG,但因其半衰期短,必须进行多次注射才能起作用,程序烦琐。由于 PVP 是大分子聚合物(分子量为 40000~700000),用 PVP 作为 FSH 的载体和 FSH 混合后注射,可使 FSH 缓慢释放,从而延长 FSH 的作用时间,一次性注射 FSH 即可达到超排的目的。

②用 PMSG

超排发情周期第 11~13 天内任意一天肌内注射一次,按每千克体重 5IU 左右确定 PMSG 总剂量,在注射 PMSG 后 48~60h 内,同时各肌内注射 $PGF_{2\alpha}$ 一次,剂量 2~4ml,母牛出现发情后 12h,第一次输精的同时肌内注射抗 PMSG。

2.影响超数排卵效果的因素

超数排卵的效果受母牛的遗传特性、体况、营养、年龄、发情周期阶段、产后时期长短、卵巢功能、季节以及激素制品的质量和用量等多种因素的影响,所以,不同品种,特别是不同个体反应差异较大,效果很不稳定。在实践中只要能使一半以上处理母牦牛达到预期效果,就认为超排是成功的。超排数目多少,对于授精、胚胎回收及胚胎品质均有影响。

(三)供体的发情鉴定和配种

经过超数排卵处理的母牦牛发情后应适时配种。超数排卵结束后,要密切观察供体的发情症状。正常情况下,供体大多数在超排处理后 12~48h 发情。每天早、中、晚至少各观察 1 次,发情鉴定以接受其他牛爬跨且站立不动为主要判定标准。

为了得到较多发育正常的胚胎,应使用活力强、密度大的精液,而且将授精次数增加到 2~3 次,间隔 10~12h,并且要加大输精量。

在输精时,不得触摸卵巢,否则可能造成卵巢上发育卵泡的破裂或使卵巢、输卵管伞部变位,造成排出的卵子不能被接纳而遗失于腹腔内。超排处理的应激作用使母牛生殖器官(子宫角、卵巢、输卵管等)非常敏感,输精员操作时动作要轻柔、温和,不得粗暴,保证无菌。

(四)胚胎采集与鉴定

胚胎的采集也称为采胚(Embryo collection)、冲胚、采卵或冲卵,是利用冲洗液将胚胎由生殖道冲出,收集在器皿内。在解剖镜下用特制的玻璃细管将胚胎从冲洗液中检出,放在盛有培养液的平皿内。

1.冲胚液

为了保证胚胎在离体条件下可以存活,冲胚液必须符合一定的渗透压和 pH。现在多采用杜氏磷酸盐缓冲液(PBS)、布林斯特(Brinsters medium-3)、M199 培养液(TCM199)等,这些冲胚液除含各种盐类外,还含有多种有机成分。冲胚液在使用前需加入血清白蛋白或犊牛血清,含量一般为血清白蛋白的0.3%~1%、犊牛血清的1%~5%。

2.采胚时间

根据母牦牛配种时间、排卵的大致时间、胚胎的运行速度、胚胎的发育阶段、胚胎所处部位及采胚方法等因素,确定适宜的采胚时间。从配种后第二天开始,计算采胚天数,根据采集目的不同,决定在第几天采胚。牛胚胎早期的发育速度(由排卵计算时间)为1细胞0~27h,桑葚胚6天,囊胚9天,进入子宫的时间为3~4天。牛胚胎最好在桑葚胚或早期囊胚阶段收集和移植,因此一般在配种6~8天后采集胚胎。

3.采胚方法

牛常用非手术法收集胚胎,此法简便易行,而且对生殖道的危害性小。

(1)供体牛的保定:在采胚前牛要禁水禁食12~24h,将供体牛在保定架内呈前高后低姿势保定。

(2)麻醉:采胚前10min进行麻醉,一般在尾椎硬膜外注射2%普鲁卡因,也可在颈部或臂部肌内注射2%静松灵,使牛镇静,子宫松弛,以利采胚。

(3)消毒:采胚前,将母牛外阴部进行冲洗和消毒。

(4)采胚:为利于采胚管通过子宫颈,在采胚管插入前,先用扩张棒对子宫颈进行扩张。将采胚管消毒后,用冲洗液冲洗,并检查气囊是否完好,然后将无菌不锈钢导杆插入采胚管内。

操作员用直肠把握法将手伸入母牛直肠,清除粪便,检查两侧卵巢黄体数。将采胚管经子宫颈缓慢导入一侧子宫角基部,由助手抽出部分不锈钢导杆,操作员继续向前推进采胚管,当到达子宫角大弯附近时,助手从进气口注入10~25ml气体,一般充气量的多少依子宫角粗细及导管插入子宫的深浅而定。

当气囊位置和充气量合适时,抽出全部不锈钢导杆,助手用注射器吸取事先加温至37℃的冲胚液,从采胚管的进水口推进,进入子宫角内,再将冲胚液连同胚胎抽回注射器内,如此反复冲洗和回收5~6次。冲胚液的注入量由开始的20~30ml,逐渐加大到50ml。将每次回收的冲胚液收入集胚器内,并置于37℃的恒温平台或无菌检胚室待检。一侧子宫角冲胚结束后,按同样方法再冲洗另一侧子宫角。

冲胚结束后,为促使供体正常发情,可向子宫内注入或肌内注射$PGF_{2\alpha}$。为预防感染,可向子宫内注入适量抗生素。

4.检胚

为了减少体外不利因素对胚胎造成的影响,从母牛生殖道冲出来的冲卵液应保持在37℃环境中。冲卵结束后,将冲卵液置于30℃的无菌箱中,在箱内检查。如果条件不具备,可在20℃~25℃的无菌操作室内检查。因冲卵液比较多(几百毫升),全部检查花费时间多,故采用以下两种方法检查,这样既能使胚胎不丢失,又能节省时间。第一种方法是静置法:把盛冲卵液的容器放在无菌室内静置20~30min,胚胎下沉到容器底部,然后将上面的冲卵液吸出,剩下几十毫升即可。为防止胚胎黏到容器上,要用冲卵液冲洗容器,这部分单独倒入平皿检查。第二种方法是采用带有网格(直接小于胚胎直径)的过滤器放入冲卵液中,由上往下吸出冲卵液,剩下几十毫升即可。为防止胚胎吸附在过滤器上,用冲卵液反复冲洗过滤器。按上述方法处理后,在体视显微镜下进行观察,检查出的胚胎用吸卵器移入含有20%犊牛血清的PBS中进行鉴定。

5.胚胎的鉴定与保存

(1)胚胎发育时期的划分和特征:母牦牛第6~8天非手术采集的胚胎发育为桑葚胚至扩张囊胚。

①桑葚胚(Morula):卵裂球隐约可见,细胞团的体积几乎占满卵周间隙。

②致密桑葚胚(Compactedmorula,CM):卵裂球进一步分裂变小,看不清卵裂球的界限,细胞团收缩至卵周间隙的60%~70%。

③早期囊胚(EarlyBlastocyst,EB):出现透亮的囊胚腔,但难以分析内细胞团和滋养层,细胞团占卵周隙的70%~80%。

④囊胚(Blastocyst,BL):囊胚腔增大明显,内细胞团和滋养层细胞界限清晰,细胞充满了卵周间隙。

⑤扩张囊胚(Expanded Blastocyst,EXB):囊胚腔充分扩张,体积增至原来的1.2~1.5倍,透明带变薄,相当于其厚度的1/3。

⑥孵化囊胚(Hatched Blastocyst,HB):透明带破裂,内细胞团脱出透明带。

(2)胚胎的分级:胚胎一般分为A、B、C、D四个等级,其中A、B、C级胚胎为可用胚胎,D级为不可用胚胎。

①A级:胚胎发育阶段与胚龄一致,胚胎形态完整,轮廓清晰,呈球形,分裂球大小均匀,结构紧凑,色调和透明度适中,无游离的细胞和液泡或很少,变性细胞比例小于10%。

②B级:胚胎发育阶段与胚龄基本一致,轮廓清晰,分裂球大小基本一致,色调和透明度及细胞密度良好,可见到一些游离的细胞和液泡,变性细胞占10%~30%。

③C级:胚胎发育阶段与胚龄不太一致,轮廓不清晰,色调变暗,结构较松散,游离的细胞或液泡较多,变性细胞多达30%~50%。

④D级:有碎片的卵和细胞无组织结构,变性细胞占胚胎大部分,大于50%。

(3)胚胎的鉴定:移植前正确鉴定胚胎的质量,是移植能否成功的关键之一。鉴定胚胎质量和活力的方法主要有形态学观测、体外培养、荧光活体染色和测定代谢活性四种方法。生产实践中，主要是采用形态学方法。一般是在50~80倍的实体显微镜下或100~200倍的生物显微镜下进行综合评定。

评定的主要内容:一是卵子是否受精，未受精卵的特点是透明带内分布匀质的颗粒，无卵裂球(胚细胞)；二是透明带的规则性，即形状、厚度、有无破损等；三是胚胎的色调和透明度；四是卵裂球的致密程度，细胞大小是否有差异以及变性情况等；五是卵黄间隙是否有游离细胞，或细胞碎片；六是胚胎本身的发育阶段和胚胎日龄是否一致，胚胎的可见结构如内细胞团、滋养层细胞、囊胚腔是否明显可见。

形态学方法鉴定胚胎的方法，优点是简单易行，操作快捷，缺点是存在一定的主观性。

(4)胚胎的保存：指在体外条件下，将胚胎贮存起来，并使其保持活力。通常有常温保存、低温保存和冷冻保存等三种方法。

①常温保存：指在常温(15℃~25℃)下保存胚胎。在此温度下，胚胎只能存活10~20h，因而只能短期保存。在胚胎移植实践中，受体和供体有时并不在同一地点，这就需要新鲜胚胎的常温短期保存和运输。通常采用含20%犊牛血清的PBS保存液，可保存胚胎4~8h。

②低温保存：指在0℃~6℃的较低温度下保存胚胎的方法。在此温度下，胚胎细胞分裂暂停，新陈代谢速度显著减慢，但尚未停止。细胞的某些成分，特别是酶处于不稳定状态，保存时间较常温保存长，但也只能维持有限的时间。低温保存操作简便，设备简单，适于野外应用。

③冷冻保存：指在干冰(-79℃)或液氮(-196℃)等低温介质中保存胚胎。处于低温下的胚胎新陈代谢停止，可达到长期保存的目的。胚胎冷冻保存时应在培养液中添加抗冷冻保护剂，如二甲基亚砜(DMSO)、甘油、乙二醇、聚乙二醇等。胚胎冷冻方法主要有逐步降温法、一步细管法、玻璃化法等。

(五)受体同期发情处理

胚胎移植时，除自然发情的母牦牛按照发情时间计算移植时间外，如同步操作必须对受体进行同期发情处理，使受体母牛和供体母牛发情同期化，其发情时间差应控制在12h之内。若超过24h，则妊娠率急剧下降。牦牛的同期发情处理主要有孕激素埋植法、孕激素阴道栓法、PG注射法等。

(六)胚胎移植

胚胎移植也叫胚胎的植入，是整个胚胎移植技术中关键环节之一，有手术法和非手术法两种。在牛胚胎移植中，常用非手术法。按照直肠把握输精法将胚胎送到有黄体一侧的子宫角内。受体牛在发情后6~8天进行胚胎移植。移植前对受体牛进行直肠检查，检查黄体是否合格，合格的方可进行胚胎移植。

用2%利多卡因或普鲁卡因2ml实行尾椎硬膜外麻醉,擦拭外阴部,将装有鲜胚的0.25ml细管或冻胚解冻细管前端剪取1cm,放入移植枪,加上移植枪外套管和塑料薄膜保护套,插入受体阴道。

通过直肠把握法,将插入阴道的移植枪放至子宫颈外口处,通过子宫颈导向黄体侧子宫角前端,将胚胎移植到子宫角后,抽出移植枪,移植应在2~3min完成。同时尽量避免损伤子宫内膜,以免造成出血,不利于胚胎存活。移植后,认真观察受体牛是否发情,60~90天进行直肠检查,确定是否妊娠。

四、胚胎移植的实际效果和影响因素

(一)胚胎移植的实际效果

1.胚胎来源

对供体母牛进行超数排卵处理是目前获得胚胎的主要途径。

(1)排卵率:超排处理后,有超排反应的供体占所有超排供体数的比例。使用外源激素诱发多卵泡发育,并不是每次都能得到好的结果,不同个体的反应差异很大,有的虽然有大量卵泡发育,但无排卵发生。

(2)收集率:收集到的卵子和胚胎总数占黄体数的百分率。排出的卵子或发育的胚胎不可能完全收集到。排卵数过多(通常卵巢体积很大)往往会降低收集率。这可能是由于卵子未能被输卵管伞接纳而丢失。收集率通常在50%~80%。

(3)授精率:发育正常的胚胎数占所收集到卵子和胚胎总数之比。排出的卵子中有的形态异常或未授精,有的胚胎发育迟缓或退化死亡。

2.胚胎的长期保存和胚胎的分割应用

胚胎冷冻保存使胚胎移植不受时间和地域的限制,也可不受同期发情的限制,自由地选择受体。胚胎的分割技术也能不同程度地解决胚胎来源问题。

3.存在的问题

体外授精技术的发展为胚胎来源提供了新的途径,而且成本降低,但体外生产的胚胎不能作为种用。超数排卵虽然是胚胎来源的主要途径,但超排效果及其规律还不能完全预测,尤其在牦牛上更不稳定。

(二)影响胚胎移植效果的因素

影响胚胎移植妊娠效果的因素是多方面的,且各种因素相互制约,加之胚胎损失的原因复杂,涉及生理、内分泌、遗传、免疫和环境等多种因素。

(1)胚胎因素:包括胚胎质量、发育日龄,移植胚胎的数量,提供胚胎的供体,胚胎在体外培养的时间,移植的是鲜胚还是冻胚等。

(2)母体因素:包括供体、受体发情同期化程度,受体的孕酮水平、营养水平和子宫、卵巢的生理状况等。

(3)其他因素:自然发情与人工诱导发情,胚胎移植器具的污染程度以及操作者的熟练程度等。

(三)胚胎移植的安全生产与防疫

1.胚胎传播疾病的原因

通过胚胎移植传播疾病,病原体必须进入胚胎细胞或与透明带结合,或进入胚胎移植操作液。如果病原体在卵子内或精子内,那么授精后胚胎必然带上某种病原体,病原也可能穿过透明带而进入胚胎。透明带是卵子和早期胚胎的外壳,有抵抗病原体侵入的屏障作用,但也可为病原体黏附创造条件。另外,环境污染、操作不当、血清或血清蛋白及激素污染等原因,造成胚胎移植的污染,进而污染胚胎,也会造成疾病的传播或胚胎移植的失败。

2.体外安全生产胚胎

体外生产胚胎即通过屠宰场收集卵巢取卵,或通过活体采卵,再利用体外授精技术获得可用胚胎的过程。试验证明,体外生产的胚胎从形态和生理上与体内获得的胚胎有一定差别。如体外授精胚胎紧密性差,细胞数目较少,而且体外授精中所得的卵子、胚胎的透明带比体内自然生产的胚胎透明带脆弱,因而抵抗外界病原侵入的能力较差。另外,体外授精过程中,卵子、精子、胚胎以及保存、培养用液与病原体接触的机会比体内胚胎大得多。因此,体外生产胚胎的安全性与防疫更值得引起注意。

3.体内安全生产胚胎

在保证供体健康的前提下,胚胎从收集到移植期间卫生条件的控制,是防止病原由供体传给受体的保证。在体外生产胚胎操作过程中,要考虑供体和受体的生理需要,以及生理紧张对胚胎生产造成的影响。同时,在操作过程中所有器具及培养液保证不受污染。胚胎鉴定即胚胎健康与否是基于供体动物的特定病原体检查、胚胎洗涤和酶处理以及胚胎收集过程的完善程度。为更有效去除胚胎表面黏附的残渣或某些病原体,可采用酶处理的方法,即用0.25%胰蛋白酶处理胚胎60~90s,再用含牛血清或白蛋白的培养液洗涤数次。

胚胎移植是一个复杂而细致的系统工程,它由许多操作环节构成,有严格的系统性和连续性,因此对操作人员的技术水平要求特别高,只有具有一定理论基础和丰富实践经验的人才能胜任。

第七节 牦牛的体外授精技术

一、体外授精技术的发展概况

(一)发展概况

体外授精(In vitro fertilization,IVF)是指在人为控制体外环境完成精、卵结合的过程,包括卵母细胞体外成熟、精子体外获能、卵母细胞体外授精、受精卵体外发育等程序。体外授精技术是在20世纪80年代初研究成功，并在近年来得到逐步完善的一项配子与胚胎的生物技术。由于体外授精与胚胎移植技术(ET)密不可分,又简称IVF-ET。在生物学中,把体外授精-胚胎移植获得的动物称试管动物(Test-tube animal)。奶牛、水牛、黄牛等体外授精已获得成功,并得到了试管动物,而牦牛体外授精的研究还处于试验研究阶段。Luo等(1994年)从4头母牦牛8个卵巢共收集25个卵母细胞,经体外成熟和体外授精培养后,卵母细胞的授精率及卵裂率分别为60%和40%,发育正常的桑葚胚2个,移植后未妊娠。随后,金鹰等(1999年)开展了黑白花奶牛冷冻精液×牦牛卵母细胞的种间体外授精研究。何俊峰等(2005年)研究了授精液和授精时间对牦牛卵泡卵母细胞体外授精的影响。阎萍等(2006年)研究了不同激素配比、性周期阶段对白牦牛卵母细胞体外成熟的影响。Guo等(2012年)从不同培养条件研究了牦牛卵母细胞体外成熟、体外授精及早期胚胎培养,建立了牦牛胚胎体外生产共培养体系。

(二)存在问题

牛体外授精技术不仅是理论研究的基础,同时是胚胎移植、性别鉴定、核移植和转基因等高新技术研究的基础。随着胚胎工程技术的深入研究和商业化的推广应用,对有效胚胎的需求量日益增加。利用卵母细胞体外成熟、体外授精技术,体外生产牛胚胎,已成为解决现有胚胎紧缺问题的重要途径之一。但目前还未有试管牦牛诞生,普遍存在的问题是受精卵的卵裂率和囊胚体外发育率不稳定,因而体外授精的总成功率偏低。目前,对牦牛卵母细胞体外成熟、体外授精和受精卵的体外发育培养的系列研究仍然在继续。

二、牦牛体外授精的技术程序

牦牛体外授精技术主要包括卵母细胞的体外成熟(In vitro maturation, IVM)、精子的体外获能(In vitro sperm capacitation)、卵母细胞的体外授精(In vitro fertilization，IVF)、受精卵的体外发育 (In vitro development，IVD) 和体外授精胚胎的冷冻保存 (In vitro fertilization embryo cryopreserva tion)等。

(一)卵母细胞的体外成熟

1.卵巢的采集与卵母细胞的获取

将采集的牦牛卵巢保存在生理盐水(30℃~38℃)中，在 3h 内带回实验室，用抽吸法将获取的卵母细胞置于保存液中，保存液为 PBS 缓冲液，其中添加聚乙烯醇 0.4mg/ml(防止细胞发生粘连)、牛血清白蛋白 3mg/ml。

2.卵母细胞的体外成熟

将卵母细胞用成熟液洗涤 3 次，培养 27~28h。卵母细胞成熟液基础液为 Medium199，并添加丙酮酸钠 0.2mmol/L，胎牛血清 10%，促黄体素 5mg/L，促卵泡素 0.5mg/L，雌二醇 1mg/L。

牦牛体外授精技术参数：CO_2 含量 5%，温度 38.5℃，湿度饱和。

(二)成熟卵母细胞的体外授精

1.精子的获能处理

(1)BO 液上浮法：BO 基础液由 112.0mmol/L 氯化钠、4.02mmol/L 氯化钾、0.83mmol/L 磷酸二氢钠、0.52mmol/L 氯化镁、2.25mmol/L 氯化钙、13.9mmol/L 葡萄糖及抗生素(75mg/L 青霉素+50mg/L 链霉素)组成。上浮法步骤为将 1~4 支牦牛冷冻精液细管置于 38℃水浴解冻，解冻后的精液加到盛有 1.0~1.5ml BO 获能液的离心管底部，在 CO_2 培养箱中倾斜 30°~45°放置，使精子上浮。上浮 1h 后，吸取上清液 0.5~1.2ml，用洗精液离心洗涤两次(800g 离心 8~10min)，再用获能液上浮 25~35min。获能液由 BO 基础液、3.108g/L 碳酸氢钠、0.138g/L 丙酮酸钠、10mmol/L 咖啡因、3mg/ml 牛血清白蛋白组成。

(2)TALP-Percoll 法：用 Sp-TALP 液把 Percoll 液稀释成 45%、90%两种不同浓度的 Percoll 液，先将 2ml 90%Percoll 液置于离心管底部，然后贴壁缓慢加入 45%Percoll 液 2ml(90%Percoll 液与 Sp-TALP 按 1:1 比例混合)，将解冻后的精液加到分层液上或 45%Percoll 液上层界面上，700~800g 离心 30min，获得的精液部分用 5~10ml Sp-TALP 液悬浮 100~400g 离心 10min，精子沉淀重新悬浮，并调整浓度至 $2\text{~}4\times10^6$ 个/ml，加入其他成分获能。

2.体外授精

获能处理后的精子($0.5\times10^6\text{-}2\times10^6$ 个/ml)移入授精液中，授精液中含有成熟的卵母细胞。授精液由添加了 3.108g/L 碳酸氢钠、0.138g 丙酮酸钠、6mg/ml 牛血清白蛋白和 2mg/ml 肝素的 BO 基础液组成。

(三)胚胎培养

1.共培养体系

(1)输卵管上皮细胞的培养

①将取回的牦牛输卵管,用含 100IU/ml 青霉素和 100μg/ml 链霉素的生理盐水洗几次,平展于灭菌滤纸上,修剪干净输卵管系膜。

②选择从壶腹部到峡部的一段,纵向剖开,横断至 1.5~2.0cm,用预先孵化好的 0.25%胰蛋白酶-0.53mmol/L EDTA 消化液(TE)洗两次,移入盛有 2ml TE 的 35mm×10mm 培养皿中,上皮面向上展开,放入 38.5℃的 CO_2 培养箱中孵育。

③1h 后取出,用小镊子轻刮输卵管上皮,上皮小块即脱落。

④脱落的上皮小块用培养液(M199+10%NBS)洗两次,最后取适量上皮小块移入盛有 2ml 培养液的培养皿中,在 5% CO_2、38.5℃和饱和湿度的 CO_2 培养箱中培养。

⑤48h 换一次培养液,同时弃去未贴壁细胞。

(2)颗粒细胞单层的培养

颗粒细胞单层(Granulosa cell monolayer, GCM)制备方法:采集完卵丘-卵母细胞复合体(cumulus oocyte complexes, COCs)后,取检卵平皿中剩余的含颗粒细胞的卵泡液 1ml,加 2ml 0.2%透明质酸酶消化 3~5min 后,用等量培养液(M199+10%NBS)终止消化后,1500r/min 离心 5min,沉淀用 5ml 培养液悬浮,1500r/min 离心 5min,最终的沉淀用培养液悬浮,用移液器将颗粒细胞加入培养液滴,其最终浓度为 10 个/ml。

2.早期胚胎培养

授精 16~18h 后,用 0.2%透明质酸酶溶解卵丘细胞 1~2min,然后漩涡振荡脱除卵丘细胞,然后将处理的受精卵移入颗粒细胞共培养体系中,隔 48h 换 1/2 体积的培养液,培养 144~168h 后收集牦牛胚胎。培养液为基础液 M199 添加 10%胎牛血清。颗粒细胞共培养体系制备方法:采集完卵母细胞后,取检卵平皿中剩余的含颗粒细胞的卵泡液 1ml,加 2ml 0.2%透明质酸酶消化 3~5min,用等量培养液终止消化后,200g 离心 5min,沉淀用 5ml 培养液再次悬浮,200g 离心 5min,最终的沉淀用培养液悬浮,用移液器将悬浮液加入培养液滴中,其最终浓度为 10^6 个/ml。

3.技术优势

牦牛体外授精技术与已有的黄牛、奶牛体外授精技术相比,具有以下特点:一是胚胎生产各技术环节操作时间不同,适宜高海拔地区牦牛胚胎体外生产;二是成熟液、授精液依据牦牛自身生态生理特性而配制;三是牦牛成熟卵母细胞授精后,经透明质酸酶处理,有利于受精卵的早期发育;四是建立的颗粒细胞共培养系统有效地克服了牦牛早期胚胎发育阻滞。本技术为牦牛优良品种遗传资源的保存与利用提供了技术参考。

三、胚胎体外生产的质量控制

(一)牦牛胚胎体外生产环节

在牦牛胚胎体外生产中,首先要熟知体外生产胚胎的各个环节和程序,合理设计生产方案,明确生产目的和规范实验操作。在整个环节中,做好实验记录是关键。记录要全面、翔实,因为实验结果的分析来源于翔实的实验记录。无论实验成功与失败,都要对整个实验程序做出全面的分析,并总结经验供下次实验参考与借鉴。同时,实验记录是胚胎评定、胚胎移植等相关技术的重要信息。

(二)卵母细胞的质量

卵母细胞的来源有两种,一是屠宰卵巢卵母细胞,二是活体采卵。从卵巢中采集到的卵母细胞, 外面有多层卵丘细胞包围, 称为卵丘-卵母细胞复合体 (Cumulus-oocyte complexes, COCs),并不是所有的 COCs 都可用于体外成熟培养。COCs 的初期质量是决定卵母细胞成熟能力和以后授精能力的重要因素,应从足够大的卵泡中收集 COCs,在形态上应为卵质均匀、透明带不变形、有多层致密而完整的卵丘细胞包裹。从采集卵巢到带回实验室抽取卵泡的时间越短越好,一般在 1~4h 内,6~7h 是极限,时间越长,卵母细胞的质量越差。卵巢的保存温度对卵母细胞的体外成熟有很大影响,牛卵巢的保存温度 30℃~38℃较为理想。而活体采卵与供体母畜年龄、性周期、卵泡直径、外源激素的使用、采集次数、真空度等因素有关,在实际操作过程中应对各个因素做出全面的分析和规定。卵母细胞体外成熟的质量是体外授精的关键,应充分考虑影响卵母细胞体外成熟的因素。

(三)精液的质量

在体外授精中,精液处理的主要目的是去除精液中的精浆及其细胞碎片和污染物,以便获得浓缩的获能精子。在牛卵母细胞体外授精过程中,授精率是反映体外授精效果的关键指标之一。试验时,一般所用精液只要能得到满意的授精率就可采用。但在牛胚胎体外生产研究中,所用精液往往来自不同的种公牛个体,为保证所生产胚胎基因的多样性,避免后代的近亲繁殖,以及生产高品质的胚胎,必须考虑种公牛个体差异及精液品质对体外授精效果造成的影响。精子活力是一项十分重要的指标,无论是鲜精还是冻精,试验前都应做精子活力的鉴定,以免造成卵母细胞及试验用品的浪费。

(四)培养条件

牛胚胎体外生产的培养条件主要包括培养温度、培养时间、培养气相、培养湿度以及培养基组分等。不同的温度对胚胎体外生产的影响很大,有时甚至是体外生产胚胎能否成功的关键。体外生产的牛胚胎一般用于胚胎移植,卵母细胞体外成熟、体外授精和早期胚胎体外培养,选择一个适宜的温度甚为重要。值得注意的是,由于种种原因,许多培养箱显示的温度与箱内实际温度不一致,甚至培养箱内不同位置也有温差。因此,进行试验前,在培养箱内不同位置放置几支温度计,以温度计实测温度为依据进行适当校正。牛的 2~6mm 卵泡中的卵母细胞起始所处发育阶段是不同的,有的处于生长的早期阶段,有的已有闭锁倾向,所以体外培养应该针对不同发育阶段的卵母细胞,制订不同的培养时间,这样才能有效地利用卵母细胞,提高其体外培养成熟率。培养液不同,卵母细胞体外授精的培养时间不同。同时早期胚胎体外发育培养,也应选择合适的培养时间。

目前培养常用的气相有两种,一种为 5% CO_2+95%空气,另一种为 5% CO_2+5%O_2+90% N_2。在这两种气相中,CO_2 很关键,它是培养基缓冲体系维持正常 pH 所必需的。不纯的 CO_2 气体对卵母细胞有毒性,CO_2 的纯度要求特别高。一些样品中 CO_2 和酒精含量高,应设法纯化。在 IVM/IVF/IVC 体系中采用饱和湿度,目的是防止培养液水分蒸发和改变培养液成分或浓度,保持稳定的 pH 和渗透压。在研究和生产中,要及时补充培养箱水槽中的水,以防湿度的改变。

在培养液以外的操作(如卵丘-卵母细胞复合体的洗涤、精子的浮游、精子的洗涤和卵母细胞上卵丘细胞的去除等)中,培养液暴露在空气中,尽管培养液中有缓冲体系,但在空气中的操作应尽可能的快。牛胚胎体外生产中培养基的成分十分复杂,培养基效果的好坏受营养成分、生产批次等各方面因素的影响。水是培养基的主要成分,容易出现污染,如溶解有离子化或非离子化的固体和气体、特殊物质、微生物和热原质,故使用无菌、超纯的水对体外成熟至关重要。应经常进行严格的质控检测,以保证水的纯度和 pH。水的质量和高度无菌条件是培养成功的必要条件。用 0.2μm 滤器可以去掉有关细菌。培养基中另一主要成分是血清,在试验时需对不同批次的血清进行检测,以选择最好的血清。

(五)胚胎的质量

体外生产的胚胎不应受到任何不良因素(物理、化学、微生物等)的影响而降低活力。体外生产的囊胚与体内生产的囊胚相比,细胞总数和内细胞团细胞数明显减少,因此应充分考虑体外生产胚胎的抗冻能力。胚胎冷冻、解冻程序的规范化,冷冻液、解冻液的合理选择,对保证胚胎的质量至关重要。胚胎质量的检测和正确评价是胚胎移植或冷冻保存成功的关键,体外生产的胚胎需经专业人员的鉴定,应考虑到胚胎的日龄,结合发育状态,评定等级,然后确定胚胎的用途、移植或保存。

(六)试验条件

实验室保持干净、整洁、无菌条件的同时,培养箱、离心机、电子天平、超净工作台、显微镜、冰箱等常用仪器设备和过滤除菌装置、手术器械、培养器皿、移液器以及消耗性材料等,都应保持高度的无菌条件。试剂和药品的贮存和放置,应严格区分和合理保管。在准备培养液时,将有关玻璃容器充分而仔细地冲洗干净,并做灭菌处理,同时溶液的配置要准确并保持无菌。工作人员需要有一定的理论知识和技术水平,同时始终要有无菌意识。

牦牛胚胎体外生产是一个复杂的过程,影响因素和涉及的问题很多,不仅有具体实践操作方面的问题,而且存在许多理论上尚未解决的问题。这些问题的解决,需要各学科的进一步发展与渗透,以及技术方法的不断改进才有可能做到。牛胚胎体外生产的质量控制,是生产规范化的基础问题,必将发挥越来越重要的作用。

第四章 天祝白牦牛繁育生产技术

第一节 带犊牦牛繁育技术

一、建立母牦牛带犊繁育体系

结合犊牛的生长发育特点及母牦牛的产后生殖生理特点，针对母牛带犊饲养体系的特殊性，将传统与现代饲养技术综合配套，建立母牦牛带犊体系，解决母牦牛带犊体系中妊娠阶段补饲及产后母牦牛饲养管理等各方面易出现的问题。推行犊牛代乳粉使用及早期断奶补饲技术等，依据犊牛生产方向的不同确定不同的饲养方案。

(一)常乳期哺喂和补饲

犊牛经过 5~7 天初乳期之后开始哺喂常乳，至完全断奶这段时间称为常乳期。这一阶段是犊牛体尺、体重增长及胃肠道发育最快的时期，尤其以瘤胃、网胃的发育最为迅速，此阶段是由真胃消化向复胃消化转化，由饲喂奶品向饲喂固体料过渡的一个重要转折时期。

犊牛哺乳期应根据犊牛发育情况、养殖场(合作社或牧户)饲养水平等具体情况确定。精料条件较差时，哺乳期可定为 5~7 个月；精料条件较好时，哺乳期可定为 4~6 个月；如果采用代乳粉或补饲犊牛料，哺乳期则为 3~5 个月。

(二)哺乳常乳的方法

牦牛哺乳常乳主要有随母哺乳法、保姆牛哺乳法和人工哺乳法。一般牦牛犊采用自然哺乳。如果母牦牛产后死亡、虚弱、缺乳或母性不佳，不能进行自然哺乳时，可采用代乳或人工哺乳。

1.随母哺乳法

犊牛出生后，每天跟随母牦牛哺乳、采食和放牧，哺乳期为 6 个月左右，或 7~8 个月。这是目前最常用的方法，便于犊牛管理，节省劳动力。但不利于母牦牛的管理，增加了母牦牛的饲养管理成本。

2.保姆牛哺乳法

因胎儿难产或犊牛死亡造成分娩后的母牦牛无犊牛哺乳，可用来代乳即作为保姆牛进行哺乳。此法的优点是充分利用了分娩母牦牛或无母犊牛的各自需求，发挥效益最大化。缺点是开始哺乳时，需人为引导，增加了劳动成本。

3.人工哺乳法

人工哺乳时初乳、常乳变更应注意逐渐过渡(4~5 天)，以免造成消化不良。同时做好定质、定量、定温、定时饲喂。

人工哺乳的方式有桶喂和带奶嘴的奶壶喂两种方式。如用桶喂，奶桶要固定，开始几次要用手引导犊牛吸食，喂完后用干毛巾擦干犊牛嘴角周围。用桶、盆等器具给犊牛喂乳时，由于缺乏对口腔感受器的吮吸刺激作用，食管沟闭合不全，往往有一部分乳汁流入瘤胃和网胃，经微生物作用发酵、产酸，造成犊牛的消化不良。因此，用奶壶喂效果较好。

二、牦牛犊哺乳期管理

牦牛犊出生后，经 5~10min 母牦牛舔干体表胎液后就能站立，吮食母乳并随母牦牛活动，说明牦牛犊生活力旺盛。牦牛犊在 2 周龄后即可采食牧草，3 月龄可大量采食牧草，随月龄增长和哺乳量减少、母乳越来越不能满足其需要时，促使犊牛增加采食牧草的量。同成年牦牛相比，牦牛犊每日采食时间较短(占 20.9%)，卧息时间长(占 53.1%)，其余时间游走、站立。牦牛犊采食时间短以及昼夜一半以上时间卧息的特点，在牦牛犊放牧中应予以重视，除分配好的牧场外，应保证所需的休息时间，减少挤乳量，以满足牦牛犊迅速生长发育对营养物质的需要。

(一)哺乳

从出生到 6 月龄，犊牛如果全哺乳，或随母牦牛放牧(母牦牛日挤乳一次)，犊牦牛日增重可达 450~500g，断奶时体重可达 90~130kg。这是牦牛一生中生长最快的阶段，利用幼龄牦牛进行放牧育肥十分经济，所以在牦牛哺乳期，为了缓解人与犊牛争乳矛盾，一般日挤乳 1 次为好，杜绝日挤乳 2~3 次。如果母牦牛因挤乳系留时间延长，会影响其采食时间，母牦牛哺乳兼挤乳，得不到充足的营养补给，体况较差，其连产率和繁殖成活率都会受到较大影响。

母牦牛一般均需诱导条件反射才能泌乳，诱导条件反射为犊牛吮食和犊牛在母牦牛身边两种，是原始牛种反射泌乳的规律。若强行拉走刺激母牦牛反射泌乳的犊牛，要避免乳汁呛入犊牛肺内引起咳嗽，甚至患异物性肺炎，轻者生长发育不良，重者导致死亡。正确的做法是一手牵拉脖绳，另一只手托犊牛股部引导拉开。

(二)吸食初乳

犊牛必须全部吮食初乳。初乳即母牦牛在产犊后最初几天所分泌的乳,营养成分比正常乳高1倍以上。犊牛吮食足量初乳,可将其胚胎期粪便排尽。如犊牦牛吮食初乳不足,出生10天左右会引起肠道便秘、梗塞、炎症等肠胃病,影响生长发育。更重要的是初乳中含有大量免疫球蛋白、乳铁蛋白、微量元素和溶菌酶等物质,吸食初乳能有效防止犊牛的一些传染病。

(三)适时补饲

为了加快白牦牛选育进度,早日收到预期效果,当犊牛学会采食牧草后(初生后2周左右),可补饲料粉、骨粉配制的简易混合料,或采用简单补喂食盐的方法,以增强食欲,提高饲草转化率。如此补饲方法不能每日坚持,可隔3~5天补喂一次。

(四)及时断奶

一般地,牦牛犊哺乳至6月龄后即进入冬季,应断奶并分群饲养。如果一直随母牦牛哺乳,牦牛犊恋乳,母牦牛带犊,均不能很好地采食。在这种情况下,母牦牛除冬季乏弱自然干乳外,妊振母牦牛就无法获得干乳期的生理补偿,不仅影响母牛和犊牛的安全越冬度春,而且影响母牦牛胎儿的生长发育。如此恶性循环,很难获得健壮的犊牛及较高的生产性能。为此,对哺乳满6个月的牦牛犊牛实行分群断奶;对出生迟、哺乳不到6个月,且母牦牛当年未受孕,可适当延长哺乳期,而后再断奶。为了提高白牦牛的繁殖率,对妊娠母牦牛尽量进行补饲。

三、母牦牛的饲养管理

母牦牛的营养和饲养管理影响其繁殖能力,用传统方法饲养母牦牛,常因管理不周或技术不到位,使母牦牛流产、空怀,导致产犊率下降,繁殖力降低,影响经济效益。因此,必须采取科学的饲养管理方式,对繁殖母牦牛分群管理,简化牛群,根据母牦牛不同时期营养需要,科学饲喂,这样才能提高母牦牛的繁殖能力,增加经济效益。

(一)妊娠期的饲养管理

牦牛在发情季进入发情状态,是保证其高效繁殖的必要条件。母牦牛产犊期多出现在每年3~5月,这是其在青藏高原牧草的季节性生产及气候变化条件下产生的适应机制。春季草原上的牧草返青,产犊后的母牦牛采食青草,营养物质摄入量增加,体况恢复,促使其发情。

妊娠母牦牛所需营养,不但要维持自身需要,还要供给胎儿生长发育,以及为产后泌乳储存营养。因此,加强妊娠母牦牛的饲养管理,可有效避免流产和死胎现象,保证胎儿在母体中正常发育,为后续犊牛的生长发育、母牛再次受孕及延长繁殖年限打下良好的基础。特别是对冬季妊娠母牦牛的饲养管理,更应科学严格。

妊娠前5个月,胎儿组织器官正处于分化阶段,生长较缓慢,所需营养物质较少,可以按照空怀期母牦牛的标准饲养,主要以粗饲料为主。妊娠5个月以后,应加强营养,补饲精料。妊娠后期3个月是胎儿快速增重阶段，一般增重达到犊牛初生重的70%~80%，需要吸收母体大量的营养物质，而且母牦牛在妊娠期也会增重45~70kg。为保证产后母牦牛正常泌乳和再生产，该时期应供给妊娠牦牛充足的营养物质，如加喂胡萝卜与精饲料等，以保持中上等膘情。除保证营养外，妊娠期母牦牛的牛舍也应保持清洁干燥，通风良好。冬季需要做好牛舍的保温、光照等工作。同时，延长妊娠牦牛夏秋草场放牧时间，枯草季节补饲青绿饲料，增强母牦牛体质，促进胎儿发育，防止难产，做好保胎工作。

（二）泌乳期的饲养

母牦牛应在分娩前两周逐渐增加精料。母牦牛分娩后，体内糖、盐、水分等物质损失大，哺乳期的母牦牛，尤其是刚分娩后的母牛尚处于恢复阶段，身体虚弱，消化机能减弱，并且还要泌乳，因此对饲养管理的要求比较高。哺乳期的饲养管理对母牦牛的泌乳、产后发情、再次配种受胎都很重要，此时对能量、蛋白质、钙、磷等营养物质需要量较其他生理阶段有不同程度的增加。

泌乳期母牦牛乳汁营养缺乏会导致犊牛生长受阻，易患腹泻、肺炎、佝偻病等，还会导致母牦牛产后发情异常，降低受胎率。分娩后1~2天需饲喂易消化的饲料，不能供给凉水。待两周后母牦牛的恶露排净，乳房生理肿胀消失，消化与食欲恢复正常，可按标准量饲喂哺乳期母牦牛，并逐渐加喂青贮、块茎饲料。泌乳盛期需要饲喂高能量饲料，以品质好、适口性强的干物质和精料为主，但不宜过量。分娩3个月后，母牦牛产奶量逐渐下降，应逐渐减少母牦牛精饲料饲喂量，并加强运动，供给充足的饮水，以避免产奶量急剧下降和母牦牛过于肥胖，影响犊牛生长发育和母牦牛发情及受胎。

第二节 白牦牛早期断奶繁育技术

早期断奶是在犊牛出生后的适宜时期，将母牦牛与犊牛分开单独饲养，不再进行哺乳。牦牛犊早期断奶技术是一项节本增效的高效养殖技术，可以有效地降低白牦牛的饲养成本，提高生产效率，增强竞争力。通过早期断奶，训练犊牛尽早采食牧草，刺激瘤胃发育，有利于牦牛犊生长，增强其抗病能力，防止疾病感染，提高繁殖成活率。此外，通过早期断奶技术，发展白牦牛犊牛舍饲育肥生产，提高白牦牛养殖效益。

一、早期断奶的意义

早期断奶的牦牛犊料肉比最高，消化道疾病的发病率也较一般断奶犊牛低。同时，牦牛犊的绝对饲养成本也大幅降低。

生产中实施牦牛犊早期断奶，通过饲喂代乳料，可刺激犊牛瘤胃的早期发育，锻炼和增强其消化机能和耐粗饲性，以提早建立健全瘤胃微生物系统，从而使牦牛犊提前从液体饲料阶段过渡到反刍阶段，有益于犊牛的生长发育。科学早期断奶，可以有效缩短牦牛犊补饲时间，加速犊牛瘤胃发育，尽快适应对大量固体饲料的消化，使牦牛犊较早进行育肥生产。

早期断奶能减轻哺乳白牦牛的泌乳负担，有利于产后母牦牛体况恢复，使母牦牛及早发情，提前配种，缩短母牦牛繁殖周期，提高繁殖率，实现白牦牛一年一产。同时，减少母牦牛代谢性疾病的发生，延长母牦牛的繁殖年限，是现代牦牛产业高效发展的最有效的措施之一。

二、早期断奶对母牦牛发情的影响

繁殖是白牦牛生产中的关键环节，繁殖率是白牦牛生产过程中重要的经济参数，也是增加白牦牛养殖数量和提高白牦牛产品质量的必要前提。采取早期断奶措施可以提高牦牛的繁殖率。

天祝白牦牛在自然放牧条件下，犊牛随母哺乳，断奶时间一般在 6 个月以上，有的甚至长达一年以上。犊牛哺乳时间长，哺乳量少，延滞了母牦牛发情时间，影响其繁殖能力，同时也影响犊牛后期生长发育。根据调查，在传统放牧和自然繁育条件下，白牦牛母牛繁殖率一般在 56.45%~73.1%，繁殖成活率为 45%~75%。白牦牛繁殖力低，大多数情况下是两年一产或三年两产，一年一产的不到 10%。

采取早期断奶措施可以提高白牦牛的发情率。研究者于 2015 年在甘肃省武威市天祝县安远镇乌鞘岭村开展了早期断奶对天祝白牦牛繁殖力影响试验，从天祝县安远镇乌鞘岭村白牦牛保种群中选择健康无病的哺乳母牛 72 头，随机分成 2 组，试验组 38 头，对照组 34 头。试验组母牦牛产犊 3 个月后断奶，断奶时间为 6 月底，即白牦牛剪毛后，母牛送至夏季草场放牧，犊牛在冬季围栏草场放牧。对照组母牛带犊随牛群到夏季草场放牧哺乳。试验结果表明：试验组白牦牛母牛断奶后，母牦牛从第 6 天开始发情，第 10~18 天发情比较集中。试验组白牦牛母牛共发情 26 头，发情率 68.42%。对照组白牦牛母牛在试验期内共发情 2 头，发情率为 5.88%。试验组白牦牛母牛发情率比对照组高出 62.54 个百分点，差异极显著（$P<0.01$）。因此，犊牛早期断奶是提高母牦牛繁殖效率的一项有效措施。

三、早期断奶对白牦牛受胎率及繁殖成活率的影响

天祝白牦牛生活在海拔 3000m 以上高寒高原，每年都要经过一个漫长的枯草期，饲草料

严重短缺,加之高寒山区牧草返青迟,白牦牛营养不良,带犊母牦牛在发情季节很少发情,致使白牦牛母牛连产率低。在白牦牛转场至夏季草场前对犊牛断奶,能有效提高白牦牛母牛的受胎率和繁殖成活率。根据研究者的试验结果,早期断奶组白牦牛妊娠率达到86.84%,繁殖成活率84.21%。对照组白牦牛妊娠率8.82%,繁殖成活率8.82%。试验组与对照组相比,母牦牛受胎率和繁殖成活率均有明显提高,二者之间存在显著差异($P<0.01$)。

四、犊牛的饲养管理

犊牦牛是白牦牛生产体系的基础,但由于高原生存环境恶劣,加之牧民对散养犊牛的管理粗放以及犊牦牛的培育技术未成系统,先进技术和管理方式的普及受到限制,从而使繁殖成活率低、犊牛生长发育不良、生长周期过长等问题一直制约着白牦牛产业的发展。

在传统的饲养管理条件下,天祝白牦牛犊牛由母牦牛喂养,直到6~12个月大,自然断奶。由于母乳喂养时间较长,母牦牛长时间不发情,母乳营养价值在泌乳中后期较低,哺乳量很小,不能满足犊牛的生长需要。因此,早期断奶,犊牦牛可以喂食高蛋白奶粉和高脂奶粉,确保犊牛早期断奶和更换母乳,还可正常增重。白牦牛犊牛跟随母牛放牧时,2周龄左右开始尝试采食牧草。3月龄左右已经可以大量采食牧草,故在牦牛犊3月龄时进行断奶,其成活率基本能得到保证,且该时期恰好处在母牦牛的发情季节。此外在6月底对牦牛犊进行早期断奶时,放牧草场上的牧草正处于生长季,且环境气温较温和,牦牛犊可以较好地适应采食环境。

对于犊牛的饲养来说,由于在满足营养前提下适当增加饲料中的可消化纤维能促进瘤胃的发育,断奶后能迅速适应日常粗饲料,还能为后续生产打下坚实的基础。所以随着犊牛的生长发育,及时饲喂代乳料、精粗饲料、颗粒料等不同性质的饲料,可以促进瘤胃乳头和容积的生长发育,尽早建立起瘤胃庞大的微生物群系和消化机能,以保证犊牛的正常生长发育。

(一)开食料供应

初生犊牦牛应在1 h之内吃到初乳,让其获得被动免疫,提高犊牦牛的抗病能力,提高存活率。犊牛出生10天后,就可以训练采食,逐渐开始饲喂开食料。在母牛哺乳结束时,将饲料涂抹在犊牛嘴角或鼻端,让犊牛尝试舔食,每天喂10~20g,以后逐渐增加。1月龄时每天饲喂量达到200~300g,以后逐渐增加,2月龄时达到500g。饲喂精料时,按料水比1:1的比例拌匀饲喂。当犊牛连续3天精料采食量超过500g时,即可考虑断奶。当犊牛精料日采食量达到2000g后不再增加。在补饲过程中要及时给予优质干草,1周龄就可以在草架上放置干草,1月龄后任其自由采食。提供充足的饮水,犊牛出生1周后,应供给清洁的饮水,饮水量为食用干物质的6~7倍。

(二)犊牛断奶过渡

犊牛在连续3天内每天采食0.75~1.00kg开食料后,便可开始断奶,并由犊牛自由采食开食料,断奶最难的时期是最初的2天,母牦牛和犊牛都会不习惯,可以采用母子隔离饲养。犊牛2月龄后要逐渐增加饲喂生长料,并减少开食料的饲喂。

(三)犊牛冬季保暖

为了确保犊牛能够顺利渡过严寒天气,犊牛牛舍地面上可增加厚草垫,有条件的可在四周安装单层彩钢瓦,舍顶安装浴霸灯,以增加舍内温度。圈舍要定期严格消毒,保证合理的运动时间,每天保持4h左右的运动量。

五、母牦牛的饲养管理

母牦牛适时配种、妊娠期补饲、产后护理、体质恢复以及犊牦牛早期断奶是保证白牦牛产业高效发展的重要因素。

(一)适时配种

白牦牛发情时间集中于每年7~9月份,妊娠期大约255天,因此7~9月份发情配种有利于来年3~5月生产。这时天气回暖,保证了犊牦牛和母牦牛在生育过程中有良好的气候环境,避免了冬季极寒的气温,提高了犊牦牛的存活率,也保证了在生育过程中和生育后母牦牛有充足的饲草料供应,有利于恢复生产性能,缩短母牦牛空怀周期。采用早期断奶、同期发情处理、人工授精等技术,确保母牦牛在每年7~9月份完成配种。

(二)母牦牛妊娠期补饲

母牦牛在配种成功后,从11月份开始补饲。补饲饲料的营养成分应满足:粗蛋白≥17.00%,粗纤维≤6.00%,粗灰分≤9.00%,钙0.50%~1.20%,总磷≥0.40%,氯化钠0.30%~1.00%,赖氨酸≥0.70%。每头母牦牛每天补饲精饲料1kg,分早晚两次补饲。补饲的母牦牛所产犊牦牛发育情况明显优于未补饲母牦牛所产的犊牦牛,有利于犊牦牛早期断奶。对妊娠后期母牦牛进行补饲,可以增强母牦牛的体质,并增加泌乳量,促进犊牦牛生长发育,为犊牛后期生长发育奠定基础。同时,能保证母牦牛产后体能迅速恢复,保证产后短时间内恢复发情,有利于下一年的配种工作。

注意在母牦牛妊娠后期要降低畜舍中牦牛数量,避免母牦牛之间因碰撞或者滑倒造成流产。有舍饲条件的,圈舍内适当铺设垫料,防止母牦牛摔倒。当母牦牛出现分娩症状时,应提前做好接生准备工作。

(三)母牦牛的产后护理及体质恢复

母牦牛在分娩过程中要消耗更多的能量,生产时间较长的个体消耗能量更多,因此,母牦牛在分娩后,应及时向母牦牛提供水和营养,但不应立即饲喂。分娩后的母牦牛应尽快让它站立起来，并饲喂或者灌服 10~15L 温热的麸皮盐水，来快速补充水分，帮助排出恶露，促进身体恢复。同时，应做好产后清洁和消毒工作，注意观察和护理，观察分娩后母牦牛是否出现异常出血，如果持续流血，应及时查明原因，并进行处理。在分娩后要检查胎衣排出情况，如果 12 h 后胎衣还未排出，要按照胎衣不下来进行治疗。在分娩后的 7~10 天要注意观察母牦牛恶露的排出情况，如果恶露的颜色和气味异常，可能发生了子宫炎，应及时处理治疗。

母牦牛产犊后，因犊牦牛对乳汁的需求，母牦牛对营养需求量保持在较高水平，此时不宜饲喂过多，日粮主要以易消化的优质干草为主，同时加入一些富蛋白质饲料、矿物质、微量元素和维生素等的精饲料，保证母牦牛身体状况始终处于良好状态。

加强母牦牛的饲养管理，根据季节变化，灵活选择饲养方法，夏秋两季可按照传统放牧方法，冬春季节可适当采用舍饲或半舍饲的管理方法。

第三节 白牦牛一年一产繁殖技术

繁殖是白牦牛生产中最基本和最重要环节之一，繁殖率是白牦牛生产中重要的经济指标，也是增加白牦牛数量、提高白牦牛质量的必要前提。天祝白牦牛妊娠期平均 255 天，具备一年一产的基本条件。但由于白牦牛以自然放牧为主，经营管理粗放，导致白牦牛生产效率低下。在自然繁育牛群中，天祝白牦牛的繁殖率一般为 60%~75%，繁殖成活率为 45%~75%。母牦牛初情期一般在 1.5~2.5 岁，初配年龄是 2.5~3.5 岁。白牦牛繁殖力低，一般两年一产或三年两产，连产率低于 10%。

白牦牛一年一产技术是立足于白牦牛生殖生理特点，结合天祝高寒牧区白牦牛放牧特性与高寒牧区季节性生产规律，充分挖掘白牦牛的繁殖潜能，探索总结并运用于生产实际的一种提高牦牛繁殖率的技术。实现白牦牛一年一产，不仅有利于调整白牦牛畜群结构，而且便于白牦牛保种选育与生产管理。

通过控制经产繁殖母牦牛的 3 个时间点来实现母牦牛的一年一产，包括配种时间控制点、产犊时间控制点、断奶时间控制点，其中配种时间控制点是 7~9 月，产犊时间控制点是 4~5 月，断奶时间控制点是产犊当年 6~7 月。同时，在配种、产犊和断奶时间控制点之间，实施配种公母牦牛补饲、基础母牛营养调控和断奶犊牛培育等配套措施。

配种公牦牛年龄控制在 4~8 岁，体重不低于 320kg。母牦牛为经产母牛，年龄控制在 4~

12 岁,体重不低于 210kg。配种公、母牦牛数量比为 1:(15~20)。配种公牛日补饲混合精料 1.5~2.0kg,在天然草场上自由放牧采食,归牧后补饲营养舔砖和优质青草或干草,自由饮水。基础母牦牛配种期日均补饲精料 0.4~0.6kg,妊娠后期日均补饲精料 0.8~1.2kg,哺乳期日均补饲精料 1.0~1.5kg,同时补饲营养舔砖与青干草,自由饮水。

母牦牛产犊实行自然分娩,产后加强饲养管理,注重产后体况恢复。初生犊牛应保证尽快吮食初乳,提高其免疫力,并加强日常护理。

犊牛出生 10 天后训练吃草料,出生 30 天后每日补喂精料 0.4~0.8kg。断奶时间为分娩后 90~100 天,提供充足精料与青草,断奶时间间隔 5~10d,日补饲精料 0.71.0kg。

一、关键技术措施

结合白牦牛生产实际,通过综合配套措施实施营养调控、繁殖调控、适时断奶调控等技术,控制配种、产犊、适时断奶 3 个时间节点,经产基础母牛可实现白牦牛一年一产,有效提高牦牛的繁殖效率。

(一)白牦牛营养调控

白牦牛繁殖受天然草场饲草供给的影响,呈现明显的季节性,繁殖率的高低与牦牛体能的储备和牧草供给密切相关,母牦牛产后出现较长时间的乏情是造成白牦牛繁殖率低下的主要原因。产后白牦牛的乏情与牦牛妊娠后期及产后期体能的消耗直接相关,同时犊牛长期随母牦牛放牧吸吮母乳,对卵巢周期恢复造成抑制。妊娠期补饲能促使白牦牛产后发情周期恢复,也证实了产后白牦牛能量负平衡是造成产后乏情期较长的主要原因。因此,合理调节母牦牛日粮中能量、蛋白质、矿物质、维生素的含量和比例,对母牦牛的生殖调节起到至关重要的作用。同时,加强公牦牛的营养调控,提高公牦牛精液品质,维持正常的交配能力。

(二)牦牛繁殖调控

选择繁殖力高的优良公、母白牦牛进行繁殖,有利于提高白牦牛的繁殖性能。同时,做好产科疾病(如胎衣不下、子宫内膜炎、卵巢囊肿等疾病)预防,以免影响繁殖配种。加强妊娠期母牦牛护理,规范助产程序,预防胎衣不下和产后感染,减少子宫内膜炎病的发生。牦牛一年一产生产技术,交配方式以自然配种为主,人工授精为辅,营养良好的母牦牛实施自然配种,也可在母牦牛产后 9~50 天进行人工诱导发情配种。人工授精配种时,必须做到发情鉴定准确和适时输精,准确掌握母牦牛发情的客观规律。适时配种,是提高受胎率的关键,准确的发情鉴定是做到适时输精的重要保证。白牦牛的发情鉴定主要采用试情法,根据爬跨程度,受配母牦牛外阴表征和放牧员观察三者相结合,及时准确地确定发情母牦牛。输精技术主要采取直肠把握子宫颈授精法。牦牛的人工授精技术要求严格、细致、准确,做到输精器慢插、适深、轻注、缓出。消毒工作要彻底,严格遵守技术操作规程。

(三)牦牛适时断奶调控

母牦牛隔离断奶后,起初 3 天不进食,四处游走嚎叫,找寻犊牛,3 天以后放牧,采食逐步转为正常。犊牛在 3 天内也不能正常吃草,四处游走,寻找母牦牛,3 天以后逐渐开始正常吃草。犊牛在断奶 10 天后,与母牦牛合群,犊牛仍然继续吸吮,母牦牛也接受哺乳。

犊牛适时断奶育肥出栏是针对犊牛的不同培育目的而建立的一项实用技术,有利于提高母牦牛的繁殖性能。武甫德等(2005)报道,实施牦牛缺期断奶技术可明显提高牦牛的连产率,是保证牦牛一年一产的有效途径之一,且此法简单易行,便于推广。其要点是在实施缺期断奶时,以缺期 10 天以内为宜。如果时间过长,母牦牛就会停乳。采用犊牛断奶措施促进产后母牦牛卵巢周期恢复,母牦牛早期发情,及时配种,并有利于母牦牛次年产犊。犊牛出栏时间迟,母牦牛发情时间相应推迟,次年产犊时间就迟,从而影响犊牛的生长发育。徐尚荣等(2011)报道,通过对带犊的母牦牛实施隔离断奶,能够明显提高当年产犊母牦牛的发情率和妊娠率,对青藏高原高寒放牧牦牛在发情季节进行适时断奶,促进产后母牦牛发情周期的恢复,是牦牛饲养与管理中的技术创新。

二、白牦牛一年一产技术模式

(一)白牦牛一年一产繁殖模式

三个时间节点,即发情配种时间控制点、分娩产犊时间控制点与犊牛断奶时间控制点构成白牦牛一年一产繁殖技术模式。发情配种时间节点是牦牛适时配种与妊娠的关键期,牦牛营养调控时间节点是妊娠母牦牛营养供给与胎儿正常发育的关键期,牦牛补饲时间节点是种公牛保证生产优良精液品质、基础母牛恢复体况并保持繁育生理正常的关键期,犊牛培育时间节点是保证犊牛生长发育与犊牛选育的关键期。控制好这三个时间节点,保证好四个关键期,就可以使母牦牛顺利进入下一生产周期,确保母牦牛连产,进而提高繁殖效率。

(二)白牦牛一年一产技术效果

通过营养调控、繁殖调控、适时断奶等措施,母牦牛产犊率可达到 88.3%。犊牛成活率达到 91.7%,繁殖母牦牛连产率达到 80.6%,其生产效率比两年一产或三年两产体系增加 30%~40%,繁殖成活率提高 10%~15%。白牦牛一年一产繁育技术模式,能够充分挖掘繁殖母牦牛的繁殖潜力,提高牦牛的繁殖效率,有利于调整白牦牛畜群结构,增加白牦牛数量,提高白牦牛生产性能,宜于在白牦牛保种选育与生产中使用。

第五章 白牦牛妊娠诊断与分娩助产技术

第一节 妊娠母牦牛的生理变化

卵子受精后进入妊娠早期，此时的胚胎既可产生一系列因子作为妊娠信号传递给母体，母体随即做出相应的生理反应，以识别和确认胚胎的存在，为胚胎和母体之间生理和组织的联系做准备。

一、妊娠母牦牛全身变化

母牦牛妊娠以后，随着胎儿的不断生长和发育，母体新陈代谢加强，食欲增加，消化能力提高，营养状况改善，体重增加，被毛光润。到妊娠后期，胎儿迅速生长发育，母体常不能消化和吸收足够的营养物质来满足胎儿的需求，需消耗前期储存的营养物质供应胎儿。该时期为胎儿生长发育最快的阶段，也是钙、磷等矿物质需要量最多的阶段，会造成母牦牛体内钙、磷含量降低。若不能从饲料中得到补充，则易造成母牦牛脱钙，出现后肢跛行、牙齿磨损快、产后瘫痪等现象。

在胎儿不断发育的过程中，由于子宫体积的增大、内脏受子宫的挤压，引起循环、呼吸、消化、排泄等器官适应性的变化。肺主动脉和腹腔、盆腔中的静脉因受子宫压迫，循环不畅，使躯干后部和后肢出现瘀血，以及心脏负担过重引起的代偿性“左心室妊娠性肥大”等。呼吸运动浅而快，肺活量变小。消化及排泄器官因受压迫，时常出现排粪、排尿次数增加，但排泄量减少。

二、妊娠母牦牛生殖器官变化

1.卵巢的变化

母牦牛整个妊娠期都有黄体存在，妊娠黄体同周期黄体没有显著区别。妊娠黄体的重量在个体之间差异很大，与妊娠时间无关。妊娠对卵巢的位置，则随着妊娠的进展而变化，由于子宫重量增加,卵巢和子宫韧带肥大,卵巢则下沉到腹腔。妊娠100天的青年母牦牛,在骨盆前下方8~10cm处可摸到妊娠侧卵巢,未妊娠一侧的卵巢则比较靠近骨盆腔。

2.子宫的变化

妊娠期间,随着胎儿的发育,子宫容积增大。妊娠28天时,羊膜囊呈圆形,直径约为2cm,占据孕角游离部。尿膜囊长约18cm,其中尿水不多,因面尚未充分扩张,但已几乎占据整个孕角。妊娠35天,羊膜囊为圆形,直径3cm,占据孕角游离部分,孕角连接部和未孕角游离部没有明显变化。妊娠60天,羊膜囊呈椭圆形,变紧张,横径约7cm,连接埠比正常要小。妊娠90天,能够精确地测定出子宫扩张程度,子宫连接部紧张,孕角宽达9cm,未孕角宽约4.5cm,大多数牛生殖器官均在骨盆腔内,少数则位于腹腔。妊娠4个月以后,子宫下沉到腹腔。妊娠末期,右侧腹壁较左侧腹壁突出。

3.子宫动脉的变化

母牦牛妊娠以后,子宫血管变粗,分支增多,特别是子宫中的动脉、阴道动脉及子宫后动脉更为明显。随着脉管的变粗,动脉内膜的皱襞增加并变厚,而且和肌层的联系疏松,所以血液流动时就从原来清楚的搏动,变为间断而不明显的颤动,称为妊娠脉搏。

4.宫颈的变化

子宫颈缩进,黏膜增厚,其上皮的单细胞腺在孕酮的影响下分泌黏稠的黏液,填充于子宫颈腔内,称为子宫栓。牛的子宫颈分泌物较多,妊娠期间有子宫栓更新现象。

5.阴道和阴门

妊娠初期,阴门收缩紧闭,阴道干涩。妊娠后期,阴道黏膜苍白,阴唇紧缩。妊娠末期,阴唇和阴道水肿、柔软,有利于胎儿产出。

三、妊娠母牦牛内分泌变化

在整个妊娠过程中,激素起着十分重要的调节作用,正是由于各种激素的适时配合,共同作用并取得平衡,胚泡的附植和妊娠才能维持下去。黄体发育时,会产生浓度相当高的孕酮。妊娠最初的14天,外周血孕酮含量与间情期相同,以后缓慢升高,并维持一定浓度。在妊娠250天后开始下降,分娩之前直线下降。整个妊娠期间有卵泡生长,为妊娠提供雌激素。妊娠早期和中期雌激素含量低,随着妊娠期趋向结束,尤其是妊娠250天以后,雌激素含量达到峰值,产前8h迅速下降,直到产后都为最低水平。妊娠期间FSH和LH含量低,没有明显的作用。整个妊娠期催乳素含量亦低,产前20h催乳素含量由每毫升50~60ng的基础水平升高到每毫升320ng峰值,产后30h又下降到基础水平。

第二节 白牦牛妊娠诊断技术

在白牦牛繁殖工作中，妊娠诊断是借助妊娠后母牦牛所表现出的各种变化症状，判断是否妊娠以及妊娠的进展情况。在临床上进行早期妊娠诊断的意义重大，对于保胎、减少空怀、提高白牦牛的繁殖率、有效实施白牦牛生产经营管理至关重要。通过妊娠检查，对确诊已妊娠的母牦牛，应加强饲养管理，合理饲喂，以保证胎儿发育，维持母体健康，避免流产，同时可以预测分娩日期，为产犊做好准备。对确定未妊娠的母牦牛，应及时检查，找出未孕原因，检查配种时间和方法是否合适，精液品质是否合格，生殖系统是否患有疾病等，以便及时采取相应的治疗或管理措施，尽早恢复其繁殖能力。白牦牛的妊娠期为250~260天，平均为255天。确定白牦牛妊娠后，根据配种时间和妊娠期即可推算母牦牛预产期。

一、妊娠识别机理

牦牛妊娠的建立从受精卵开始，当受精卵从输卵管进入子宫后，已发育至囊胚阶段。在此期间，早期胚胎必须及时提供生物学信号给母体系统，以表明其在子宫中的出现，并通过阻止黄体溶解或提高黄体功能，维持母体血液中孕酮在较高水平，进而使妊娠得以维持，即母体对妊娠的识别。

二、早期妊娠诊断方法

理想的早期妊娠诊断技术应具备以下条件：一是能适用于早期妊娠诊断，在配种后一个发情周期内即可诊断是否妊娠；二是准确率高，对妊娠或未妊娠的诊断率能达到85%以上；三是方法要简便快捷，易于掌握和判定；四是对母牛和胎儿均安全无害；五是诊断方法要经济实用，便于推广。

1.外部观察法

包括观察营养状况、胎动、腹部轮廓、乳房等外部表现和在腹壁外触诊胎儿、听取胎儿心音等方面的检查。

(1)视诊：母牦牛妊娠后，性情温驯、安静，行为谨慎；食欲增加，膘情好转，毛色润泽；腹围增大，腹部两侧大小不对称，孕侧下垂突出，肋腹部凹陷；乳房逐渐胀大；排粪尿次数增加，但量不多;出现胎动,但无规律。从妊娠母牦牛(4~5个月后)后侧观察时,可发现右腹壁突出。青年母牦牛妊娠4个月后乳房发育、增大,经产母牛在妊娠最后1个月发生乳房膨大和肿胀。妊娠6个月后在腹壁右侧最突出部分可观察到胎动,饮水后比较明显。这种方法的缺点是不能早期确诊母牦牛是否妊娠和妊娠的准确时间。

(2)触诊:指隔着母牦牛腹壁通过触摸的方法诊断胎儿及胎动的方法,凡触及胎儿者均可诊断为妊娠。这种方法只适于妊娠后期。早晨饲喂之前,用弯曲的手指节或拳在右膝腹壁的前方,肷部之下方,推动腹壁来感触胎儿的"浮动"。由于牛腹壁松弛,较易看到胎动,通常是在背中线右下腹壁出现周期性、间歇性的膨出,在腹壁软组织上感触到一个大的、坚实的物体撞击腹壁。10%~50%的母牦牛在妊娠6个月时可感触到或观察到胎动,70%~80%的母牦牛在妊娠7个月时可感触到或观察到胎动,90%以上的母牦牛在妊娠8个月时可感触到或观察到胎动。

(3)听诊 指隔着母牦牛腹壁听取胎儿心音,妊娠6个月后,可在安静场所由右肷部下方膝壁内侧听取。胎儿心音数均比母牦牛多2倍以上。

2.直肠检查法

就是隔着直肠壁触诊母牦牛生殖器官形态和位置变化而进行妊娠诊断的一种方法,也就是隔着直肠壁触诊子宫、卵巢及其黄体变化,以及有无胚泡(妊娠早期)或胎儿的存在等情况来判定是否妊娠,这是目前对牦牛妊娠诊断既经济又可靠的一种方法。

直肠检查的优点是,在整个妊娠期间均可应用,妊娠20天以后可触诊,40~60天即可确诊,诊断时间准确,并能大致确定妊娠时间。还可发现假妊娠、假发情、生殖器官疾病及胎儿存活等情况,所需设备简单,操作简便,容易掌握。

(1)直肠检查的方法:将被检母牦牛保定于保定栏内,尾巴拉向一侧,使肛门充分露出,并用温开水将肛门及其附近擦洗干净。检查人员事先将指甲剪短磨光,并戴上乳胶手套或塑料薄膜长筒手套,将手和臂洗净并消毒,再涂上润滑剂。

检查人员站在被检母牦牛的后方,用涂有润滑剂的手抚摸肛门,然后手指并拢呈锥状,缓缓地以旋转动作插入肛门,再逐渐伸入直肠。如果直肠内有宿便,应少量分次掏完。在宿便较多时,可用手指扩张肛门,放入空气,并用手轻推粪便加以刺激,使粪便自行排出;或者将伸入直肠的臂部上抬,手心向下,用手轻轻向外扒粪便。排出宿便之后,手向直肠深部慢慢伸进,当手臂伸到一定深度时(达骨盆腔中部),就可感觉到活动空间增大,肠壁的松弛程度也比直肠后段大,这时可触摸直肠下壁,检查子宫变化。

检查时动作要轻、快、准确,检查顺序是先摸到子宫颈,然后沿着子宫颈触摸子宫角、卵巢,最后是子宫中动脉。

(2)牦牛妊娠期子宫和卵巢的形态变化:妊娠30天时,子宫颈紧缩,质地变硬;孕侧子宫角基部稍有增粗，质地变得松软，触摸时反应迟，不收缩或收缩微弱，稍有波动感；非孕侧子宫角则反应明显，触摸即收缩，有弹性，角间沟仍明显。排卵侧卵巢体积增大，黄体突出于卵巢表面，黄体也稍变硬。

妊娠 60 天时，孕侧子宫角比非孕侧角增粗 1~2 倍，波动明显，角间沟已不明显，但子宫角基部仍能分清两角界限。胎儿形成，长 6~7cm。

妊娠 90 天时，子宫颈向前移至耻骨前缘，子宫开始下垂到腹腔，孕角波动明显，有时还可摸到胎儿，在胎膜上可以摸到蚕豆大小的子叶。一般还可摸到子宫中动脉有特异搏动，这一特征是白牦牛妊娠的重要依据。

妊娠 120 天时，子宫垂入腹腔，子宫颈越过耻骨前缘，触摸不清子宫的轮廓形状，只能摸到子宫内侧及该处明显突出的子叶。偶尔摸到胎儿，子宫动脉的妊娠脉搏明显可感。

妊娠 150 天时，全部子宫增大，沉入腹腔底部。由于胎儿迅速发育增大，能够明显地触及胎儿。此时子宫动脉变粗，妊娠脉搏十分明显。空角侧子宫动脉尚无或稍有妊娠脉搏，摸不到卵巢。

妊娠 180 天至分娩前，胎儿增大，位置移至骨盆前，能触及胎儿的各部位和感受到胎动，两侧子宫动脉均有明显的妊娠脉搏。

3.阴道检查法

母牦牛妊娠后期阴道发生相应变化，阴道检查法主要是通过观察阴道黏膜的色泽、黏膜状况、子宫颈的状况等，确定母牦牛是否妊娠。

妊娠时母牦牛阴道收缩紧张，阴道黏膜苍白、无光泽，黏液量少而黏稠，在 3~4 个月后黏液增多混浊，呈灰黄色或灰白色，而且多聚集在子宫颈口附近。子宫颈收缩紧闭呈苍白色，有黏稠的黏液塞封住子宫颈口，子宫颈口偏向一侧。

如果妊娠母牦牛阴道有病变，阴道不表现妊娠征兆。未妊娠母牦牛有持久黄体存在时，阴道可能出现类似妊娠变化，容易导致误诊。因此，阴道检查法只能作为妊娠诊断的辅助方法。操作时要进行严格消毒。

4.卵巢检查

可与直肠检查相结合进行，手指顺子宫角尖端找到卵巢后，用中指和无名指先将游动的卵巢固定，然后用大拇指触摸卵巢的背侧面，用食指触摸卵巢的顶端感知黄体所处部位。母牦牛妊娠黄体的形状比较复杂和多样化，多为扁椭圆形、半球形，突出于卵巢表面，少数扁而小，轮廓不太明显。妊娠初期，黄体质地肥厚、柔软、表面光滑，呈生肉感。中期和后期质地稍硬些，呈熟肉感。

5.超声波诊断法

实时超声显像法(B 超)是把回声信号以光点明暗的形式显示出来，回声强，光点亮，回声弱，光点暗。光点构成图像的明暗规律，反映了子宫内胎儿组织各界面反射强弱及声能衰减规律。当超声仪发射的超声波在母体内传播并穿透子宫、胚泡/胚囊、胎儿时，仪器屏幕会显示各层次的切面图像，以此判断牦牛是否妊娠。

超声波检查法在兽医领域的应用始于20世纪60年代中期，最早应用的是A型(幅度调整型超声诊断法，A超)和D型(超声多普勒检查法，D超)超声波。20世纪70年代中期逐渐采用B型超声波。D超妊娠检测准确率最高，但设备价格偏高，已被市场淘汰。A超仍未摆脱手入直肠的操作，且早期妊娠诊断准确率并不高，也已被市场淘汰。手持型B超使用方便，早期妊娠诊断准确率仅次于D超，设备价格相对便宜，是目前使用较为广泛的妊娠检测仪器。同时，B超还具有识别双胞胎并确定胎儿生存状况、胎龄和性别的功能。使用B超需要直肠检查法的操作基础，但配种后18~21天，胎儿发育还不足以使B超捕捉到可信度高的信号强度，所以还未见有早于30天的B超妊娠检查报道。

6.激素对抗探试法

根据妊娠母牦牛对某些外源性生殖激素有无特定反应，即母牦牛体内孕激素与外源性生殖激素的对抗作用来判断是否妊娠。母牦牛在配种后2~3d，肌内注射雌激素，观察是否引起再次发情，如无发情现象，说明已妊娠。

三、附植

附植是牦牛胚胎与子宫内膜相互作用而附着于子宫的过程，是牦牛繁殖的关键环节。附植实现了胚胎和母体的接触和结合，保证了生殖的顺利进行，但胚胎与母体子宫内膜的接触将激活母体的免疫系统，造成对胚胎的免疫伤害。哺乳动物能够通过特定的免疫调节机制协调母体和胎儿之间的免疫反应关系，保护胚胎的附植。

1.附植的一般过程

精卵结合后，经过一定时期的发育，胚胎由输卵管进入子宫内游离定位并完成附植。哺乳动物胚胎发育的早期阶段主要包括分裂胚、桑葚胚和囊胚。尽管胚胎大小及发育动态与小鼠、家兔、牛及其他家畜不同，但此过程在所有哺乳动物中是基本一致的。植入是一个渐进性的局部组织重建过程，同时也是时空上同步协调的过程。一方面，胚泡为植入做好准备，而子宫内膜也通过一系列变化以达到接受状态；另一方面，二者变化在时间上相一致，即所谓的胚泡与子宫内膜对话"着床窗口期"的建立，从而黏附、侵入及胎盘形成。在植入过程中，甾体激素起主导作用，而细胞因子、生长因子、黏附分子及酶也是不可缺少的。

牦牛及其他偶蹄类家畜，胚泡在授精后的第5~6天逐渐增大，到妊娠第8天形成囊胚。第14天达5~6mm，然后迅速增长，到第18天，达到20~25cm，这一增长过程发生了明显的细胞和生理的重组过程。此后便是胚泡附植，子宫内膜与滋养层细胞间发生复杂的信号相互作用，子宫内膜同时发生重组以适应胎盘的发育。牦牛的胚泡附植经历一个非侵入性的表面附植过程,并最终形成共上皮绒毛膜胎盘(Synepitheliochorial)。在妊娠的第19~20天,在胚盘处的胚胎滋养层开始附植,同时双核细胞亦开始迁移。这些细胞由滋养层产生,经微绒毛连接而迁移,并与子宫上皮融合形成杂交上皮,即三核细胞或多核细胞,它是滋养层细胞最大程度侵入母体子宫内膜的标志。反刍动物的滋养层细胞对子宫内膜的入侵仅限于此程度。同时,除子宫阜处的早期胎盘发育和子宫血管分布的变化外,阜间区的子宫腺充分生长。在妊娠过程中,子宫内膜腺的增生发生在妊娠第15天到第50天, 在第60天后增生肥大以增加表面积来产生最大量的组织营养素。

2.影响附植的因素

(1)母体的激素环境:母体激素环境已证明,大量LRH具有包括着床在内的抗生育作用。促性腺激素可以协调卵巢激素的分泌,有利于着床。胚胎附植的激素控制主要还是孕激素,但不同的哺乳动物存在着明显的差异。雌激素还可以引起一些有利于附植的变化,如抑制腔上皮的胞吞作用,使子宫产生接受性,引起基质细胞分裂等。目前,对牦牛有关附植的母体激素的精确调控研究较少,但母牦牛分泌的孕酮和雌激素均为不可或缺。

(2)胚泡激素:胚泡可以合成某些激素,它们可能在附植过程中起重要作用,首先是促进和维持黄体的功能。孕酮对于子宫有抗炎作用,抑制炎症反应。胚泡分泌的雌激素,可以拮抗孕酮的抗炎作用,使附植部毛细血管通透性升高,有利于胚泡和子宫环境相互作用而实现附植。可见胚泡激素是调节附植的关键因素。

(3)子宫的接受性:子宫并不是在任何情况下都接受胚泡附植的,它只是在一个极短的关键时期产生接受性,容许胚泡附植。在雌、孕激素调控下,子宫内膜产生这种接受性。除子宫对胚泡有接受性外,胚泡对子宫环境具有依赖性,子宫分泌液中的特殊蛋白,对胚泡的附植起关键作用。若子宫环境被干扰破坏,使之与胚泡发育不同步,则不能着床或附植。

(4)其他因素:子宫分泌液中的特殊蛋白成分叫胚激肽,它具有刺激胚泡发育的作用,还能控制附植时子宫腔和滋养层细胞蛋白溶酶的分泌量。由牦牛子宫获得的RNA有引起胚泡着床的特性。cAMP、cGMP也能替代雌激素引起胚胎着床。

此外,很多外界因素(如物理的、化学的、机械的)都可以造成着床延缓和不着床。在胚泡着床阶段使用药物或投放子宫异物(影响子宫肌肉的运行),可能使着床失败。

四、早期妊娠诊断技术的展望

目前,虽已建立很多早期妊娠诊断方法,但均不能满足现代养殖要求。直肠检查法虽然应用最广泛,却不能在配种后18~21天内进行准确的早期妊娠诊断,且易造成胚胎损失。超声波检查能够有效降低直肠触诊不当带来的胚胎损失,但需要熟练的操作技巧,并受昂贵专用设备的限制。已有的实验室诊断方法,能达到早期妊娠检测准确、灵敏,但都存在耗时长、不能现场检测等问题。因此,开发简便、快速的早孕诊断技术十分必要。近年来,传感器、遥感技术等快速发展,并逐渐与生物技术相结合,已开发出计步器等奶牛发情鉴定技术,通过检测发情周期中奶牛活动量的变化而鉴定发情。通过深入探究牦牛授精后活动量、体温、体重等指标变化规律,采用计步器、温度传感器、体重检测器等设备,监测牦牛配种后各项指标的规律性变化,对活动量、体温、体重等生理指标变化情况进行分析,可以在尽可能早的时间内(甚至是配后的第一个发情期内)判断是否妊娠。不仅如此,家畜繁殖领域内机电一体化等技术的引入,实现了生理指标准确适时监测,使发情鉴定及早期妊娠诊断发生了革命性变化。

第三节 白牦牛分娩助产技术

一、分娩过程

分娩是母牦牛借子宫和腹肌的收缩,把胎儿及其附属膜(胎衣)排出体外。分娩过程是指子宫开始出现阵缩到胎衣完全排出的整个过程。根据临床表现,将分娩过程分为三个连续时期,即子宫开口期、胎儿产出期和胎衣排出期。

1.子宫开口期

是指从子宫阵缩开始,到子宫颈充分开大或充分开张与阴道之间的界限消失为止。阵缩即子宫间歇性的收缩,开始时收缩的频率低,间隔时间长。持续阵缩时,频率加快。随着分娩临近,收缩频率加快,收缩强度增强,持续时间延长,以至每隔几分钟收缩一次。子宫开口期,母牦牛寻找不受干扰的地方等待分娩,轻微不安,时起时卧,食欲减退,时吃时停,转圈刨地,回头顾腹,尾根抬起,常有排尿姿势。放牧母牦牛有离群现象。

2.胎儿产出期

是指从子宫颈充分开大,胎囊及胎儿前置部分楔入阴道,或子宫颈亦能充分开张,母牦牛开始努责,到胎儿排出或完全排出为止。努责是指膈肌和腹肌的反射性和随意性收缩,一般在胎膜进入产道后出现。胎儿产出期,阵缩和努责共同发生作用,但努责是胎儿产出的主要动力。努责比阵缩出现的晚,停止的早。母牦牛表现极度不安,急剧起卧,前蹄刨地,有时后蹄踢腹,回顾腹部,嗳气,拱背努责。在最后卧下破水后,呈侧卧姿,四肢伸直,腹肌强烈收缩。当努责数次后，休息片刻，然后继续努责，脉搏、呼吸加快。

由于母牦牛强烈阵缩与努责，胎膜带着胎水被迫向完全开张的产道移动，最后胎膜破裂，排出胎水，胎儿随着母牦牛努责不断向产道内移动。在努责间歇时，胎儿又稍退回子宫，但在胎头楔入盆腔之后，则不再退回。产出期胎儿最宽部分的排出时间最长，特别是头部。头部通过盆腔及其出口时，母牛努责最强烈，常哞叫。在头露出阴门以后，母牦牛往往稍微休息。胎儿如为正生，母牦牛随之继续努责，将其胸部排出，然后努责骤然缓和，其余部分也能迅速排出，脐带亦被扯断，仅将胎衣留在子宫内。这时母牦牛不再努责，休息片刻后站立，以照顾新生牛犊。

3.胎衣排出期

指从胎儿排出后算起，到胎衣完全排出为止。其特点是当胎儿排出后，母牦牛即安静下来，经过几分钟后，子宫主动收缩，有时还配合轻度努责而使胎衣排出。胎膜排出较慢，一般需要 10h 以上。

二、分娩的预兆

母牦牛分娩前，在生理、形态和行为上发生一系列变化，以适应排出胎儿及哺育牛犊的需要，通常把这些变化称为分娩预兆。从分娩预兆可以大致预测分娩时间。

1.乳房变化

母牦牛妊娠进入中后期时，在卵巢和胎盘分泌的雌激素和孕激素作用下，乳腺和乳房逐渐发育，乳房增大。分娩前，由于催乳素的作用，母牦牛乳房更加膨胀增大，有的并发水肿，并且可由乳头挤出少量清亮胶状液体或少量初乳。至产前 2 天内，不但乳房极度膨胀，皮肤发红，而且乳头中充满白色初乳，乳头表面被覆一层蜡样物，由原来的扁状变为圆柱状。有的牛有漏乳现象，乳汁成滴和成股流出，漏乳开始后数小时至 1 天即分娩。

2.软产道变化

子宫颈在分娩前 1~2 天开始胀大、松软，子宫颈管的黏液软化，流出阴道，有时吊在阴门之外，呈半透明索状。阴唇在分娩前 1 周开始逐渐柔软、肿胀、增大，一般可增大 2~3 倍，阴唇皮肤皱襞展平。左右摆尾时阴门易裂开，阴道黏膜潮红，卧下时更为明显。

3.骨盆韧带变化

骨盆韧带在临近分娩时开始变得松软，一般从分娩前 1~2 周即开始软化。产前 12~36h，荐坐韧带后缘变得非常松软，外形消失，尾根两旁只能摸到一堆松软组织，且荐骨两旁组织明显塌陷。初产生理的变化不明显。

4.体温变化

从母牦牛妊娠 7 个月开始，体温逐渐上升，可达 39℃。至产前 12h 左右，体温下降 0.4℃~0.8℃。

三、决定分娩的因素

分娩就是妊娠期满，母体将发育成熟的胎儿和胎盘从子宫中排出体外的生理过程。分娩是由内分泌、神经和机械等多种因素的协调配合，母体和胎儿共同参与完成。

1.神经系统

神经系统对分娩过程具有调节作用，当子宫颈和阴道受到胎儿前置部分压迫和刺激时，神经反射信号经脊髓神经传入大脑再进入垂体后叶，引起催产素的释放，增强子宫收缩。

2.胎儿内分泌

成熟胎儿的下丘脑-垂体-肾上腺系统对分娩发动起着至关重要的作用，妊娠期延长通常与胎儿大脑和肾上腺的发育不全(或异常)有关。分娩前胎儿血液中皮质醇含量显著增加，促进子宫内膜合成前列腺素($PGF_{2\alpha}$)，溶解黄体并刺激子宫肌收缩。

3.母体内分泌

母体生殖激素变化与分娩发动有关。

(1) 孕酮：母体血浆孕酮浓度明显降低是动物分娩时子宫颈开张和子宫肌收缩的先决条件。在妊娠期内孕酮一直处于一个高而稳定的水平，以维持子宫相对安静且稳定的状态。黄体依赖性的产前胎儿皮质醇升高，除了促进雄激素合成外，还能引起子宫肌前列腺素分泌活动增强，从而导致黄体退化，在分娩前几天孕酮含量明显降低。

(2)雌激素：随着妊娠时间增加，在胎儿皮质醇增加的影响下，胎盘产生的雌激素逐渐增加，在分娩前16~24h达到高峰，从而提高子宫肌规律性收缩能力，使子宫颈、阴道、外阴及骨盆韧带(包括坐骨韧带、荐髂韧带)变得松软。雌激素还可促进子宫肌前列腺素($PGF_{2\alpha}$)的合成和分泌以及催产素受体的发育，从而导致黄体退化，提高子宫肌对催产素的敏感性。

(3)催产素：在妊娠后期到分娩前一直维持在很低水平，妊娠期间子宫的催产素受体数量很少，子宫对催产素的敏感性低。随着妊娠的进行，子宫催产素受体浓度逐渐增强，子宫对催产素的敏感性也随之增强，妊娠末期敏感性可增大20倍。所以到了妊娠末期，少量催产素即可引起子宫强烈收缩。在分娩时，胎儿进入产道后催产素大量释放，且在胎儿头部通过产道时出现高峰，使子宫发生强烈收缩。因此，催产素对维持正常分娩具有重要作用，但可能不是启动分娩的主要激素。

(4)前列腺素($PGF_{2\alpha}$)：对分娩发动起主要作用，表现为溶解妊娠黄体，解除孕酮的抑制作用，直接刺激子宫肌收缩，刺激垂体后叶释放大量催产素。分娩前24h，母体胎盘分泌的前列腺素浓度剧增。

(5) 松弛素：主要来自黄体和胎盘，它可使经雌激素致敏的骨盆韧带松弛，骨盆开张，子宫颈松软，产道松弛，弹性增加。

4.物理与化学因素

胎膜增长、胎儿发育使子宫体积扩大，重量增加，特别是妊娠后期，胎儿迅速发育成熟，对子宫的压力超出其承受能力，就会引起子宫反射性收缩，引起分娩。当胎儿进入子宫颈和阴道时，刺激子宫颈和阴道神经感受器，反射性地引起母体垂体后叶释放催产素，从而促进子宫收缩，并释放前列腺素。

5.免疫学因素

胎儿带有父母双方的遗传物质，对母体免疫系统来说是异物，理应引起母体产生免疫排斥反应，但在妊娠期间由于胎盘屏障和高浓度孕酮等多种因素作用，使这种排斥反应受到抑制，妊娠得以维持。胎儿发育成熟时，会引起胎盘脂肪变性。临近分娩时，由于孕酮浓度急剧下降和胎盘变性分离，使孕体遭到免疫排斥而与子宫分离。

四、分娩助产技术

1.正常分娩时的助产

母牛正常分娩时，一般不需要人为帮助，助产人员的主要任务是监视分娩情况和护理牛犊。当母牦牛出现临产征兆时，助产人员必须做好临产处理准备，实施助产，保证牦牛犊较顺利产出和母牦牛安全。

2.助产前的准备

(1) 产房：对产房一般要求是宽敞、清洁、干燥、安静，无贼风，阳光充足，通风良好，配有照明设备。产房在使用前要清扫消毒，并铺上干燥、清洁、柔软的垫草。

(2) 器械及用品：在房内事先准备好常用的接产药械及用具，并放在固定位置，以便随时取用。常用的药械包括70%酒精、5%碘酒、消毒溶液、催产药物、注射器、针头、棉花、纱布、常用产科器械、体温计、听诊器、产科绳等。常用物品有细绳、毛巾、肥皂、脸盆、大块塑料布等，助产前必须准备好热水。

(3) 助产人员：应受过训练，熟悉母牦牛分娩规律，严格遵守助产操作规程及必要的值班制度。

3.助产方法

当母牦牛表现不安有临产征兆时，清理产房并使产房内保持安静，确定专人观察。助产工作应在严格遵守消毒的原则下，按照如下步骤进行。

(1) 消毒：将母牦牛外阴、肛门、尾根及后臀部用温水、肥皂洗净擦干，再用1%来苏儿溶液消毒母牦牛肛门、外阴部、尾根周围。助产人员手、臂同时进行消毒。

(2) 检查胎儿与产道：母牦牛最好是左侧着地卧下，以减少瘤胃对胎儿的压迫。当母牦牛开始努责时，如果胎膜已经露出而不能及时产出，应注意检查胎儿的方向、位置和姿势是否正常，只要胎儿胎位和姿势正常，可以让其自然分娩，如有反常应及时矫正。当胎儿蹄、嘴、头大部分已经露出阴门，但仍未破水时，可用手指轻轻撕破羊膜绒毛膜破水，或自行破水后，及时将牛犊鼻腔和口内的黏液擦去，以便其呼吸。

(3) 注意保护会阴与阴唇：胎儿头部通过阴门时，要注意保护阴门和会阴部，尤其当阴门和会阴部过分紧张时，应由一人用两手搂住阴唇，以防止阴门上角或会阴撑破。

如果母牦牛努责无力，可用手或产科绳缚住胎儿的两前肢掌部，同时用手握住胎儿下颌，随着母牦牛努责，左右交替用力，顺着骨盆产道方向慢慢拉出胎儿。倒生胎儿应在两后肢伸出后及时拉出。当胎儿腹部进入骨盆腔时，脐带可能被压在骨盆底上，如果排出缓慢，胎儿容易窒息死亡。手拉胎儿时，注意在胎儿的骨盆部通过阴门后，要放慢拉出速度，以免引起子宫脱出。胎儿产出后发生窒息现象时，应及时清除其鼻腔和口腔中的黏液，并立即进行人工呼吸。

(4) 帮助断脐和哺乳：在胎儿全部产出后，首先用毛巾、软草把鼻腔内的黏液擦净，然后把犊牛身上的黏液擦干。多数犊牛生下来脐带可自然扯断。如果没有扯断，可在距胎儿腹部 10~12cm 处涂擦碘酊，然后用消毒剪刀剪断，在断端再涂上碘酊。处理脐带后要称初生重、编号，填写牦牛出生卡片，放入犊牛保育栏内，准备喂初乳。

五、诱发分娩

1.诱发分娩

诱发分娩又称诱导分娩或人工引产，是指在母牛妊娠末期一定时间内，采用外源激素处理，控制母牛在人为确定的时间范围内分娩出正常犊牛。

(1) 提前产犊：在白牦牛产区，大部分母牦牛集中在 4~6 月产犊，这一时期气候变暖，牧草逐渐返青，母牦牛及犊牛均能获取较好的营养供给。如在 6 月之后产犊，犊牛经过哺乳期后，气候寒冷，饲草料匮乏，为母牦牛和犊牛越冬带来严峻挑战。因此，采取必要措施诱发母牦牛提前分娩，有利于母牦牛体况恢复及犊牛尽早采食牧草。

(2) 确保母牛在预定时间产犊：在预定时间产犊，方便接产，节约劳动力，而且在产时可以获得足够的关注和熟练有效的助产，降低犊牛的死亡率，减少分娩对母牛的伤害。

(3) 通过缩短妊娠期以降低犊牛出生重：在妊娠的最后数周，胎儿生长速度快，如果母牦牛未成熟而骨盆较小，或妊娠期超过预产期，犊牛会因体格过大而无法通过产道，诱发分娩能减少因胎儿与母体大小不适而导致难产的可能性。

(4) 便于生产管理：母牦牛患病或受伤后，用诱发分娩来终止妊娠以缓解病情，促进母牦牛体况恢复。与同期发情、同期断奶等生产技术相结合，成批分娩，建立工厂化“全进全出”的生产模式。

2.诱发分娩的方法及效果

牛诱发分娩的产犊时间通常控制在妊娠期后 2 周之内，如果早于 2 周，此时胎儿未发育成熟,生活力下降,死亡率升高,而且母牦牛胎衣不下比例可能高达75%。牦牛在产前2周内进行诱发分娩,通常注射糖皮质激素(地塞米松等)或前列腺素,一般在注射后48~72h内分娩,也可配合使用雌激素、催产素等。

(1) 单独使用糖皮质激素:糖皮质激素可分为速效型和慢效型两种,速效型为糖皮质激素酒精溶液或可溶性脂类溶液,在母牦牛妊娠后期,一次肌内注射地塞米松20~30mg或氟甲松8~10mg,能诱发母牦牛在2~4天内产犊。慢效型是合成类固醇悬浮液或不溶性脂类,可在预计分娩前1个月左右注射,用药后2~3周激发分娩。该方法能促进未成熟胎衣与子宫内膜分离,有利于母牦牛产后胎衣排出和提高泌乳量,但新生犊牛死亡率较高。

(2) 糖皮质激素与其他生殖激素配合使用:利用地塞米松磷酸钠50~70mg静脉注射,并配合肌内注射催产素15~20ml,连续使用1~2次,对妊娠后期牦牛进行诱发分娩,用药后多在24~48h内排出胎儿。

(3) 单独使用前列腺素:间隔24h连续两次注射PGF2a,每次注射剂量10mg,第二次注射后可使妊娠后期母牛于数小时内分娩,但母牛多数会发生胎衣不下,在实际生产中不宜采用。但可利用该法形成胎衣不下母牛,用做病理研究模型。

可靠安全的诱发分娩(不影响胎儿或犊牛的存活)能够改变自然分娩的程度是有限的,其主要原因有以下两个方面:一是受家畜妊娠期限制。可靠而安全的诱发分娩,其处理时间是在正常预产期结束之前数日,超过这一时限,会造成死胎、新生犊牛死亡、成活率降低、犊牛体重轻、母畜胎衣不下、泌乳能力下降、生殖机能恢复延迟等不良后果。时间提前越多,危害性越大。二是精确性差。诱发分娩一般发生在多数被处理母牛集中投药后的20~50h内,很难控制在更加严格的时间范围内,对诱发分娩母牛和犊牛的护理仍存在一定的难度。如果实际生产中某一环节(如设备、人力、监护质量等)保障措施不到位,可能会得到相反的效果。由于集约化养殖逐渐成为畜牧业发展的必然趋势,诱发分娩作为实现畜群全进全出流水作业生产的一项关键技术,随着畜牧业集约化生产水平的不断提高,会在更大范围内得到推广应用。

六、新生犊牛的护理

1.保证牛犊呼吸畅通

胎儿产出后,立即擦净口腔和鼻孔中黏液,观察呼吸是否正常。若无呼吸,应立即用草秆刺激鼻黏膜,或用氨水棉球放在鼻孔上,诱发呼吸反射。也可将胶管插入鼻腔及气管内,吸出黏液及羊水,必要时可进行人工呼吸。

2.脐带处理

母牦牛正常分娩时,脐带一般被扯断,应在脐带基部涂上碘酒,或用细线在距脐孔3cm处结扎,向下隔3cm再打一线结,在两结之间涂碘酒后,用消毒剪剪断。也可采用烙铁切断脐带。

3.擦干牛犊体表

对于刚出生的牛犊,母牦牛一般情况下会舔干其体表,否则,应人为擦干。

4.尽早吮食初乳

母牦牛产后前几天分泌的乳汁为初乳,分娩后 4~7 天变为常乳。初乳营养丰富,并含有大量免疫抗体,对于犊牛提高抗病能力十分必要。因此,待体表被毛干燥后,牛犊试图站立时,此时即可吮乳。对于母性不强者,应辅助犊牛吮食初乳。

5.检查胎衣

胎衣排出后,应检查是否完整,并及时移走处理,防止母牛吞食胎衣。

七、产后母牦牛的护理

分娩和分娩以后,由于胎儿产出、产道开张以及产道和黏膜损伤,母牦牛体力大量消耗,特别是子宫内恶露的存在,加之母牦牛在这段时间内抵抗力下降,为病原微生物入侵和感染创造了条件。因此,产后应加强对母牦牛的护理,使其尽快恢复正常。

对产后母牦牛的外阴和臀部要认真清洗和消毒,勤换洁净的垫草,供给质量好、营养丰富且易消化的饲料,一般在 1~2 周内转为常规饲料,注意观察产后母牛的行为和状态,发现异常情况应立即采取措施。

1.子宫恢复

分娩后,子宫黏膜表层发生变性、脱落,原属母体胎盘部分的子宫黏膜被再生的黏膜代替。子宫叶阜高度降低,体积缩小,并逐渐恢复到妊娠前的大小。在黏膜再生的过程中,变性脱落的子宫黏膜、白细胞、部分血液、子宫腺分泌物等残留在子宫内的胎水中,形成的混合液体称为恶露。最初为红褐色,继而变为黄褐色,最后变为无色透明。牦牛恶露排尽的时间为 10~12 天。恶露持续的时间过长或者颜色异常,有可能是子宫病理变化的反应。

随着子宫黏膜的恢复和更新,子宫肌纤维也发生相应变化,起初子宫壁变厚,体积缩小,随后子宫肌纤维变性,部分被吸收,子宫壁变薄并逐渐恢复到接近原来的状态。牦牛子宫复原的时间为 9~12 天。

2.卵巢恢复

母牦牛卵巢上的黄体到分娩后才被吸收,产后第一次发情出现较晚,而且往往只排卵而无发情表现。产后给犊牛哺乳或增加挤奶次数,会使产后发情排卵的时间延长。

第六章 白牦牛繁殖疾病防治技术

第一节 白牦牛的繁殖障碍

一、公牦牛的繁殖障碍

(一)遗传因素

遗传因素可引起公牦牛生殖器官异常,如睾丸欠缺、睾丸发育不全、隐睾、副性腺发育不全、阴茎畸形及精子先天性异常等。

(二)年龄因素

公牦牛随年龄增长,繁殖障碍,发病率有所增加,主要是出现睾丸变性,性欲减退。

(三)环境因素

季节因素是繁殖障碍发生的重要原因,季节变化的重要因素有光照和温度。公牦牛在高温环境中,由于受到热应激会引起繁殖障碍,如睾丸变性、性欲缺乏。在自然状况下,体温升高1℃,阴囊皮温和睾丸温度升高3℃~4℃,体温和睾丸之间的温差通常在5℃左右。阴囊调节温度的机能较差,如若遇到持续高温,会引起睾丸变性,精子成熟和贮存受到影响。由于睾丸温度升高,局部循环机能发生变化,以致引起供氧不足,导致正常精子减少,畸形精子增加,活力下降,严重时甚至没有精子。高温还会影响附睾。如果高温应激不太强,在气温下降后,高温所引起的机能障碍也会自然消失,精液性状逐渐恢复正常。如果高温影响强烈,将使曲精细管上皮失去再生能力,恢复就比较困难。另外,种公牛引种过程中运输、气候环境变化、营养和管理方式不良等,也会造成繁殖障碍疾病。如运输、隔离检疫过程中,营养不均衡和管理不当会造成睾丸发育不良、睾丸炎、睾丸变性、精囊腺炎等。

(四)营养因素

营养水平过低会引起性成熟延迟和性欲减退。成年公牦牛长期饲养在低营养水平下,精液品质不良，如精囊腺分泌机能减弱，精液中果糖和柠檬酸量减少，造成精子活力差，耐冻性差。生精机能下降，精液密度降低。营养水平过高，特别是能量水平过高，会使成年公牦牛过于肥胖，也会使其性欲减退。公牦牛饲草料中钙、磷、铜、锌、镁、钴、硒、碘、维生素 A、维生素 C 和维生素 E 等营养成分缺乏和过多，都会引起繁殖障碍疾病，如公牦牛缺锌，表现为睾丸生长发育停止，生精上皮萎缩，垂体促性腺激素和性激素释放量减少，性欲降低，严重缺锌将导致精子生成完全停止。

硒是谷胱甘肽过氧化物酶的构成成分，在体内起抗氧化作用，对种公牦牛的繁殖起重要作用。精子尾部一些多肽和角质包囊蛋白质含硒，硒是生物体必需的微量元素，适量添加有机硒能提高种公牦牛精液质量。种公牦牛缺硒会导致睾丸、附睾重量均小于正常值，精子成熟度差。某些营养成分过多引起繁殖障碍疾病，主要原因是发生拮抗，如铁多妨碍铜和锌的吸收。

总之，营养水平不合适会影响公牦牛的性机能，如性欲缺乏，睾丸变性，附睾萎缩及睾丸、附睾发育不良等繁殖障碍。

(五)管理因素

不适合的采精器(采精器内胎粗糙、温度过高)、台畜、采精方法、采精场地、鞭打、威吓等，会产生繁殖障碍。连续过度采精、强迫射精等给予的过重负担，会引起公牦牛性欲减退和精液品质不良，并缩短种公牛使用年限。此外，外伤、运动不足也会引起射精障碍，如采精或与母牦牛交配时受伤、生殖器急性炎症、蹄痛、腐蹄病、关节炎、痉挛性轻瘫等伤痛，会诱使产生抑制性欲的反射作用。

冲洗包皮器具粗糙或用力过大、过猛等原因造成的外伤以及病毒感染，是引发包皮发炎甚至溃疡的主要病因。勃起的阴茎冲击异物发生弯折，以及蹴踢、鞭打、啃咬、骑跨围栏等可能引起阴茎擦伤、挫伤、撕裂伤，甚至引起阴茎血肿。

(六)感染因素

生殖器官细菌感染是引起繁殖障碍的重要原因之一，如细菌、病毒、衣原体、支原体等病原继发感染的睾丸炎、附睾炎、精囊腺炎、附睾萎缩、包皮和阴茎疾病等。

二、母牦牛的繁殖障碍

由于饲养管理不当、营养不平衡和助产不当等，会引起母牦牛的繁殖疾病，这些疾病往往成为导致母牦牛产后繁殖障碍的主要因素。母牦牛常见繁殖疾病有生殖道疾病、卵巢疾病和分娩造成的疾病。

(一)营养因素

全面合理的营养是白牦牛高效繁殖的基础，各时期的营养对母牦牛产后的繁殖有着重要的作用。如果营养不平衡，会直接或间接地造成母牦牛产后的繁殖障碍。

1.能量

牦牛在产前摄入能量过多,易造成肥胖综合征(采食量下降、瘤脑肝),产后也易发生一系列代谢紊乱症(采食量下降、难产、胎衣不下、乳腺炎、子宫炎及酮病等),进而影响繁殖,造成产后繁殖障碍。因此,应在泌乳末期控制好膘情,减少精料饲喂量,多饲喂青干草。如果产前供给母牦牛的能量不足,则导致母牦牛膘情差,易发生产后胎衣不下、恶露滞留(无力排出)、子宫炎、卵泡发育迟缓等疾病,降低受胎率,故应适当增加精料饲喂量,提高母牦牛饲草料营养水平。

母牦牛产后能量不足(负平衡)也易造成发情延迟、卵泡发育迟缓、停止发情等,因此,产后应提高饲草料营养水平,增喂一些高能量饲料,提高一次性配种成功和总受胎率。

2.蛋白质

产前蛋白质不足,可使卵泡发育迟缓,发情异常,从而影响繁殖。如果蛋白质过剩,或产后饲喂蛋白质含量超过泌乳需要量,会造成氮不平衡,也容易对繁殖性能造成不利影响,降低受胎率。

3.钙、磷

钙、磷不足或不平衡容易引起母牦牛产褥热的发生,导致胎衣不下、恶露滞留和子宫炎等发病概率增加。因此,母牦牛在产前15~20天,采用在日粮中添加阴离子盐,不喂缓冲剂,以酸化日粮,降低血液pH,刺激甲状旁腺素在产前释放,提高钙、磷的吸收率。产后至泌乳高峰期,应及时提高饲草料中钙、磷水平,以满足白牦牛泌乳、生长及繁殖的需要。钙应占饲草料干物质的0.81%,磷为0.5%~0.6%。若钙、磷不足,会出现异常发情,影响受胎率。

4.维生素

维生素是动物正常生长发育(包括胎儿生长)、精子产生、卵泡发育以及上皮组织生长必需的,它缺乏容易引起母牦牛流产、胎衣不下、子宫炎及犊牛的发病等。维生素E是一系列生育酚和生育三烯酚脂溶性化合物的总称,若缺乏则易造成胎衣不下、子宫炎及卵泡发育受阻,受胎率下降。

5.微量元素

铜缺乏易造成母牦牛发情期生理障碍,异常发情。锌缺乏会改变前列腺素的合成,从而影响黄体的功能。锰缺乏抑制繁殖能力,导致流产、新生犊牛畸形、发育迟缓及隐性发情等,受胎率下降。碘缺乏易造成胎儿发育受阻及死亡、胎衣不下,繁殖力下降。硒缺乏则易造成胎衣不下、子宫炎及卵巢囊肿等,繁殖力下降。因此,产后应及时对母牦牛补充微量元素。

(二)生殖道疾病

牦牛的生殖道疾病主要有子宫内膜炎和子宫颈炎,少数有输卵管炎。

子宫内膜炎发病的主要原因,一是分娩时卫生条件差,临产母牦牛外阴、尾根部污染粪便而未彻底消毒引起子宫内膜感染;二是助产或剥离胎衣时,术者手臂、器械消毒不彻底引起子宫内膜感染;三是胎衣不下、恶露停滞等引起产后子宫内膜感染。因此,产前要对棚圈彻底打扫消毒,对于临产母牦牛的后躯要清洗消毒,助产或剥离胎衣时严格进行无菌操作。对于患牛主要是防止感染,促使子宫内炎性产物的排出,对有全身症状的进行对症治疗。

人工授精时,因操作不当或长时间多次操作,造成子宫颈损伤、发炎,也会引起子宫颈炎,甚至引起子宫颈增生。人工授精的一切用具必须洁净无菌,操作人员技术要熟练,要做到动作轻、速度快。对于患牛,要及时治疗,治愈后才可进行人工授精。

(三)卵巢疾病

饲养管理不当、生殖道炎症、应激等,使生殖系统功能异常。体内激素分泌紊乱,会出现卵巢囊肿、卵巢静止或持久黄体等。应注意加强饲养管理,减少应激,严格按照操作规程进行人工授精。对于病牛,多采用激素治疗囊肿,效果良好。饲料单一、维生素和无机盐缺乏、运动不足、子宫内膜炎、产后子宫复旧不全或子宫肌瘤等,影响黄体退缩和吸收,易引起持久性黄体。为了促进持久黄体退缩,可肌内注射前列腺素类激素,将黄体溶解后再进行人工授精。

饲养管理不当、子宫疾病等,使卵巢机能受到扰乱后而处于静止状态,即为卵巢静止。应加强饲养管理,补充营养,如维生素、无机盐等,同时加强运动。

(四)分娩期疾病

主要指在妊娠期因饲养管理不当,在分娩过程中常出现的子宫脱出和胎衣不下。子宫脱出,主要原因是饲料单一、质量差、过度劳累等导致会阴部组织松弛,无法固定子宫。另外,助产不当、产道干燥而迅速拉出胎儿,或在露出的胎衣断端系重物等,均可引起子宫脱出。此外,瘤胃鼓气、瘤胃积食、便秘、腹泻等也能诱发该病。治疗时要及时消除病因,针对不同症状采取相应措施。子宫部分脱出时,只要加强护理,防止脱出部位受损,如将牛尾固定,以防摩擦脱出部位,减少感染机会。多放牧,增加活动量。舍饲时要给予易于消化的饲草料等。

胎衣不下,主要有两个原因,一是产后子宫收缩无力。因为妊娠期间饲草料单一,缺乏无机盐、微量元素和某些维生素,或者产双胞胎、胎儿过大、胎水过多,使子宫过度扩张。二是胎盘炎症。妊娠期间子宫受到感染,发生隐性子宫内膜炎及胎盘炎,母子胎盘粘连。此外,流产和早产等原因也能导致胎衣不下。胎衣不下的治疗方法主要有药物治疗和手术剥离,药物治疗是通过皮下或肌内注射垂体后叶素 50~100IU,最好在产后 8~12h 注射,若在分娩后超过 24~48h 注射,处理效果不佳。也可注射催产素 10ml,麦角新碱 6~10mg,促进子宫收缩,加速胎衣排出。手术剥离法是用手伸入子宫,寻找子宫叶,找到子宫叶后,先用拇指找出胎儿胎盘的边缘,然后将食指或拇指伸入胎儿胎盘和母体胎盘之间,把它们分开,至胎儿胎盘被分离,用拇指和中指握住胎衣,轻拉即可完整地剥离。

(五)技术性繁殖障碍

人工授精技术不熟练或操作不当,是造成技术性繁殖障碍的主要原因,其易造成生殖道感染或损伤,导致繁殖障碍。操作人员应熟练掌握人工授精技术,严格进行无菌操作,严禁长时间多次操作。及时发现发情母牦牛,掌握好配种时间。对屡配不孕的母牦牛要及时更换公牛精液,防止免疫性不孕。

第二节 白牦牛繁殖疾病及其防治

一、卵巢机能不全

卵巢机能不全(Ovarian hypofunction)是指母牦牛卵巢机能受到抑制,机能减退,性欲缺乏,卵泡不能正常的生长、发育、成熟和排卵。卵巢机能不全可分为卵巢静止及卵巢萎缩、卵泡萎缩及交替发育、排卵延迟或不排卵。

(一)病因

卵巢机能不全是各种因素综合作用的结果,主要原因:一是由于子宫疾病、全身性疾病及饲养管理不当,使牦牛机体乏弱而导致该病理现象的发生。二是饲料中营养成分不足,尤其是缺少维生素 A,导致该病的发生。三是气候因素及近亲繁殖,也可导致该病的发生。

(二)症状和诊断

主要临床表现是发情周期延长,发情表现减弱或安静发情,有的牦牛出现性周期紊乱现象(卵泡交替发育)。直肠检查时,一般摸不到卵泡和黄体。如果发展成为卵巢萎缩,则长期不发育,这时卵巢小而硬,卵巢仅有豌豆大小。严重萎缩时,不但卵巢小且质地硬,而且长期不发情,子宫也收缩变得又细又硬。该病多发生于年龄较大、体质较弱的母牦牛。

该病一般通过临床症状观察和直肠检查卵巢可做出诊断。

(三)防治

对于年龄不大的患病白牦牛,卵巢机能不全,一般预后良好。如果母牦牛衰老或卵巢继发萎缩、硬化,则无治疗价值。

尽管诱导发情的方法和药物种类繁多,但目前尚无可适用于不同症状的一种十分理想的药物和方法,因为卵巢机能正常活动是许多生理性及环境因素共同协调作用的结果。改善白牦牛的饲养管理，增加运动，合理日照，保证日粮中有丰富的矿物质、维生素、蛋白质，是预防的重要措施。

对由生殖器官疾病引发的卵巢机能不全，要做好原发病的治疗。

(四)治疗

1.激素治疗

(1)促卵泡素：肌内注射 100~200IU，每日或隔日 1 次，共用 2~3 次，还可配合促黄体素进行治疗。

(2)绒毛膜促性腺激素：肌内注射 2000~3000IU，必要时可间隔 1~2 天重复注射 1 次。

(3)马血清：肌内注射 1000~2000IU，1~2 次。

(4)雌激素：这类药物对中枢神经及生殖系统有直接兴奋作用，用药后可引起母牦牛表现明显的外部发情症状，但对卵巢无刺激作用，不引起卵泡发育和排卵。但用此类药物可以使动物生殖系统摆脱生物学上的相对静止状态，促进正常发情周期的恢复。因此，用此类药后的第一次发情不排卵(不必配种)，而在以后的发情周期中可正常排卵。

常用的雌激素类药物及用量：雌二醇肌内注射 4~10mg；己烯雌酚肌内注射 20~25mg。此类药物不宜大剂量连续用药，否则易引起卵泡囊肿。

2.维生素 A 治疗

维生素 A 对于缺乏青绿饲料引起的卵巢机能减退有较好的疗效，一般每次肌内注射 100 万 IU，10 天注射 1 次，注射 3 次后，10 天内卵巢上会出现卵泡发育，且可成熟受胎，还可配合维生素 E 进行治疗。

二、卵巢囊肿

卵巢囊肿分为卵泡囊肿和黄体囊肿。卵泡囊肿是由于发育中的卵泡上皮变性，卵泡壁结缔组织增生变厚，卵泡细胞死亡，卵泡液未吸收或增加而形成。黄体囊肿是由于未排卵的卵泡壁上皮细胞黄体化，或是正常排卵后由于某些原因导致黄体不足，在黄体内形成空腔，腔内聚积液体而形成。

卵泡囊肿和黄体囊肿可单个或多个发生于一侧或两侧卵巢上，二者多单独发生，有时两种囊肿病也同时发生 (约占发病总数的 1%)。单独发生时以卵泡囊肿居多，约占发病总数的 70%。牦牛产后 45 天内及首次排卵前，卵巢囊肿发病率高，约占发病总数的 70%，由于在此阶段有一个自然重建卵巢周期的过程，常不易被发现。

(一)病因

1.内分泌因素

内分泌失调是引发卵巢囊肿最主要的原因。另外，给予外源性孕激素、雌激素均可能引起卵巢囊肿。自然发生囊肿的原因:一是促卵泡素分泌过量,促进卵泡发育过度;二是垂体分泌的促黄体素低于正常水平;三是控制促黄体素释放机能失调。

非自然发生的囊肿是由多种因素共同作用引起的,与下丘脑、垂体、卵巢和肾上腺等机能有关。肾上腺机能亢进,促使黄体功能减退,导致孕激素水平降低,肾上腺产生较多的雌二醇和雄激素,影响卵巢周期。

2.疾病因素

卵巢囊肿的成因较为复杂,在母牦牛性周期不同阶段,卵巢和子宫血流量呈规律性变化。休情期卵巢血流量增加,在发情期子宫血流量增加。若子宫有炎症和充血,影响卵巢周期的正常运行。子宫内膜炎、胎衣不下等可引起卵巢炎,导致发情周期紊乱,使排卵受到扰乱,引起卵巢囊肿。产后早期子宫正值复原之中,子宫内膜和卵巢上的激素靶细胞受体尚未恢复正常,而卵泡已经开始发育,且不断产生雌激素,因缺乏受体的接受和转移,使信息不能由子宫传递到下丘脑和垂体,故雌激素水平升高导致不排卵而引起卵巢囊肿。

3.营养因素

饲料中缺乏维生素 A 或含有大量雌激素(如过量饲喂大豆、白三叶草等含植物雌激素高的饲料)都可能引起囊肿。精料过多而又缺乏运动,导致母牛肥胖,也会增加发病率。

4.气候因素

在卵泡发育过程中,气温骤变容易发生卵巢囊肿,尤其在冬季发生卵巢囊肿的病牛更多。

5.人为因素

母牦牛多次发情而不予配种,也可导致囊肿的发生。

(二)症状

患卵泡囊肿的母牦牛主要特征是发情周期不规律,频繁而持续发情,最显著的临床表现是出现慕雄狂。患病时间长的牦牛颈部肌肉逐渐增厚而类似公牦牛,荐坐韧带松弛,臀部肌肉塌陷,尾根高抬,尾根与坐骨结节之间出现一个深的凹陷。直肠检查时发现,卵巢上有一个或数个壁紧而有波动的囊泡,黄体与囊肿卵泡大小相近,但壁较厚而软,其直径一般超过 2cm 以上,大的囊泡有达到 5~7cm 的。长期的卵泡囊肿也可以并发子宫内膜炎和子宫积水。黄体囊肿外表症状为不发情,黄体囊肿多为一个,大小与卵泡囊肿差不多,壁厚而软。

有时产后首次发现,成熟卵泡异常增大,易被误认为是囊肿。陈旧囊肿与成熟卵泡可并存于卵巢上,而前者已变性,无分泌激素能力,实属于正常发情,能排卵受精,应适时配种。

(三)治疗

1.激素治疗

(1)人绒毛膜促性腺激素(hCG):hCG 为蛋白质激素,第一次肌内注射后产生抗体,再次注射时效果降低，一般不宜多次注射。而静脉注射几乎不产生抗体，国外现多用1500~5000IU hCG溶于5%葡萄糖溶液中静脉注射，治疗效果显著。

(2)促性腺素释放激素(GnRH)：肌内注射GnRH 25~100μg能诱发患囊肿母牦牛释放黄体素，囊肿大多黄体化，而大剂量使用GnRH(0.5~1.5mg)，则可促使排卵。

(3)皮质类固醇：肌内注射10~40mg氢化可的松或10~20mg地塞米松，对于使用促性腺激素无效的牛治疗效果较好。

(4)孕酮：一次注射孕酮750~1500mg,或200~500mg/d,每日或隔日再肌肉注射孕酮125mg,对囊肿治愈率可达60%~80%。

(5)前列腺激素：对于黄体囊肿，可采用肌内注射氯前列烯醇0.4~0.8mg进行治疗，2~3天可消囊肿，并出现发情。

2.中药治疗

消囊散：炙乳香40g，炙没药40g，香附80g，三棱45g,黄柏60g，知母60g，当归60g，川芎30g，鸡血藤45g，益母草90g，研末冲服，每日1剂，连用3~6剂。

3.人工摘除法

在没有其他治疗方法的情况下，可考虑采取人工摘除。此法治愈率低，易造成卵巢发炎和粘连，使受胎率降低，甚至引起不孕。产后早期使用此法效果较好。

(四)预防措施

1.营养管理

母牦牛分娩后机体处于能量负平衡状态，会延长分娩至首次发情排卵的间隔时间及分娩后卵巢机能恢复的间隔时间，豆科牧草不宜一次性饲喂过量，维生素对本病发生也有影响，合理日粮配合非常重要。

2.产后注射促性腺素释放激素(GnRH)

产后2周内肌注GnRH 200μg，可降低卵巢机能异常的发生，进而提高受胎率，降低卵巢囊肿的发生率。

3.控制子宫炎症

产后早期卵巢正常周期，能降低因子宫炎症引起的囊肿，从而提高受胎率。

三、持久黄体

持久黄体(Persistent corpus luteum)是指妊娠黄体或周期黄体超过正常时间而不消失。其来源有两方面：一是发情周期黄体，在维持了一定时间后应该消失而未消失；二是妊娠黄体，在分娩后应该消失而不消失，由于持久黄体分泌孕酮，抑制卵泡成熟和发情，引起乏情而不育。母牦牛发生持久黄体时，黄体的一部分呈圆周状或蘑菇状，凸起于卵巢表面，比卵巢实质稍硬。

(一)病因

1.饲养管理不当

牦牛饲料中缺乏微矿物质、维生素A和维生素E,或运动不足等,均可引起持久黄体发生。

2.产乳量过高

产乳量高的母牦牛在冬季易发生持久黄体,由于消耗过大,以致卵巢营养不足,引起机能减退,使垂体细胞产生的催产素及前列腺素合成减少。同时,由于血液中催乳素水平过高,也导致黄体滞留。

3.子宫疾病

此病常和子宫炎症引起的前列腺素分泌减少等有关。子宫疾病可损害子宫黏膜,使前列腺素产生不足,而导致此病发生。子宫积水、积脓,子宫内有异物,干尸化等都会使黄体不消退而成为持久黄体。

(二)症状与诊断

该病的特征是长期不发情,经数次直肠检查,发现卵巢的同一部位有大量黄体存在,可以是一侧卵巢也可以是两侧卵巢。子宫多松软下垂,收缩反应减弱。

(三)治疗

除了消除病因、改善饲养管理外,可用如下方法进行治疗。

1.激素治疗

前列腺素及其类似物是治疗持久黄体的特效药。肌内注射前列腺素0.5~1.0mg或肌内注射氯前列烯醇0.4mg。还可用促性腺激素,如孕马血清、绒毛膜促性腺激素、雌激素和催产素等。

2.手术疗法

采用直肠检查的方法,挤破卵巢上的黄体。

3.电针治疗

电针治疗可迅速使孕酮水平下降到最低值,同时又能使雌二醇水平达到最高值,从而引起发情。

四、排卵延迟及不排卵

排卵延迟是指与正常排卵时间相比,排卵向后推移。不排卵是指母牦牛发情时,有发情的外部特征,但不排卵。

(一)病因

牦牛促黄体素分泌不足,激素作用不平衡,造成牦牛排卵延迟及不排卵。营养不良或不平衡，过度挤奶、气温变化频繁，也可造成排卵延迟及不排卵。

（二）症状和诊断

排卵延迟时，卵泡发育和外表发情症状都和正常发情一样，但发情持续时间延长，白牦牛一般延长3~5天。直肠检查时卵巢上有卵泡，有的可能排卵，有的则会发生卵泡闭锁。在诊断排卵延迟时，要注意和卵泡囊肿相区别。不排卵时，有发情外表症状，发情过程及周期基本正常，直肠检查时卵巢上有卵泡，但不排卵，屡配不孕。

（三）治疗

对排卵延迟及不排卵的患病牦牛，除改善饲养管理条件外，可应用激素进行治疗。当牛出现发情症状时，立即注射促黄体素200~300IU或黄体酮50~100mg，可起到促进排卵的作用。

对于确定由于排卵延迟或不排卵而屡配不孕的母牦牛，在发情早期，可注射雌激素(己烯雌酚20~25mg)，晚期注射黄体酮，也可起到较好的治疗作用。

五、子宫内膜炎

子宫内膜炎是子宫黏膜发生炎症，不孕症是牛"四大疾病"之一，而子宫内膜炎是引起白牦牛不孕的一个重要原因，也是白牦牛的常发病和多发病。子宫是胚胎发育的场所，由于子宫炎症及炎症过程中的渗出物，会直接危害精子的生存，进而影响授精过程，也可影响胚胎在子宫的附植过程，从而导致不孕、流产，甚至胎儿死亡。

子宫内膜炎依据临床症状可分为急性子宫内膜炎和慢性子宫内膜炎，其中慢性子宫内膜炎是白牦牛最常见的。慢性子宫内膜炎又被分为慢性化脓性子宫内膜炎、慢性脓性黏液性子宫内膜炎、慢性黏液性子宫内膜炎和隐性子宫内膜炎。一般而言，急性化脓性子宫内膜炎预后不良。慢性化脓性子宫内膜炎和慢性脓性黏液性子宫内膜炎预后谨慎。这两种子宫内膜炎虽然治疗可消除临床症状，但有相当一部分不能怀孕，或常发生早期胚胎死亡或流产。

（一）病因

子宫内膜炎主要是因人工授精、分娩、助产及产道检查过程中消毒不严格或操作不当，使子宫受到损伤或感染引起的。子宫颈炎、子宫弛缓、阴道炎、胎衣不下和布鲁氏菌病是继发该病的又一个主要原因。自然交配时，公牦牛生殖器官的炎症也可传染给母牦牛而发生该病。产房卫生及牛体产后后躯卫生差也是引发该病的一个原因。

（二）临床症状

从牦牛产道流出多量黏液性或脓性分泌物，发情周期正常或不正常，屡配不孕。急性化脓性子宫内膜炎有全身症状。

（三）预防措施

为减少子宫内膜炎发生率，配种前2h宫内注射抗生素(主要针对隐性子宫内膜炎)，加强输精过程卫生消毒工作，降低人工授精过程中的人工感染。分娩过程是引起子宫感染的一个主要环节，助产过程中要严格消毒，助产过程要小心谨慎，防止子宫及产道损伤。要保证外阴部产前、产中及产后的清洁卫生。出产房通过直肠检查的方法，对子宫状态检查一次，必要时要进行清宫处理。产后喂服益母膏等能促进子宫机能恢复。对流产母牦牛要注意隔离，确定病因，防止流产过程中子宫排出物对产房及产间的污染，防止布鲁氏菌病、胎弧菌病等疾病的蔓延。

加强饲养管理，注意饲料配合，保证机体各器官机能健康，减少胎衣不下和产后疾病(酮病/产后瘫痪)的发生，促进子宫复旧。对胎衣不下的牦牛，要及时剥离胎衣或向子宫中灌注药物，以预防子宫内膜炎的发生。经营管理好的牛场，牦牛的平均空怀天数应在 105 天 左右，一般水平的牦牛场平均空怀天数都在 120~140 天。对空怀天数超过 140 天的母牦牛，要进行会诊，找出空怀原因，对失去繁殖能力的母牦牛，要及时淘汰。

(四)治疗措施

首先给予白牦牛全价饲料，特别是富含蛋白质和维生素的饲料，以增强机体的抵抗能力，促进子宫机能的恢复。治疗子宫内膜炎一般有局部疗法和子宫内直接用药两种方法。治疗白牦牛子宫内膜炎应针对不同的类型，选用不同的治疗方法。

1.子宫冲洗

此法是一种传统、常用的治疗子宫内膜炎的方法。一般而言，对不同程度的化脓性子宫内膜炎，多选用子宫冲洗术，所用的冲洗药物多为防腐消毒药，如 0.1%高锰酸钾、0.1%利凡诺、0.05%来苏儿、0.1%新洁尔灭、0.1%稀碘液等。对症状较轻的化脓性子宫内膜炎和非化脓性子宫内膜炎，多选用 1%~10%盐水、1%小苏打、生理盐水及抗生素水溶液进行子宫冲洗。一般一次冲洗量为 200ml 左右(一次注入量不宜过大)，注入导出，反复冲洗，直到清洗清亮为止，可连续冲洗 2~3 天，等子宫干净后向子宫内灌注抗生素类药物，等下次发情时观察发情状况。冲洗液的温度要保持在 38℃~42℃。

对于隐性子宫内膜炎，可在发情配种前 2h，用生理盐水 200~500ml 冲洗子宫，随后注入青霉素 80 万~10 万 IU、链霉素 100 万 IU，然后配种。可提高受胎率。

2.子宫灌注

子宫灌注是治疗牦牛子宫内膜炎的一种常用方法，子宫灌注时，药液要加热到 40℃左右。目前常用于子宫灌注的药物有如下几大类。

(1)子宫灌注抗生素：常用的有青霉素 100 万 IU+链霉素 100 万 IU。土霉素 2g+金霉素 2g，还可用环丙沙星、呋喃西林、呋喃唑酮、新霉素、先锋青霉素、氯霉素、氨苄青霉素、磺胺类药物等，每日或隔日 1 次，直到子宫排出的分泌物清亮为止。对黏液性子宫内膜炎，在发情时可向子宫中灌注1%氯化钠溶液200~300ml，隔4~6h再输精配种。

(2)子宫灌注碘制剂：对各种类型的子宫内膜炎都有一定疗效，可用于细菌、病毒、滴虫等引起的子宫内膜炎。碘离子可刺激子宫黏膜，促进子宫内炎性分泌物排出。络合碘和无机碘都可用于子宫内膜炎的临床治疗，络合碘的刺激作用较小，作用时间较长，治疗作用优于稀碘液。稀碘液常用浓度为0.1%，配制时还可向其中加入一定量的甘油，每次可灌注20~50ml，隔日或每日1次，连续用2~3次。如果用络合碘，可隔7~10天灌注1次。

(3)子宫灌注鱼石脂：鱼石脂是从鱼骨化石中提取出来的有效成分，鱼石脂可温和地刺激子宫黏膜神经末梢，改善血液循环，抑制细菌繁殖。向子宫中灌注5%~10%的鱼石脂，对化脓性及脓性黏液性子宫内膜炎有较好的治疗作用。每次灌注100ml，每日或隔日1次，连用1~3次(要用纯鱼石脂，不要用加入凡士林的鱼石脂)。

(4)子宫灌注黄色素：对慢性脓性子宫内膜炎，可用0.1%的黄色素溶液进行治疗，每次灌注50~200ml，隔日或每日1次。

(5)子宫灌注醋酸洗必泰：洗必泰是一种防腐杀菌剂，对隐性和黏液性子宫内膜炎有较好的疗效。醋酸洗必泰有一定的刺激作用，用于牦牛子宫内膜炎治疗时，要加缓和剂，以降低由刺激所带来的不良反应。临床上可采用妇科用的醋酸洗必泰治疗牦牛子宫内膜炎，取醋酸洗必泰栓2~3枚，用10~15ml蒸馏水溶解，温热后注入子宫，隔日1次，连用2~4次。

(6)子宫灌注促上皮生长因子：在进行子宫灌注治疗时，向其中加入促上皮生长因子，可促子宫黏膜的再生修复，进一步提高子宫内膜炎的治疗效果。

3.激素疗法

目前，用来治疗牦牛子宫内膜炎的激素主要有已烯雌酚、氯前列烯醇和催产素，这类药物能使子宫颈口开张，增强子宫收缩机能，促进子宫腺体分泌，利于子宫内液体排出。最新试验表明：血液中激素含量高低和子宫免疫能力有直接相关性。通过注射上述激素，还可提高子宫的免疫能力。

(1)氯前列烯醇：可子宫灌注，也可肌内注射，子宫灌注一次2~3ml。肌内注射4~8ml,可连续注射2~3次，间隔1~2大，同时还可配合肌内注射催产素10ml。

(2)已烯雌酚：一次肌内注射15~25ml，促进子宫腺体分泌，促进子宫内分泌物排出。也可子宫灌注，连续用2~3次，每次间隔1~2天。

(3)催产素：在治疗子宫内膜炎时可连续用3~4天。

4.免疫治疗

能提高牦牛子宫内膜炎免疫性的药物主要有盐酸左旋咪唑、大肠杆菌多脂糖、高免血清、集落刺激因子等，但临床来源比较方便的是盐酸左旋咪唑。

5.通过促进子宫机能恢复进行治疗

在子宫内膜炎中,包括一类子宫无器质性病变,而子宫功能异常所引起的难孕症。这类子宫内膜炎实际上是由于产后虚弱、子宫气滞血瘀、子宫机能低下引起的。中药在促进子宫机能恢复上,表现出独特的优势。黄芪、红花蟾酥、当归、蜂胶、益母草、蒲黄、桃仁、连翘等,在治疗子宫内膜炎上具有很好的消滞、祛瘀、清热解毒、加速净化、促进子宫复旧的作用。

六、流产

白牦牛的流产是由于胎儿或母体生理过程发生紊乱,或它们之间的正常关系遭到破坏,导致妊娠中断,胎儿被母体吸收或排出体外的一种病理现象。流产是哺乳动物妊娠期间的一种常见疾病,不仅会导致胎儿死亡或发育受到影响,而且还会影响到母体的生产性能和繁殖性能。

(一)病因

流产原因十分复杂,可以是妊娠母牦牛某些疾病的一个临床症状,也可以是饲养管理不当的一个结果,还可以是胎盘或胎儿受到损伤而导致的一种直接后果,概括起来流产的原因可分为传染性流产和非传染性流产。

1.传染性流产

由病原微生物侵入孕畜机体而引起的一种流产,可以是某些传染病发展过程中的一个普通症状,也可以是某些传染病的一个特征性症状,布鲁氏菌、衣原体、毛滴虫等病原,可在胎盘、子宫黏膜及产道中造成病理变化,所以流产就成了这些传染性疾病的一个特征性症状。李氏杆菌、沙门氏菌、焦虫、附红细胞体等病原感染病畜时,流产则作为这些传染病发展过程中的一个非特异性临床症状而表现出来。从某种意义上说,当某种传染病导致孕畜或胎儿的生理功能紊乱到一定程度时,都可以引起流产。

2.非传染性流产

(1)胚胎发育停滞:配子衰老或有缺陷、染色体异常、近亲繁殖是导致胚胎发育停滞的主要原因,这些因素可降低受精卵的活力,使胚胎在发育途中死亡。胚胎发育停滞所引起的流产多发生于妊娠早期。

(2)胎膜异常:胎膜是维持胎儿正常发育的重要器官,如果胎膜异常,胎儿与母体间的联系及物质交换就会受到限制,胎儿就不能正常发育,从而引起流产。先天性因素可以导致胎膜异常,如子宫发育不全、胎膜绒毛发育不全,这些先天性因素所引起的病理变化,可导致胎盘结构异常或胎盘数量不足。后天性子宫黏膜发炎变性,也可导致胎盘异常。

(3)饲养不当:饲料严重不足或矿物质、维生素缺乏,可引起流产。饲料发霉、变质或饲料中含有有毒物质,可引起流产。贪食过多或暴饮冷水,也可引起流产。

(4)管理不当:白牦牛妊娠后由于管理不当,可使子宫或胎儿受到直接或间接的物理因素影响,引起子宫反射性收缩而导致流产。地面光滑、急轰急赶、出入圈舍时过分拥挤等所引起的跌跤或冲撞,可使胎儿受到过度振动而发生流产。妊娠后期,白牦牛应该及时合理分群,怀孕牦牛和未怀孕牦牛混群饲养,会由于互相争斗而造成流产。妊娠牦牛在运输及上车或卸车过程中要更加小心,否则会造成流产。另外,强烈应激、粗暴对待妊娠牦牛等不良管理措施,也是造成白牦牛流产的一个重要原因。

(5)医疗错误:粗鲁的直肠检查和不正确的产道检查可引起流产。误用促进子宫收缩药物可引起流产(如毛果芸香碱、氨甲酰胆碱、催产素、麦角制剂等)。误用催情或引产药可导致流产(如雌性激素、三合激素、前列腺素类药物、地塞米松等)。大剂量使用泻剂、利尿药、驱虫剂,错误地注射疫苗,不恰当地麻醉,也可导致流产。

一些普通疾病发展到一定程度时也可导致流产。例如,子宫内膜炎、宫颈炎、阴道炎、胃肠炎、肺炎、疝痛、代谢病等。

(二)临床症状

妊娠白牦牛发生流产时,会表现出不同程度的腹痛不安,弓腰,做排尿动作,从阴道中流出多量黏液或污秽不洁的分泌物或血液。另外,流产症状与流产发生的时期、原因及母体的耐受性有很大关系,流产的类型不同,其临床表现也有区别。

1.隐性流产

胚胎在子宫内被吸收称为隐性流产。隐性流产发生于妊娠初期的胚胎发育阶段,胚胎死亡后,胚胎组织被子宫内的酶分解、液化而被母体吸收,或在下次发情时以黏液的形式被排出体外。隐性流产无明显的临床症状,其典型的表现就是配种后诊断为妊娠,但过一段时间后却再次发情,并从阴门中流出较多数量的分泌物。

2.早产

母体具有和正常分娩类似的预兆和过程,排出不足月的活胎儿,称为早产。早产时产前预兆不像正常分娩预兆那样明显,多在流产发生前 2~3 天,出现乳房突然胀大,阴唇轻度肿胀,乳房内可挤出清亮液体等分娩预兆。早产胎儿若有吮吸反射时,进行人工哺养,可以养活。

3.小产

提前产出死亡未变化的胎儿就是小产,这是最常见的一种流产类型。妊娠前半期的小产,流产前常无预兆或预兆轻微。妊娠后半期的小产,其流产预兆和早产相同。小产时如果胎儿排出顺利,预后良好,一般对母体繁殖性能影响不大。如果子宫颈口开张不好,胎儿不能顺利排出时,应该及时助产,否则可导致胎儿腐败,引起子宫内膜炎或继发败血症而表现全身症状。

4.延期流产

也称死胎停滞,胎儿死亡后由于卵巢上的黄体功能仍然正常,子宫收缩轻微,子宫颈口不开张,胎儿死亡后长期停留于子宫中,这种流产称为延期流产。延期流产可表现为两种形式,一种是胎儿干尸化,另一种是胎儿浸溶。胎儿死亡后,胎儿组织中的水分及胎水被母体吸收,胎儿体积变小,变为棕黑色样的干尸,这就是胎儿干尸化。干尸化胎儿可在子宫中停留相当长的时间。母牦牛一般是在妊娠期满后数周,黄体作用消失后,才将胎儿排出。排出的胎儿也可发生于妊娠期满以前,个别干尸化胎儿则长久停留于子宫内而不被排出。胎儿死亡后胎儿的软组织被分解、液化,形成暗褐色黏稠的液体,骷髅漂浮于其中,这就是胎儿浸溶,胎儿浸溶现象比干尸化要少。

(三)诊断要点

白牦牛流产诊断主要依靠临床症状、直肠检查及产道检查来进行。不到预产日期,怀孕牦牛出现腹痛不安、弓腰、努责,从阴道中排出多量分泌物或血液或污秽恶臭的液体,这是一般性流产的主要临床诊断依据。配种后诊断为妊娠,但过一段时间后却再次发情,这是隐性流产的主要临床诊断依据。对延期流产可借助直肠检查或产道检查的方法进行确诊。

(四)治疗

当白牦牛出现流产症状,经检查发现子宫颈口尚未开张,胎儿仍活着时,应该以安胎、保胎为原则进行治疗。肌内注射盐酸氯丙嗪,每千克 1~2mg,或肌内注射 1%硫酸阿托品 1~3ml,或注射黄体酮 50~100mg。

当牦牛只出现流产症状时,子宫颈口已开张,胎囊或胎儿已进入产道,流产已无法避免时,应以尽快促进胎儿排出为治疗原则,及时进行助产,也可肌内注射催产素以促进胎儿排出,或肌内注射前列腺素类药物以促进子宫颈口进一步开张。

当发生延期流产时,如果仍然未启动分娩机制,则要进行人工引产,肌内注射氯前列烯醇 0.4~0.8mg,也可用地塞米松、三合激素等药物进行单独或配合引产。

(五)预防

科学饲养管理是预防流产最基本的措施之一,对于群发性流产要及时进行实验室确诊,预防传染性流产是畜牧生产中的一项重要工作。

七、阴道脱

阴道脱是指由于阴道组织松弛,阴道部分或全部突出于阴门外。奶牛比较常见,白牦牛比较少。主要发生于妊娠后期,病程较长,一般不会危及生命。

(一)病因

阴道壁组织松弛是导致发病的一个重要原因。腹压过大,如胎水过多、怀双胎等也可引起阴道脱。白牦牛胎龄过大或机体瘦弱时,多发生本病。长期缺乏运动,饲料中矿物质及维生素缺乏的个体,易发生本病。上次助产时损伤了产道或由阴道炎症继发。

(二)症状和诊断

阴道脱多发生于妊娠后期,患病牛的阴门外脱出一粉红色球状物,脱出时间较长时,脱出物色泽变暗。大小从拳头大到排球大。较轻时多在卧下时脱出,站立时缩回,严重的则站立时也不能缩回。如果脱出部分呈现半圆形,则为单侧阴道壁脱出。如脱出物为两个半圆形,则为双侧阴道壁脱出。如果阴道全部脱出时,可看见宫颈外口。脱出时间长时,脱出物表面会沾上污物,继发溃疡及坏死。有些牛会发展成为习惯性阴道脱,每次到妊娠后期时都发生阴道脱出。

(三)治疗

较轻的阴道脱病例要每天注意后躯卫生，用消毒液或温水清洗阴门部或脱出的阴道,或在脱出的阴道上涂抹油剂抗生素,等分娩后即可缩回。严重的病例要进行整复固定治疗。治疗时,充分保定好患病牛,认真用消毒液清洗阴门部及脱出物,用2%~5%的盐酸普鲁卡因10~20ml进行后海穴麻醉,将脱出物轻轻送回,对阴门做垂直纽扣缝合,但不要影响患牛排尿。

(四)预防

预防白牦牛阴道脱的主要措施有改善饲养管理,注意微量元素和维生素补给,保持环境卫生、牛体卫生,对阴道炎症及时治疗,助产时不要损伤阴道,腹压过大时让牛多站少卧。

八、子宫复旧不全

子宫复旧不全,也称子宫弛缓,指母体分娩后因子宫弛缓,子宫不能在正常时间内恢复到未孕时的状态。子宫正常恢复时间一般为40天。本病多发生于体弱、老龄、胎儿过大、难产、胎衣不下及子宫有炎症的牛。

(一)病因

1.子宫收缩无力

白牦牛如果产后奶量过高、肥胖、助产不当、胎衣不下、子宫脱及机体患有其他代谢疾病时,均可引起子宫收缩无力。

2.卵巢功能异常

卵巢功能和子宫功能有密切的关系,卵巢功能异常会影响子宫的复旧。

(二)症状

子宫复旧不全的牦牛常全身无异常表现。产道检查时会发现子宫颈口闭锁不全、松弛,有暗褐色恶露潴留。直肠检查时,子宫肥大,无收缩力,子宫内有液体。本病可继发子宫内膜炎。

(三)治疗

治疗子宫复旧不全的指导原则是加强子宫收缩,促进恶露排出。对于白牦牛的治疗,可以肌内注射催产素100IU,每日两次。或用5%的生理盐水或2%碳酸氢钠温热后冲洗子宫,冲洗完后向子宫灌注一定量的抗生素(金霉素4g);还可喂益母草膏、当归浸膏、股骨注射维生素A、维生素 D。另外,还要注意原发病的治疗,防止酮病、产后瘫痪及胎衣不下等产后疾病发生。

九、子宫脱

母牦牛分娩后 3~4h 内,子宫角可翻入子宫腔内,这时如果牛强力努责,腹压过高,部分子宫或者全部子宫可翻出于阴门外。脱出的子宫黏膜外现,大量母体胎盘上吻合着胎儿胎盘及胎膜,开始呈粉红色,时间稍长则变为暗紫色,胎盘常因挤压和摩擦而出血。

(一)病因

造成子宫脱的原因主要有四种。一是分娩时间过久,胎儿体型过大,或双胎及畸形胎儿,使子宫过度扩张,导致子宫收缩迟缓,在母牛排出胎衣时将子宫一起排出。二是子宫角部分胎盘由于发炎而与胎衣粘连,不易脱落,脱出的大部分胎衣垂于阴门外牵拉子宫角而导致子宫脱出。三是老龄、高产、体质不良,缺乏运动,缺钙或者钙磷比例不当,也易导致本病发生。四是子宫、宫颈或阴道在分娩或助产时出现损伤或胎水排尽,子宫颈紧紧裹在胎儿身上,此时助产者强力牵引胎儿也可造成子宫脱。

(二)症状

白牦牛子宫部分脱出,子宫角翻至子宫颈或阴道内而发生套叠,仅有不安、努责和类似疝痛症状,通过阴道检查才可发现。子宫全部脱出时,子宫角、子宫体及子宫颈部外翻于阴门外,且可下垂到跗关节。脱出的子宫黏膜上往往附有部分胎衣和子叶。子宫黏膜初为红色,以后变为紫红色,子宫水肿增厚,呈肉冻状,表面发裂,流出渗出液。

(三)预防

在分娩后至胎衣排出这一段时间内要专人看护,胎衣排出后仍然努责强烈,要及时检查处理。子宫脱要加强护理,防止脱出部位继续扩大及受损。可以将其尾固定,以防摩擦脱出部位;减少感染机会;多放牧;舍饲时要给予易消化饲料等。

(四)治疗

保持患病母牦牛安静,防止脱出的子宫损伤,在子宫脱的治疗护理上有着重要意义。治疗子宫脱时,首先将母牦牛后躯、尾根、阴门、肛门部及脱出的子宫用消毒液认真清洗、消毒、处理。其次,将脱出部分用消毒纱布(或塑料布)一边一人兜起,母牦牛取前低后高站姿,若卧地可以将后躯垫高或抬起。为了抑制强烈努责,便于整复操作,须在荐尾间隙做硬膜外腔麻醉(一般注射 2%普鲁卡因 10~20ml)或肌内注射静松灵 4~5ml。第三,从靠近阴门处开始向阴道内推送子宫,当送入一半以后,术者将手伸入子宫角用力向前下方压送,直至全部送入,送入后术者伸入全臂将宫角全部推展回原位。压送时为防止损伤子宫,手要取斗握拳式,用力要适度,禁止在忙乱中损伤子宫。第四,向子宫中送入抗生素,还可注射缩宫素(50~100IU)。第五,为防止子宫再脱出,可在阴门外做纽扣缝合固定。

十、胎衣不下

胎衣不下是指牦牛分娩后经 12h 胎衣尚未排出。胎衣不下可分为部分不下和全部不下。

(一)病因

1.胎盘分离障碍

(1)胎盘未成熟:是发生流产的母牛胎衣不下的重要原因,胎盘一般在妊娠期满前 2~5 天 成熟,成熟后胎盘的结缔组织胶原化,变湿润,易受分娩时激素影响,母体胎盘和子体胎盘容易分离。未成熟的胎盘则缺乏上述变化。牦牛平均妊娠期长短决定于品种,也受特殊公牛的影响。胎衣不下发生率取决于排出胎儿时妊娠时间长短。流产或早产时,内分泌激素对分娩的控制失调,影响了胎盘成熟及产后子宫的正常收缩活动,致使胎衣不下,这就是为什么早产牛胎衣不下、发病率高的原因。

(2)绒毛水肿:胎儿胎盘经常出现严重的非感染性水肿,常见于刚产后不久的胎盘,特别是剖腹产的牦牛或长时间子宫捻转的牦牛更为多见。有时胎衣不下,牦牛表现出强烈的子宫收缩,特别是强直性收缩,可使子宫阜在较长时间内处于严重充血状态,一方面使腺窝绒毛发生水肿,另一方面也不利于排出绒毛中的血液。水肿可延伸到绒毛末端,结果腺窝内压力不能下降,母体胎盘和胎儿胎盘之间连接紧密,不易分离。

(3)胎盘组织坏死:有时胎衣不下的牦牛绒毛和腺窝壁之间有小面积坏死,坏死可发生于产前,这些坏死也会导致胎盘分离障碍。

(4)胎盘老化:过期妊娠常伴有胎盘老化及功能不全,胎盘老化是导致胎衣不下的又一个原因。有人对胎盘老化做了进一步研究,发现老化的胎盘,其母体胎盘发生了结缔组织增生,胎盘重量增加,增生的结果是母体胎盘嵌在胎儿胎盘中不易脱出。另外,胎盘老化还会使内分泌功能减弱,雌三醇和催产素水平下降,使胎盘分离变得困难。

(5)胎盘炎:胎盘受到来自机体局部病灶的细菌(如布鲁氏菌)和来自乳腺炎、蹄叶炎、腹膜炎、胃肠道炎等微生物的感染,可引发胎盘炎。患胎盘炎症时,由于结缔组织增生,使胎儿胎盘和母体胎盘发生粘连,导致胎衣不下。

2.子宫收缩无力

子宫的阵缩是引起母体胎盘和胎儿胎盘分离的一个重要因素,如果子宫收缩无力,将影响母体和子体胎盘相互分离,从而引起胎衣不下。另外,还有一种情况是母体胎盘和胎儿胎盘已经分离,因子宫收缩无力,不能将胎衣排出,这种情况引起的胎衣不下只占总发病率的 1%~2%,或更少。对此情况,用手轻拉脱出的胎膜可使胎儿胎盘和母体完全分开,使胎衣排出,也不会引起母体损伤。

3.胎衣排出障碍

胎衣排出障碍引起的胎衣不下很少发生,只占总发病率的0.5%。全部或部分脱落的胎衣受到部分闭合的子宫角或套叠的子宫角嵌闭而不能排出,特别是较大的胎儿子叶易受到嵌闭或阻拦。偶尔也发生胎膜某部分裹住某个母体子叶,或由于剖腹产时误将胎膜缝在子宫壁上所引起。

牛胎衣不下的原因十分复杂,上述病因形成还和许多致病因素密切相关。一种致病因素或几种致病因素联合作用,均能导致胎盘不分离或子宫弛缓,最终引起胎衣不下。胎衣不下病因多样,防治本病比较困难。

(二)症状

白牦牛产后未在规定的时间内排出整个胎衣,恶露排出时间延长,内含腐败的胎衣碎片,弓背,频频努责。腐败产物被吸收后可出现全身中毒现象,体温升高,食欲不振,胃肠机能减退,反刍减少,还能继发子宫内膜炎。

(三)预防措施

一是加强饲养管理,供给优质全价日粮,尤其要注意产前矿物质及维生素的补充。二是加强传染病防疫和检疫工作,一些传染性疾病引起的牛胎衣不下,往往会造成更加严重的后果和不良的影响。因此,养牛场应高度重视对布病、化脓杆菌性乳腺炎等疾病的防治工作,减少因疾病而造成的经济损失。三是舍饲白牦牛要适当增加运动,尽量为舍饲牛提供舒适的环境,减少不必要的应激,保证充足的运动。分娩后立即注射葡萄糖酸钙溶液或喂益母草膏及当归煎剂(或水浸液),有防止胎衣不下的效果。分娩注射50IU的催产素可降低白牦牛胎衣不下的发病率。

(四)治疗

1.药物治疗

(1)促进子宫收缩:肌内或皮下注射催产素50~100IU,2h后重复注射1次。也可注射麦角素1~2mg,还可灌服羊水。

(2)促进母体胎盘和胎儿胎盘分离:向子宫内注入5%~10%的生理盐水2~3L,可促进母体胎盘和胎儿胎盘分离,高渗盐水还有促进子宫收缩的作用。取碘5g、碘化钾10g,用1000ml蒸馏水混合溶解后,灌入子宫中也可起到相同的作用,一般用药后25h排出胎衣。

(3)预防胎衣腐败及子宫感染:可内投土霉素、四环素、氯霉素、痢特灵等抗生素粉剂1~4g,也可用生理盐水500ml稀释成混悬液灌注,隔日1次。还可宫内灌注"宫康Ⅱ号"。

(4)中药治疗:治疗胎衣不下还可用补气温中、活血祛瘀的方剂进行治疗,如催衣散、龟参汤等。

2.手术剥离

对容易剥离的胎衣坚持剥离，不易剥离的不可强行剥离，以免损伤子宫，引起感染。剥离胎衣应尽量剥离干净，体温升高时，说明子宫已有炎症，不可进行剥离，以防炎症扩散，加重子宫感染。

首先，术前将牛尾系到颈部，清洗后躯、外阴部及外露的胎膜，术者的手臂也要清洗消毒，然后向子宫灌入1000~1500ml的5%~10%生理盐水，以便剥离及防止感染。然后，一手牵拉胎衣，一手进行剥离，由近及远螺旋式剥离，剥离完后要检查剥出的胎衣是否完全。最后，注入金霉素粉1~2g、土霉素粉2~3g和水500ml的混悬液，以后隔1~2天送药1次，直到流出的液体基本清亮为止。

手术剥离后数天内，要注意观察白牦牛有无子宫炎及全身情况，一旦发现变化，要及时全身应用抗生素进行治疗。

十一、乳房浮肿

乳房浮肿也称乳房水肿，属于乳房的一种浆液性水肿，其特征是乳腺间质中出现过量的液体蓄积。本病多发生于奶牛，白牦牛较少见，可影响产奶量，重者将永久性损伤乳房悬韧带，导致乳房下垂。本病的临床特征是乳房肿大、无痛、无热，按压有凹陷。

(一)病因

目前，乳房浮肿的确切原因尚不十分清楚，乳静脉血压显著升高是引起乳房浮肿的一个病理原因。遗传学研究表明：本病与产奶量呈显著正相关。另外，血浆中雄激素及孕酮水平与本病的发生也有关系。干奶期饲养不当是导致本病发生的一个主要临床原因，如精料饲喂过多，优质干草不足，日粮中食盐用量过大等。产前母牦牛运动不足、运动场狭小等，也是引发本病的一个原因。

(二)症状

乳房浮肿一般表现为整个乳房肿胀，严重者可波及胸下、腹下、会阴等部位。乳房肿大，皮肤发红而光亮，无热，无痛，指压留痕，乳量减少，用肉眼观察乳汁，无可见变化。精神、食欲正常，全身反应极轻。

(三)防治

大部分乳房浮肿病例产后可逐渐消肿。每天坚持按摩乳房3次，减少精料，适量限制饮水，加强运动，可促进乳房消肿。使用药物可治疗乳房浮肿，每日肌内注射速尿(呋喃苯胺酸)500mg或静脉注射250mg，连续3天。口服氢氯噻嗪，每日2次，每次2.5g，1~2天。每日口服氯地孕酮1g或肌内注射40~300mg，连续用3天。

十二、妊娠浮肿

妊娠浮肿是妊娠末期孕畜腹下及后肢等处发生的非炎性水肿。轻度的妊娠浮肿属于一种正常生理现象，浮肿面积大，症状严重时才属于病理变化。本病一般开始于分娩前 1 个月左右，产前 10 天最为明显，分娩后 2 周左右自行消退。

(一)病因

妊娠末期白牦牛腹内压增高，乳房肿大，运动量减少，从而导致腹下、乳房及后肢静脉回流缓慢，静脉压增高，静脉管壁通透性增大，使血液中的水分渗入组织间隙而引起浮肿。妊娠牦牛新陈代谢旺盛，蛋白质需求增加，妊娠阶段如果饲料中蛋白质不足，可导致白牦牛血浆蛋白下降，血浆胶体渗透压降低，这样就阻止了组织中水分进入血液而引起组织间隙水分滞留。妊娠期白牦牛内分泌功能发生变化，抗利尿素、雌激素、醛固酮等分泌增加，影响了肾小管对水钠的调节作用，也是引起妊娠浮肿的一个重要原因。

(二)症状与诊断

浮肿一股从股下及乳房开始，严重者可向前后延伸至前胸、后肢(甚至到跗关节或球节)及阴门。浮肿一般呈扁平状，左右对称，指压留痕，触压无痛，皮温稍低，皮肤紧张而光亮。通常全身症状不明显，但泌乳性能会明显下降。

(三)治疗

治疗妊娠浮肿的基本原则是加强血液循环，提高血浆胶体渗透压，促进组织水分排出。药物治疗采用 10%葡萄糖酸钙 300ml、25%葡萄糖 1500ml、10%安钠咖注射液 10ml，一次静脉注射，每日 1 次，连续 3~5 天。也可配合肌内注射速尿(每千克体重 0.5mg)进行治疗，每日 1 次，连用 2~4 天，治疗时可增加运动，适当限制饮水。

(四)预防

保证妊娠白牦牛有足够的活动空间，增加运动，坚持刷拭。饲喂体积小、蛋白质、矿物质丰富的饲料，限喂多汁饲料，适度限制饮水。

十三、胎水过多

胎水过多，也称胎盘水肿、胎膜囊积水、胎儿积水，是指妊娠牦牛的胎水远远超过了正常的生理范围。胎水过多主要由尿水过多引起，也可以是羊水或羊水和尿水同时积聚过多。胎水过多常发生于妊娠 5 个月以后的牦牛。牦牛的胎水多少因个体不同而有所差异，一般情况下，羊水为 1.1~5.0L，尿水平均为 9.5L。发生胎水过多时，胎水总量会远远超过这一数值，达到 100~200L。

(一)病因

白牦牛发生胎水过多的原因至今还不清楚，但临床观察发现胎水过多常发生于如下几种情况，一是怀双胎的牦牛多发本病；二是患有子宫疾病的牦牛多发此病；三是妊娠牛患有心、肾疾病及贫血时多发此病。

(二)症状和诊断

症状随病理过程的不同而有所差异，患病牦牛腹部异常增大，而且变化迅速，腹壁紧张，背凹陷，推动腹壁可清楚地感觉到腹内有大量的液体。病牛运动困难，站立时四肢外展，因卧下时呼吸困难，所以不愿卧下。病情进一步恶化时，胎水进一步增多，则起卧困难，发生瘫痪。有时可引起腹肌破裂。牦牛体温一般正常，呼吸浅快，心跳增速，瘤胃蠕动减弱。进一步恶化则可见患病牛精神沉郁，食欲废绝，显著消瘦。直肠检查时腹压升高，子宫内有大量液体，不易摸到子宫和胎儿。

(三)预后

病情较轻又距预产期较近时，妊娠可继续下去，但胎儿发育不良，甚至胎儿体重达不到正常胎儿的一半，多在分娩过程中或分娩后不久死亡。病情较重又距预产期较远时，或病牛体弱，这样的病牛多预后不良。因胎水过多而发生流产时，如子宫弛缓，子宫颈开张不全，常常会发生难产，胎儿排出后常发生胎衣不下，个别病例会引起子宫破裂或腹肌破裂。

(四)治疗

对于病情较轻，距预产期近者，饲喂营养丰富、体积小、易消化的饲料。限制饮水，增加运动，还可注射安钠咖、或利尿药、或服用人工盐等缓泻药，如能维持到分娩，即可康复。对于严重病例(距预产期较远，患病牛已卧地不起，子宫颈口又不开张)，可进行人工引产，肌内注射氯前列烯醇 4~8ml，进行引产。

十四、异性孪生母犊不育症

异性孪生母犊不育症是指母牦牛在异性同胎妊娠的情况下，母犊缺乏繁殖能力的现象。它是一种明显的两性畸形，这种不孕症在家畜中以牛表现最为严重，占到孪生母犊的 91%~94%。其母犊生殖器官发育异常，具有雌、雄两性的内生殖器官。母犊具有不同程度向雄性转化的卵巢，外生殖器官表现为雌性。

(一)原因

目前对此病发病机理的解释主要有两种说法。

1.激素作用机理

绝大多数怀双胎或三胎的牦牛，其胚胎发育时，临近绒毛囊发生了整合，尿膜腔在大多数情况下合二为一，从而使个体的尿膜血管支发生了吻合，这就使异性胎犊的血液循环成为一体。公犊体内雄激素作用于母犊体内，影响了母犊生殖器官的正常发育，从而导致孪生母犊不育。牛双胎时，90%~95%的胎儿发生了血管吻合。另外，牛胎膜融合发生时间较早，在妊娠期第 18~20 天,而性别分化开始于 30~40 天,这时胎儿的生殖器官还没形成,这是牛异性孪生母犊不育极高的一个重要原因。

2.细胞学说

异性孪生胎儿在胚胎发育期,生殖细胞和成血细胞相互发生了信息交换,从而使雌性胎儿的性染色体变成了(XX/XY)雌雄嵌合体而引起不育,影响了雌性胎儿雌性生殖器官的正常发育,卵巢兼有类似于睾丸的结构和功能。另外,造血细胞中也发现 XX/XY 血细胞嵌合体。

(二)诊断要点

白牦牛常表现为阴门狭小,位置较低,阴蒂增大,阴门下方有一簇突出的长毛。乳头发育极差,阴道短小,小至手指无法插入。青年牛或成年牛阴道检查时开膣器不易插入,只能用羊的开膣器,看不见子宫颈部。直肠检查时,摸不到子宫颈,子宫角细小,卵巢小如西瓜籽,不发情,不能生育。公犊早期死亡的单产母犊也可能是不育的。异性孪生公犊的生育力一般不受影响,但精液品质不及正常公牦牛。

十五、布鲁氏菌病

布鲁氏菌病(简称布病)是由布鲁氏菌引起的人畜共患病。

(一)病原

布鲁氏菌病属人畜共患病,在家畜中以牛、羊、猪最为常发,而且能传染给人。布鲁氏菌分牛型、羊型和猪型,各种布鲁氏菌对家畜及人都有致病性,其中以羊型布鲁氏菌对人的致病性最强,危害性最大。布鲁氏菌是一组小的、不运动、不成形芽孢的革兰氏阴性、球形、球杆形或短杆状的细菌。布鲁氏菌对热、各种常用消毒剂、紫外线和各种射线都很敏感,对各种抗生素和化学药物有不同程度的敏感性,但对低温和干燥有很强的抵抗力。阳光直射数分钟,最长 4h 才可杀死该菌。对热非常敏感,温热 60℃,15~30min 即可杀死该菌。在 0.1%新洁尔灭、2%来苏儿中存活时间为 30s 和 1~3min。布鲁氏菌对四环素最敏感,其次是链霉素和土霉素。消化道是布病感染最常见的途径,也可通过生殖道、呼吸道、皮肤和眼结膜感染,公畜还可通过精液感染其他家畜。

(二)症状

白牦牛患布病的潜伏期长短不一,从接触病原菌到发生流产一般 1.5~8 个月不等。白牦牛感染布病的临床表现不很明显,缺乏全身特异症状,通常呈阴性经过。怀孕牦牛感染本病的明显症状是流产,流产前阴道黏膜潮红,并有粟粒状红色结节,从阴道中流出灰白色、淡褐色、黄红色或黏液脓性分泌物,随后出现分娩预兆,不久即发生流产。流产胎儿多为死胎,有时也产下弱犊,但往往存活不久。胎衣可以正常排出,但大多数胎衣滞留。如胎衣未及时排出,则可能发生慢性子宫内膜炎,流出恶露。有些病例分泌物外流 1~2 周后消失。有的病例因子宫积脓长期不愈而导致不孕。有时有轻微的乳腺炎发生。个别病例会出现关节炎、滑液囊炎。

非孕母牦牛的子宫在剖检上很少见到明显变化，而妊娠母牦牛的子宫和胎膜具有病理变化，在子宫绒毛膜的间隙中，有污灰色或黄色异味的胶状浸出物。绒毛可见化脓性、坏死性炎，因肿胀充血而呈污红色或紫红色。胎膜增厚，有胶样浸润，胎儿胎盘和母体胎盘粘连。因感染而死亡的胎儿呈败血性变化，浆膜有出血斑，皮下发生浆液性炎症。脾脏和淋巴结肿大，肝脏有坏死灶，脐带可见炎性水肿。

（三）诊断及治疗

白牦牛布病的诊断方法主要有临床诊断、细菌学诊断、血清学诊断及综合诊断法。目前最常用的诊断方法为牛布病血清学诊断法。试管凝集试验的具体规定标准如下：牛血清 1:100 稀释度(含 1000IU/ml)出现 50% (++)凝集现象时，判定为阳性反应。1:50 稀释度(含 50IU/ml)出现 50% (++)凝集时，判定为可疑反应。可疑反应的牦牛，经 3~4 周后重新采血检验，如仍为可疑反应，则判定为阳性。牦牛布病目前还没有十分有效的药物，药物治疗仅能改变症状，或仅对一部分病例有效。

（四）预防措施

白牦牛布病预防净化工作的重要意义已远远超过了治疗，在布病地区可进行预防注射。猪二号菌苗可预防山羊、绵羊、猪和牛的布鲁氏菌，用法为饮服、喂服和注射，对牛的免疫期为 1 年。羊型五号病菌苗也可预防牛布病，用法为注射和气雾，免疫期也为 1 年。牛场每年应检疫 2 次，一般在春秋进行。对检出的阳性牛应迅速隔离淘汰，应以净化消灭为目标。还应做好一般的卫生保健工作，为防止牛布病传染给人，必须做好工作人员的自我防护，手有外伤时不能进行助产及进行有关治疗工作。

十六、屡配不孕

屡配不孕是指母牦牛发情周期及发情表现正常，临床检查生殖道无明显可见异常，但输精 3 次以上不能受孕的繁殖适龄母牦牛，屡配不孕并不是一种独立的疾病，而是许多不同原因引起繁殖机能障碍的一种结果，屡配不孕，长期以来一直是阻碍白牦牛产业高效发展的重大问题之一，其发生率高达 10%~25%。引起屡配不孕的原因多而复杂，归纳起来可概括为两大类，即授精失败和早期胚胎死亡。

（一）授精失败

授精是母牦牛受孕的一个重要环节，授精成功与否受许多因素的制约，其中任何一个因素失调都能导致授精失败。

1.卵子发育不全

卵子发育有缺陷是引起授精失败的一个较直接的原因，但这种疾患目前在兽医临床上既无法诊断,也无治疗方法。

2.卵子退化

排卵延迟或推迟配种可使卵子发生老化。卵子老化不严重时,虽仍可授精,但受精卵难以存活。

3.排卵障碍

包括卵泡成熟后不排卵和排卵延迟,二者均能引起授精失败。排卵障碍可能与品种有关,也可能还与环境因素有关,排卵延迟一般认为与促黄体素的分泌不足有关。诊断排卵障碍可以在发情旺盛时及其后的 24~36h 进行两次直肠检查,如两次检查在同一卵巢上查出相同的卵泡,即可做出诊断(如果已排卵,则卵巢上卵泡消失或出现一火山口样的凹陷)。治疗排卵障碍,可用促黄体素进行治疗,也可用绒毛膜促性腺激素 1000~2 500IU 进行治疗,但是等到确诊以后开始治疗,卵子即使不死亡也会老化,因此必须在下次发情开始时进行预防性治疗。

4.卵巢炎症

卵巢炎症可导致卵子的生成和排卵障碍,还可引起卵巢粘连,导致屡配不孕。卵巢炎症通常在临床上难以查出,对卵巢炎症目前也缺乏有效的治疗方法。

5.输卵管疾病

输卵管是卵子受精和运输的场所,还对精子获能有密切的关系,输卵管发生炎症、积液等,也是导致不能授精的一个重要原因。输卵管疾病目前在诊断和治疗上也无良方、特法。

6.子宫疾病

子宫内膜炎是最常见的子宫疾病。

7.环境因素

圈舍环境、季节等对屡配不孕的发生也有一定作用。

8.技术和管理水平

技术和管理水平低下的牛场屡配不孕,发病率高。

9.公牦牛精液

公牦牛精液品质不良,精子活力不强,或精子数量过少,均可引起牦牛屡配不孕。

(二)早期胚胎死亡

早期胚胎死亡主要是指胚胎在附植前后发生的灭亡,是屡配不孕的主要原因之一。牛早期胚胎死亡的发病率高达 38%,占繁殖失败的 5%~10%,大多数是在配种后 8~19 天死亡。母牦牛在妊娠识别时间之前发生胎死亡,大多数会在配种后 8~28 天返情。

十七、不孕症

白牦牛达到配种年龄后或产后 6 个月不能配种受胎,均属于不孕症。不孕症是多种因素作用于机体而引起的一种综合表现,所涉及的致病因素比较复杂。目前还没有特异的治疗方法和特效药。对于该病不仅要做好针对性治疗,更要进行综合防制。

(一)防制措施

1.准确的发情鉴定

准确掌握发情时间,正确判定母牦牛发情,不漏掉发情牛,不错过发情期,是防止白牦牛不孕症的先决条件。母牦牛正常发情症状主要表现为母牦牛兴奋不安,食欲减少,哞叫,运动性加强,追爬其他母牛或接受其他牛的爬跨,两后肢撑开,弓腰,尿频量少,尾根抬起或摇晃,外阴部松弛肿胀,黏膜充血潮红,子宫颈口开张,常从阴门中流出透明线状黏液。

应在每日的早、晚对牦牛做好发情观察,对不发情或隐性发情的牛,应做如下检查。一是进行阴道检查,观察阴道黏膜、黏液状态及子宫颈口张开的情况。二是直肠检查,触摸子宫、卵巢及卵泡的状况。三是可用适量的催情药进行催情,如肌内注射氯前列烯醇注射液 4ml,或肌内注射孕马血清,进行催情促排。

2.适时配种

在正确发情鉴定的前提下,掌握正确的配种时间是提高白牦牛受胎率的关键一环。掌握母牦牛发情配种情况,要建立详细的配种记录,严格遵守人工授精操作规则,严格进行精液品质检查,做好冻精解冻。正确掌握授精时间,严格消毒,输精部位要准确。对配种 2~3 次尚未受孕的母牦牛,可采取在临输精前向子宫中送入青霉素 40 万~60 万 IU。

3.做好助产护理工作

临产母牦牛应该尽量做到自然分娩,避免过早地人工助产。必须助产时,要让兽医进行助产。助产要做好卫生消毒工作,防止产道损伤,减少产道感染。分娩时搞好产房护理是确保下胎母牛发情配种的重要措施。因为母牦牛在产房期间的护理会直接影响到泌乳、子宫恢复和下一次配种。对胎衣不下的牦牛应及时进行治疗。凡胎衣不下的牦牛可剥离后用抗生素进行子宫灌注。如胎衣粘连过紧,不易剥离,向其子宫中及时灌注抗生素或子宫净化专用药(金霉素 2g、土霉素 4g 或宫康注射液),隔日或每日一次,直到阴道流出的分泌物清亮为止。要做好母牦牛出产房的健康检查。产后第 7 天、第 15 天各进行产道检查一次,正常者可出产房。凡子宫内膜炎或胎衣不下者,一律在产房内治愈后,才能出产房。出产房的母牦牛必须坚持 3 个标准:食欲和泌乳正常,全身健康无病,子宫恢复正常。阴道分泌物清亮或呈淡红色,无臭味。

4.加强饲养管理

搞好饲养管理是增强白牦牛健康、减少营养性不孕症的基本方法。母牦牛若精料饲喂过多,易引起代谢性疾病,从而造成不孕。若精料过多又运动不足,容易导致过肥,造成发情异常,妨碍受孕。犊牛生长期营养不良,发育受阻,会影响生殖器官的发育,易造成初情期推迟,初产时出现难产或死胎，既影响繁殖性能，也影响生产性能。运动与阳光浴对防止白牦牛不孕也有重要作用，牛舍通风换气不好，空气污浊。过度潮湿、夏季闷热等，不仅危害牦牛的健康，还会造成母牦牛发情停止。因此，在饲养管理上要保证优质全价，保证充足的维生素、矿物质，饲料还要多样化。

(二)牦牛产后的繁殖健康检查

对产后牦牛的繁殖性能进行检查，是防治牦牛不孕的一个重要措施。有条件者应该对牦牛定期进行繁殖性能检查。

1.产后7~14天

经产母牦牛的全部生殖器官，大都仍在腹腔内原有的位置。产后14天，大多数经产牦牛的两个子宫角已明显缩小，初产牦牛的子宫角已退回骨盆腔内，复旧正常的子宫质地较硬，可以摸到角间沟。触诊子宫可引起收缩反应，从子宫中排出的液体颜色及数量已接近正常。如果子宫壁厚，子宫腔内积有大量的液体或排出的恶露颜色及性状异常，特别是带有臭味，则是子宫感染的表现，要及时进行治疗。对发生过难产、胎衣不下及患过产后疾病的牦牛，更要详细检查。

产后14天以内检查时，往往可以发现退化的妊娠黄体，这种黄体小而坚实，且略突出于卵巢表面。在正常分娩的牛卵巢上常可发现有1~3个直径为1.0~2.5cm的卵泡，因为正常母牦牛产后15天，虽然大多数不表现发情症状，但已发生产后第一次排卵。如果这时发现卵巢体积较小，卵巢上无卵泡生长，则表明卵巢静止，这种现象如果不是由疾病引起的，就是由营养不良引起的。

2.产后20~40天

在此期间应进行配种前检查，确定生殖器官有无感染及卵巢、黄体的发育情况。产后30天，大多数经产母牦牛的生殖器官已全部回到骨盆腔内。在正常情况下，子宫颈已变坚实，粗细均匀，直径3.5~4.0cm。如子宫颈外口开张，从中排出异常分泌物，则为炎症的表现，要进行进一步确诊治疗。

产后30天，母牦牛子宫角直径在各个体间均有很大的差别，但不同年龄的个体在直检时，正常情况下都感觉不出子宫角腔体，如摸到子宫角腔体，是子宫复旧不全的表现，还可能存在有子宫内膜炎，触诊按摩子宫后还可做阴道检查。

产后40天，许多母牦牛的卵巢上都有数目不等正在发育的卵泡和退化黄体，这些黄体是产后发情排卵形成的，在产后的早期，母牦牛安静发情是极为常见的。因此，在产后这一时间内未见到发情，只要卵巢上有卵泡和黄体，就证明卵巢的机能活动正常。

3.产后 45~60 天

白牦牛产后未见到发情或发情周期不规律,应当再次进行检查。牦牛卵巢体积缩小,其上无卵泡也无黄体,这种情况多由全身虚弱、营养不良、产奶过多所致。这样的母牦牛如果消除了病因,调养几周后可出现发情,不需要特殊治疗。卵巢质地和大小正常,其上存在有功能性黄体,而且子宫无任何异常,表明卵巢活动机能正常,很可能为安静发情或发情正常而被遗漏,对这种母牦牛,要根据卵巢上黄体的发育程度估计所处的发情周期,预计下次发情可能出现的时间,并做好下一情期的观察。还可在发情周期的 6~16 天时,注射氯前烯醇,并在随后发情时进行配种。对产后 60 天以后出现的卵巢囊肿,要进行及时治疗。对子宫积脓引起的黄体滞留,可先注射氯前列烯醇,等发情及排出积液后,再用抗生素进行治疗。

4.分娩 60 天 以后

对配种 3 次以上仍不受孕,发情周期和生殖器官又无异常的母牦牛,要在输精或发情第 2 天进行认真细致地检查,注意区别是不能授精,还是授精后发生了早期胚胎死亡,力求能够针对不同情况进行相应处理。对大批屡配不孕的牦牛,不可忽视精液的质量检查以及配种技术的检查。

5.输精后 30~45 天

在这一阶段,要做例行的妊娠检查,以便查出未孕母牦牛,减少空怀损失。对有流产史的母牦牛应多检查几次,在妊娠的中、后期也要注意观察或检查。

第七章 白牦牛舍饲育肥技术

第一节 白牦牛的营养需要

白牦牛的生长、繁殖和育肥均需要能量、蛋白质、矿物质、维生素及微量元素等多种营养物质,缺乏其中任何一种或者相互之间的配比不适宜,都会造成白牦牛生长或育肥受阻。根据白牦牛对营养物质的需求,可分为维持需要和生产需要。只有在维持需要得到满足的条件下,白牦牛才将剩余的营养物质用于生产需要。不同性别和年龄的白牦牛对维持需要和生产需要的要求差别较大,应根据实际情况及当地气候条件和饲草料状况进行合理配比,以达到高效生产和快速育肥的目的。

一、能量需要

能量主要来源于碳水化合物、脂肪和蛋白质转化,它是白牦牛生命和生产必不可少的营养成分。饲草料的能量水平决定其消耗量以及蛋白质和其他营养物质的供给量,从而影响白牦牛的生产性能及体内营养物质的吸收利用。据报道,在冷季为白牦牛补能量饲料,其生产性能优于补饲蛋白质饲料,表明对于冷季生长在高原地区的白牦牛能量更为重要,是提高其潜在生长性能的重要因素。白牦牛常用的能量饲料主要包括籽实类、麸糠类、块根、块茎类和饲用油脂类等。

关于成年牦牛每日每千克体重的基础代谢,根据国内牦牛绝食呼吸测热试验,牦牛维持净能为 272kJ,各年龄代谢值低于 ARC(1980)整理的资料,说明牦牛每千克体重每天的散热量低于其他牛种,原因可能是牦牛对海拔 3000~6000m 处低氧环境和高寒草场冬春季严重缺草环境的适应性调节。当环境温度高于 14℃时,牦牛的体温、心率及呼吸频率明显升高,认为生长牦牛绝食期等热区为 8℃~14℃。引起产热升高的最低临界温度为-20℃,这二者均低于其他牛种。牦牛这种耐寒怕热的生物学特性取决于其特有的皮肤和被毛结构。

二、蛋白质需要

蛋白质是家畜的肌肉、神经、结缔组织、皮肤、血管等组织和器官的基本成分。白牦牛食入的饲料蛋白质,一部分在瘤胃中降解后,合成微生物蛋白质,另一部分过瘤胃后,在胃和小肠中被消化和分解,它们在小肠中作为氨基酸和小肽吸收后进入机体的不同组织,再经一系列酶的作用合成机体组织蛋白。对白牦牛而言,蛋白质饲料较广,包括蛋白质丰富的油料籽实及其加工副产品,以及适于瘤胃微生物利用的非蛋白质含氮物,如尿素和双缩脲等。

(一)小肠蛋白质的评定

小肠蛋白质=饲草料瘤胃非降解蛋白质+瘤胃微生物蛋白质

饲草料瘤胃非降解蛋白质=饲料蛋白质-饲料瘤胃降解蛋白质

小肠可消化蛋白质=小肠蛋白质×小肠消化率=(饲草料瘤胃非降解蛋白质+瘤胃微生物蛋白质)×小肠消化率

饲草料蛋白质瘤胃降解率的评定,由于体内法比较麻烦,不能用做常规方法,可采用瘤胃尼龙袋法或者持续动态人工瘤胃法进行评定。

(二)瘤胃微生物蛋白质合成量的评定

目前,对微生物蛋白质合成量的评定有两种方法,一种是通过饲草料瘤胃降解蛋白质进行评定,另一种是通过瘤胃可发酵有机物进行评定。

饲草料小肠可消化蛋白质=(饲草料瘤胃降解蛋白质×降解蛋白质转化为微生物蛋白质的效率×微生物蛋白质的小肠消化率)+(饲草料非降解蛋白质×小肠消化率)

(三)瘤胃能氮平衡

瘤胃能氮平衡=用瘤胃可发酵有机物评定出的微生物-蛋白质量-用瘤胃降解蛋白质评定的瘤胃微生物蛋白质量

若结果为正值,说明瘤胃能量有富余;若结果为零,表明平衡良好;若结果为负值,表明应增加瘤胃中的能量。根据瘤胃能氮平衡的结果,能量有富余,可以利用添加非蛋白氮的方法增加小肠可消化蛋白质的含量。

三、矿物质需要

动物体内的矿物元素,根据其在体内的含量可分为两类,一类含量大于或者等于 0.01%,称为常量矿物元素;另一类含量小于 0.01%,称为微量矿物元素。白牦牛必需的 7 种常量矿物元素为钙、磷、钠、氯、镁、硫、钾,7 种必需微量矿物元素为铁、锌、硒、铜、碘、钴、锰,还有硼、镉、硅、钒、镍、锡、铅、锂、溴等矿物元素,为牦牛可能必需的微量矿物元素,由于需要量极低,在实际生产中很少出现缺乏。

（一）钙、磷

钙和磷是牦牛体内含量最多的矿物质，约99%的钙和80%的磷存在于骨骼和牙齿中。钙、磷的适宜比例为(1~2):1。饲料中钙、磷不足或者比例不恰当时，牦牛食欲减退，生长不良，犊牦牛易患佝偻病，成年牦牛易患软骨症。

影响钙和磷吸收利用的因素有很多，饲草料中钙含量、牦牛年龄及生理状态均影响钙的吸收利用。随着年龄的增长，钙的吸收率降低。牦牛在妊娠和哺乳期可提高钙的吸收。消化道(十二指肠)呈碱性或者中性会降低钙、磷的吸收。钙、磷比例与脂肪过多均影响钙吸收。饲草料供应的钙过多，会因为拮抗作用而影响锌、锰、铜的吸收利用。

一般豆科牧草含钙较多，而禾本科牧草和谷类籽实相对缺乏钙。在以农作物秸秆为主的饲草料中常需要补加钙、磷。牦牛补钙多用石粉、贝壳粉，补磷多用骨粉、磷酸氢钙等。饼粕、麦麸中磷含量丰富，但大多以植物磷形式存在。牦牛对植物磷利用率高达90%，但幼龄牦牛由于瘤胃功能发育不健全，对植物磷的利用率仅为35%左右。

（二）钠、氯

钠和氯通常用食盐补充。钠和氯是胃液的组成成分，与消化机能有关，对维持机体渗透压和酸碱平衡具有重要作用。补给钠和氯的常用方法是按照精料量混合0.5%~1%的食盐，或者按照饲草料中干物质量添加0.25%的食盐，或用盐和其他元素配制加工成矿物质舔砖，让牦牛自由舔食。

植物饲料一般含钠量低，含钾量高，青粗饲料更为明显，钾能促进钠的排出。所以放牧牦牛的食盐需求量高于饲喂干饲料的牦牛，饲喂高粗料日粮，耗盐多于高精料日粮。

（三）镁

动物体内约有65%的镁存在于骨骼中，镁是许多酶系统的活化剂，对肌肉和神经系统的正常活动非常重要。初春牦牛大量采食青草时，可能产生缺镁痉挛症，表现为神经过敏、肌肉痉挛。一般植物性饲料中所含的镁可以满足牦牛的需要。

（四）硫

硫是构成蛋氨酸、胱氨酸等含硫氨基酸的组成成分，不是瘤胃微生物消化纤维素、利用非蛋白氮和合成B族维生素必需的元素。一般蛋白质饲料含硫丰富，而青玉米、块根类含硫量低，在以尿素为氮源或氨化秸秆、秸秆日粮饲喂时，易产生缺硫现象，需补充含硫添加剂。

（五）钾

生长、育肥牦牛对钾的需求量为日粮干物质的0.6%~1.5%。青粗饲料含有充足的钾，但不少精饲料的含钾量不足，故饲喂高精饲料有可能缺钾。犊牛生长期钾的含量为0.58%时最佳。日粮中钾含量降低会影响牦牛的采食量。

(六)铁

铁主要和造血机能有关。牦牛缺铁会产生贫血症,食欲减退、体重下降,犊牦牛更为敏感,会发生严重的临床贫血症。通过给哺乳期母牦牛饲喂富含铁的饲料,并不能增加乳汁中铁的含量,同时如果铁摄入过量,会引起磷的利用率下降,导致软骨症,补铁可以补充硫酸亚铁、氯化亚铁等。

(七)锌

锌对牦牛的生长发育和繁殖具有重要作用,特别是对公牦牛的繁殖力非常重要。缺锌时,牦牛生长受阻,皮肤溃烂,被毛脱落,公牦牛睾丸发育不良。锌与其他矿物质元素存在拮抗作用,日粮中铁、钙、铜过高会抑制锌的吸收。青草、糠麸、饼粕类含锌较高,玉米和高粱含锌较低。补锌常用硫酸锌、氧化锌和醋酸锌等,但是氧化锌的生物利用率,仅为硫酸锌的 44%。

(八)硒

硒参与谷胱甘肽过氧化酶的合成,参与机体的抗氧化机能,还对牦牛的繁殖有影响。母牦牛缺硒可引起繁殖机能失常,造成受胎率低,早期胚胎吸收和胎衣不下,犊牦牛表现“白肌病”。硒过量也会导致牦牛中毒,且中毒量和正常量之间相差不大。中毒的表现症状为牦牛消瘦、脱毛、瞎眼、麻痹和死亡。碱性土壤中硒呈水溶性化合物,易被植物吸收,而酸性土壤地区的犊牦牛易患白肌病。补硒时,可将亚硒酸钠加入矿物质食盐中,供牦牛舔食,补充量按每千克日粮干物质补充 0.1mg 硒元素。

(九)铜

铜对血红素的形成、骨骼形成、毛发的生长有重要作用,缺乏铜导致的主要症状包括贫血症、骨质疏松等。牦牛因缺乏铜会导致被毛干燥、易脱落,有时表现明显的毛色变化,皮毛由黑色变为暗褐色。一般饲料中含铜丰富,但生长在缺铜土壤中的植物性饲料可出现铜缺乏症。补铜可使用硫酸铜和氯化铜。

(十)碘

碘是甲状腺的重要组成成分。碘参与牦牛体的基础代谢,可活化 100 多种酶,缺碘可引起甲状腺肿大,妊娠母牦牛出现死胎、弱胎,犊牦牛及母牦牛的卵巢机能及繁殖性能受损。补碘可利用碘化钾、碘酸钾等。碘化钾可按 100kg 体重添加 0.46~0.60mg。

(十一)钴

钴被瘤胃微生物利用合成维生素 B_{12}。缺钴表现为食欲不振,成年牦牛消瘦,伴有贫血现象。牦牛对钴的需要量为每千克饲料干物质 0.07~0.10mg。缺钴地区可通过 100kg 食盐中混入 60g 硫酸钴进行补饲,钴在牦牛体内含量过高时可降低所有微量元素的吸收率。

（十二）锰

锰参与骨骼的形成、性激素和某些酶的合成。大多数青粗饲料和糠麸类含锰丰富，而高精料日粮容易缺锰。饲料缺锰时造成牦牛关节变大、僵硬，腿弯曲，体弱且骨骼短小。缺锰会使公牦牛精子异常，母牦牛排卵不规律，受胎率低，怀孕母牦牛易流产。生产中，牦牛日粮中锰的适宜含量为 40mg/kg，育肥时为 20mg/kg。当日粮钙和磷比例上升时，对锰的需要量增加。缺锰时可用氧化锰、硫酸锰和碳酸锰补充。

四、维生素需要

维生素是牦牛维持正常生产性能和健康所必需的营养物质。牦牛瘤胃微生物可以合成 B 族维生素及维生素 K、维生素 C。优质牧草可以提供维生素 A 和维生素 D。饲料或日粮中添加某些水溶性维生素，对提高牦牛生产性能、增强免疫机能和繁殖性能、减少疾病的发生有显著作用。

（一）维生素 A

哺乳期犊牦牛可从母乳中获取维生素 A，断奶后可从饲料中获得 β-胡萝卜素，再转化成维生素 A。维生素 A 可维持正常的视觉、上皮组织的健全、骨骼的生长发育和繁殖机能。缺乏维生素 A 的主要特征是夜盲症和上皮组织角化症。研究发现：适量的维生素 A 和 β-胡萝卜素对公牦牛的内分泌调节、生殖器官生长发育及精液品质都有显著影响，能促进母牦牛性成熟，提高受胎率和正常的繁殖机能。青绿饲料中含有 β-胡萝卜素，而且颜色越绿，含量越丰富，因为叶绿素与 β-胡萝卜素共存，如果天旱少雨，缺乏青绿饲料时，牦牛易出现维生素 A 缺乏症。

（二）维生素 D

维生素 D 包括维生素 D_2 和维生素 D_3，前者是由植物体内的麦角固醇经紫外线照射而产生，后者是牦牛皮肤中的 7-脱氢胆固醇经日光紫外线照射后形成的。维生素 D 与机体内钙、磷代谢有密切关系。缺乏时犊牦牛易患佝偻病，成年牦牛易患软骨症，食欲减退，生长缓慢，消化紊乱。

（三）维生素 E

维生素 E 在家畜体内具有广泛的生物学作用，补充适宜的维生素 E 可以增强牦牛的繁殖机能，减少乳腺炎和胎衣不下等疾病。维生素 E 和硒联合使用，可起到更显著的效果。妊娠后期日粮中同时添加维生素 E 和硒，能够提高牦牛初乳的产量，增强犊牦牛的被动免疫和生长。维生素 E 在饲料中分布十分广泛，正常饲养条件下的牦牛能从饲料中获得足够量的维生素 E，并且由于饲料中易氧化的不饱和脂肪酸在瘤胃中受到加氢作用，故对维生素 E 的需要量较少。一般认为犊牛维生素 E 的需要为每千克饲料干物质 15~16IU，成年牦牛的正常日粮含有足够的维生素 E。

（四）烟酸

烟酸可促进瘤胃微生物合成蛋白质，这是由于烟酸能够提高瘤胃中丙酸浓度，使乙酸和丁酸浓度降低的结果。

（五）硫胺素(维生素 B_1)

硫胺素有维护牦牛中枢神经系统正常功能、影响某些氨基酸的转氨作用和机体脂肪合成能力的作用。硫胺素缺乏的典型症状是肌肉运动失调、进行性失明、痉挛和死亡等。

（六）维生素 B_{12}

维生素 B_{12} 对维持牦牛的正常营养、促进上皮的正常增生、加速红细胞的生成，以及保持神经系统髓磷脂正常功能有重要作用。研究表明：缺乏维生素 B_{12} 会降低纤维素的消化。维生素 B_{12} 的合成需要微量元素钴的参与，成年牦牛可以利用钴合成自身需要的维生素 B_{12}，但幼龄牦牛瘤胃功能尚不健全，故必须由日粮供给。瘤胃发育之前的犊牦牛需要补充 B 族维生素。

五、干物质采食量

为满足白牦牛对营养物质的需要和填充消化道容积，必须提供一定数量的干物质饲料。牦牛每天需要采食的干物质重量相当于其活重的 1.4%~2.7%，采食量的多少是衡量动物生产性能和潜力的一项重要指标，体重的大小是决定牦牛采食量的主要因素。另外，放牧草场的牧草质量、饲料的精粗比、可消化性和适口性、牦牛的年龄、生理阶段、运动量、环境温度等，都影响牦牛对干物质的采食量。

六、水的需要

水在牦牛体内主要参与饲料的消化吸收、粪便排出和调节体温。水的需要量受牦牛的体重、环境温度、生产性能、饲料类型和采食量的影响。当水中含盐量超过 1%时，就会使牛中毒。在 4℃之内，牦牛的需水量较为恒定，夏天饮水量增加，冬季饮水量减少。冬季供牛饮用的水要保持在 10℃左右，有条件的地方最好饮用温水，以减少饲草料的损耗。生产实践中，最好的方法是给牦牛提供充足的饮水，让牛只自由饮用。根据牦牛群的大小，设立足够的饮水槽或饮水器，使所有的牦牛都能有机会自由饮水。在炎热的夏天，饮水不足可能导致牦牛不能及时散发体热，有效调节体温。

第二节 舍饲育肥白牦牛的选择

要想把白牦牛育肥搞好,取得好的经济效益,首先要选好育肥的白牦牛。选择育肥牛的主要内容包括育肥牛年龄的选择、育肥牛性别的选择、育肥牛体重的选择、育肥牛体型的选择、育肥牛体质的选择和育肥牛膘情的选择。

一、育肥白牦牛年龄的选择

舍饲育肥白牦牛的经济效益与其年龄有密切关系。首先,白牦牛的增重速度随年龄而变化,出生到18~24月龄是白牦牛的生长高峰期;其次,白牦牛体内脂肪沉积的高峰期为14~24月龄;第三,白牦牛的年龄影响牛肉的品质,低品质的牛肉不会卖到较高的价格。因此,把生产犊牦牛肉的育肥年龄确定为0~12月龄,把生产优质牛肉的育肥白牦牛的年龄确定为12~36月龄。大于36月龄的白牦牛,生产高档牛肉的比例较低。如果收购架子牛育肥,育肥白牦牛的年龄一般在36月龄以上。

二、育肥白牦牛性别的选择

到目前为至,白牦牛育肥主要还是公牛,育肥公牛的差异在于公牛的去势(亦称阉割、劁或骟)与不去势。用母牛进行育肥的牛场非常少,其原因之一是母牛是再生产的基础资料,之二是母牛在育肥过程中会周期性发情,增重速度较慢。

(一)白牦牛公牛不去势舍饲育肥的优点

一是公牛不去势时,睾丸产生雄性激素,能促进公牛生长,因此,生长速度比去势公牛快。二是公牛不去势舍饲育肥时,瘦肉(红肉)所占比例高,脂肪含量少。三是公牛不去势舍饲育肥时,饲料转化利用率高。四是一般市场收购活牛,要求公牛不去势。五是公牛不去势舍饲育肥时,里脊(牛柳)、外脊(西冷)肉块质量大。

(二)白牦牛公牛不去势舍饲育肥的缺点

一是公牛不去势,性情暴躁,好格斗,不易管理,有时还会伤人。二是公牛不去势舍饲育肥,尤其是牧区淘汰的配种公牛舍饲育肥,牛肉的品位达不到最高档次。

（三）白牦牛阉公牛和公牛舍饲育肥屠宰比较

白牦牛阉公牛和未去势的公牛舍饲育肥，肌肉呈现大理石花纹的能力(即育肥期体内脂肪沉积的能力)有明显差别，阉公牛肌肉呈现大理石花纹的能力优于未去势的公牛。

年龄体重相近的白牦牛阉公牛和未去势的公牛在相同的饲养管理条件下舍饲育肥，阉公牛的屠宰率比未去势的公牛高，净肉率、胴体体表脂肪覆盖率均好于未去势的公牛，肉间脂肪量、肾脂肪量及心包脂肪量远远大于未去势的公牛。去势时间较晚的阉公牛沉积脂肪的能力比适时去势的阉公牛差，但又比未去势的公牛强。相同月龄舍饲育肥的公牦牛，阉公牛肉的嫩度比未去势公牛肉的嫩度要好得多。

三、育肥白牦牛体重的选择

一般地，舍饲育肥白牦牛，体重以 150~400kg 为好。生产高档白牦牛肉时，选择月龄和体重较小的白牦牛育肥，效果比较好，容易获得高质量的白牦牛肉。白牦牛产地收购价与舍饲育肥后市场销售价差额较大时，选择大体重架子牛育肥，能获得较好的育肥效益。饲养管理技术水平一般化的白牦牛育肥场，舍饲育肥大体重的架子牛效果比较好。资金短缺的养殖场舍饲育肥大体重架子牛较好，因为饲养大体重的架子牛，资金周转快，但利润较小。另外，生产中低档白牦牛肉的养殖场，可饲养大体重架子牛。舍饲育肥的白牦牛屠宰前活重要在 400kg 以上。

四、育肥白牦牛体型外貌的选择

从牧区选购舍饲育肥的白牦牛时，应从牛的前面、侧面、后面的不同位置进行观察，综合考察后决定是否购买。

从白牦牛的前面看，选择育肥的白牦牛应头短而方大，嘴大如升，外镜潮湿有汗珠，眼大有神，颈部短粗。从白牦牛的侧面看，长方形或圆筒形，四肢粗壮，牛蹄较大，背平坦呈直线，腹部不下垂，胸部宽而深，牛毛光顺，十字部高。从白牦牛的后面看，臀部圆而饱满，肌肉发育尚好，腹部稍微凸起，两后肢间张开，腰角圆而丰满，尾巴长而垂直，尾根肥粗，尾根两侧隆起，两臀端间平坦，蹄直立。

在选购白牦牛架子牛时，要选择头宽、额部宽、胸围大、管围粗、胸深大的牛，在育肥期会有较高的增重。

五、育肥白牦牛体质的选择

舍饲育肥的白牦牛要体质健壮，精神饱满，反应敏捷，头高高抬起，密切注视周围的任何动静，耳朵不停地摆动，眼睛有神，当有人接近牛时，体质健壮者两眼炯炯有神，全神专注，耳朵竖立分辨声响或耳朵呈水平方向前后摆动。尾巴左右摇摆自如，四肢粗壮端正、直立。被毛光顺，背腰平直，腹部较大而不下垂，较紧凑。身体各部位结构匀称。

选购牛时，要牵牛走一走，转一转，用手摸摸牛的皮肤松紧程度。从外表观察，营养较好。粪尿颜色正常，反刍正常。一个食团的反刍次数在50次以上者为体质健壮、精神饱满的标志之一。一个食团的反刍次数在30次以下的牛，体质多数较差。

六、育肥白牦牛体膘的选择

选购育肥的白牦牛时，如果从育肥牛的性别、年龄、体型、外貌、体质等方面达到挑选标准，还要考察牛的膘情。采购时遇到以下几种膘情的牛，最好不买。

一是短粗肥胖型。早期肥胖造成体积小、体重大的牛，发展前途差，在进一步育肥时增重慢，饲料报酬低。

二是长高消瘦型。年龄符合要求而早期生长受阻，造成体积大、体重小的牛，要了解牛的生长受阻的时间，生长受阻的时间在6个月以下的可以购买，超过6个月的不应购买。

三是超年龄标准(标准由育肥场自定)、体瘦体弱的牛，最好不买。

四是由于疾病造成牛的体膘消瘦而疾病尚未痊愈，这样的牛不购买为好。

不同季节白牦牛膘情有较大的差别。一般来说，春季白牦牛牛体膘差，秋季的白牦牛体膘好。民间流传“春买骨头秋买肉”是有道理的。平时购买架子牛时，有五六成膘即可。

第三节　白牦牛架子牛采购

推行白牦牛牧区繁育、农区育肥，实际上是白牦牛的异地育肥。异地育肥技术已在国内外肉牛繁殖和育肥中发挥了十分重要的作用，并将继续在肉牛育肥产业化发展过程中进一步显示它的功能效力，应用好异地育肥技术，必将给养牛者带来更大的效益。

实施白牦牛异地育肥技术离不开架子牛的采购。因此，了解和掌握并充分利用架子牛的买卖规律，对于缩短白牦牛饲养期，降低养殖成本，提高养殖效益，具有十分现实的经济意义。

一、白牦牛架子牛采购前的准备工作

白牦牛架子牛采购前的准备工作包括架子牛产地调查、架子牛运输车辆条件调查、架子牛收购方法调查和架子牛存放地调查。

（一）架子牛产地调查

1.架子牛的数量结构

调查纯白牦牛、黑花牦牛的数量与比例。

2.架子牛的年龄结构及性别结构

调查架子牛产地对小公牛有无去势的习惯、去势的月份、去势牛的年龄等，了解牛群中公牛、去势牛、母牛、犊牦牛和架子牛的比例。

3.架子牛的价格

调查一年中架子牛的平均价格、一年中价格最高的月份、一年中价格最低的月份，了解架子牛做价的基础，包括活牛估价、估活重计价、估净肉重计价、估胴体重计价等。

4.架子牛产地疫情

调查产地近几年来有无疫情、疫病名称、流行季节等。

5.架子牛产地贩牛人数量

调查贩牛人贩运牛的数量、品种、类型、年龄等。

6.架子牛产地收购牛日期

调查一年中交易量的高峰期在几月份，交易高峰期日交易量多少头；一年中交易量的低峰期在几月份，交易低峰期日交易量，年交易量。

7.架子牛产地收购伙伴的基本情况

了解收购伙伴的规模、经济实力、能力、经营水平和商业道德情况等，掌握收购伙伴收购牛的类型、数量、年龄、性别与体重，收购后处理方式(包括饲养、屠宰、倒买倒卖)、收购规律等。

8.架子牛膘情

调查产地架子牛的膘情。

9.收购费用和标准

各地收费类别不完全相同，主要有车辆运输费、经纪人费用、产地检疫费、运输检疫费、车辆消毒费、场地费等等。

10.架子牛的交易方法

调查收购架子牛的交易方法，是袖管交易(在袖管内要价还价，互相摸手指定价，在价格未定准前牛价是不公开的)，还是明要价、明还价，还有事前定价按体重交易。另外，对架子牛产地的安全性(社会风气、社会治安、社会安定)和架子牛产地经纪人的可靠性，也要做详细调查。

（二）架子牛运输车条件的调查

调查运输车辆基本情况，包括车长、车宽、车高、车自重和载重量等，要掌握运输车辆车况是否完好，车上设备是否完好无损，车厢内有无隔断，车厢地板是否防滑，了解车厢结实程度、司机驾驶技术水平、运输费用(包括载重后计价、每吨每千米收费价、过桥费及过路费,由买方支付还是卖方支付)等,是否要签订运输合同。

(三)架子牛计价标准

架子牛的计价标准有以下几种,一是以架子牛的体重为计价标准;二是以架子牛的净肉重为计价标准;三是以 1 头牛为单位整牛计价。

二、白牦牛架子牛收购程序

采用的运输方式不同,架子牛收购程序也不同。

(一)采用车辆运输时架子牛收购程序

采用车辆运输时,架子牛收购程序包括:年龄检验,体型、体质、体况检查,双方协商定级定价标准,称重记录,挂耳标,开具县级检疫证、非疫区证、注射证、运输证、车辆消毒证,核对体重、价格记录,结算付款,集中待运,装车运输等。

(二)赶运

收购的架子牛从产地赶运到目的地,要雇用赶运人员,一般 100 头牛雇用赶运人员 2~3 人。赶运人员报酬可按每批次牛为单元或每人每天计酬,聘用时要签订赶运合同。赶运合同要明确丢失责任,牛伤亡责任,赶运目的地详细地址,赶运到达时间,违约处理条款,赶运途中损害农作物赔偿责任,赶运人员赶运途中病、伤、死亡责任,架子牛在赶运途中的饲养及管理要求等项内容。

(三)善后工作

一是和银行结清账目,付清牛款,办理财务手续。二是请合作(或协作)单位办理架子牛出境手续,包括兽医检疫证、非疫区证明、防疫注射证明、车辆消毒证明、工商费收费证明、交易费收费证明、保种费收费证明和其他证件。

第四节 白牦牛的运输

生产实践经验证明:白牦牛易地育肥,是白牦牛产业化进程中经济效益十分显著的实用技术,是充分发挥牧区牦牛繁殖与农区专业育肥场优势的重要环节。养牛业发达的一些国家,几乎所有的架子牛都来自犊牛繁殖基地,繁殖和育肥分工非常明确。实施牧区繁殖的白牦牛易地育肥,就离不开架子牛由甲地向乙地的运输。架子牛运输过程的质量是影响白牦牛在育肥期生长发育十分重要的因素。因为在架子牛的运输过程中造成的外伤容易治疗,而运输过程中的应激反应以及造成的内伤不易被察觉,常常贻误治疗,造成直接经济损失。因此,要重视架子牛的运输工作。

一、白牦牛架子牛运输工具及准备

由于天祝县白牦牛产业处在刚刚起步阶段,既无专用的牦牛运输车,也无运牦牛的配套设施,用于架子牛运输的车辆都是兼用车或改装车,因此,运输过程中应特别谨慎。一是检查车厢车况,病车不能上路,带好备件、行车证件,检查车厢内有无异物、异味。二是检查车厢架的结实程度,车厢内有无尖锐异物(如铁丝、铁钉等),车厢外有无超宽、超长与超高异物,车厢内有无防滑设施,车厢地板铺垫碎草或秸秆或干土。三是检查车厢内用来做隔栏的木棍、竹竿或钢管是否完好、结实耐用。四是检查司机精神状态是否良好,不能带病驾车。五是待装牛在装车前 16~24h 应停止饲喂青贮饲料、青绿饲料或有轻泻性的饲料,饲料喂量不宜过量。六是待装牛在装车前 4h 应停止饮水。七是办理防疫证、非疫区证明、疫苗注射证、车辆消毒证、车辆卫生合格证。八是牛耳戴上防疫标记。九是备好车辆所需的燃料。

二、装车

利用装运牛专用设备时,有配套的装运牛通道与车后踏板并紧密相连,使牛顺着踏板进入车厢。由于白牦牛带有一定的野性,每头牛需备绳子 1 根,一端拴系于牛角,另一端拴系于车厢栏杆。刚上车时牛头和栏杆的距离为 10cm 左右,头尾相间拴系。车辆装运牛时,制备装车台,装车台宽 2.4m,高 1.5m,并与活动的装运牛通道相连,通道宽 0.9~1m,上宽下窄。

每头牛要占用一定的车厢面积,车厢装运牛数多了或少了都不可行。装运牛数量多时,易造成伤残,甚至死亡;装运牛数量少时,增加运输成本。根据实践经验,一头白牦牛架子牛在车厢内所占面积以一平方米左右为宜。根据车厢长度,车厢内分隔段,每一隔段的挡板(或挡棍)要结实耐用,以圆形为好。一般地,车厢长度≤8m 时,分隔 2 段为宜;车厢长度>8m、≤10m 时,分隔 3 段为宜;车厢长度>10m、≤12m 时,分隔 4 段为宜。装满一隔段后立即将隔离杆到位并固定结实,再装第二隔段。装牛时切忌粗暴、鞭打。牛头绝对不能伸出车厢。装牛完毕后,关好车后门,紧锁。

三、白牦牛架子牛运输途中的管理

白牦牛运输途中应注意车辆启动要慢,停车要稳,中速匀速行驶,不紧急刹车,不急拐弯。行驶 30km 左右停车检查牛只,察看是否有跌倒的牛只,同时将牛绳放长至 20~25cm。

夏季运输时要注意防暑,实行夜间作业,行驶 200km(或行车 4~5h)时,应给牛饮水。遇大雨天时要停运。冬季要注意防寒,实行白天作业。大雪天要停运。运输过程中要防止牛倒下,被其他牛踩伤、压伤或踩死。遇有牛晕车倒下或其他原因倒下,条件许可时,可以把牛扶起,不能扶起时,司机驾车要特别细心,不要急刹车。行车速度依据路况而定,一级路面要小于 80km/h;二级路面要小于 60km/h;三级路面(砂石路)要小于 50km/h;土路要小于 40km/h。

四、自备运牛车的运输管理

司机要有熟练的驾驶技术,安全行驶,不开英雄车,不开斗气车,慢启动,慢停车。车辆运行中不踩急刹车,拐弯减速,不疲劳驾车,不喝酒驾车,不驾驶有毛病的车,保持良好车况。司机要全部承担牛上车后至目的地的安全责任,运输途中牛被踩死,一般情况下要负担 50%的损失。运输途中丢失牛,要全额承担损失。发生意外伤亡,视情况处理。

一般地,运牛车行车距离 300~500km,往返需要 48h;运输距离 500~800km 时,往返需要 72h。

五、白牦牛架子牛运输途中的体重损失

架子牛运输前后体重的变化受运输距离、运输车辆设备、道路质量、司机驾车技术、牛上车前吃草吃料及饮水程度、气候条件、装载量等因素的影响。一般情况下,白牦牛架子牛运输时间超过 12h,运输期间体重在 8%左右。运输时间在 8h 左右,运输期间体重在 5%左右。在计算架子牛的成本时要考虑运输减重的损失。

六、白牦牛架子牛卸车

架子牛经过较长时间运输,到达目的地后,要及时把牛卸下。

(一)卸牛

架子牛育肥场应设卸牛台和架子牛通道。卸牛台(或装车台)宽 2.4m,高 1.5m(与车厢底板同高),并与牛通道相连。牛通道长 5~10m,宽 0.9~1m。一般用管材制成,可以移动。卸牛时将牛逐一牵至卸牛台,进入牛通道。每头牛单独称重,记录牛耳号、体重、进场日期、性别、毛色。

(二)编组(分栏)

在围栏饲养时,要把架子牛分组饲养。分组方法:一是以体重为主,把体重相近的分在同一个围栏内饲养;二是以性别为主,把性别相同的分在同一个围栏饲养;三是以体质为主,把体质相近的分在同一个围栏饲养;四是以毛色为主,把毛色相同的分在同一个围栏饲养;五是以年龄为主,把年龄相近的分在同一个围栏饲养。根据养殖场的具体情况,灵活掌握。

(三)防止爬跨和格斗

在围栏育肥时,架子牛来自不同地区,互不相识的架子牛初次接触,会发生格斗或爬跨现

象,容易造成伤残。采取措施可以杜绝或减轻,例如,在围栏高 1.3~1.4m 处,用铁丝网封严,防止牛起跳爬跨;或先让架子牛在较大的运动场地中互相熟悉一段时间,然后再并群;或采用晚间并群;或停水停食 4~6h,并群时食槽内添料,饮水槽内加满水,这样牛因忙于采食饮水而减缓格斗或爬跨。

七、育成牛的运输

经过一定时间的舍饲育肥,已达出栏标准的白牦牛要运送到屠宰厂。目前运送育成牛的工具主要是汽车和农用车,其装车方法、途中管理同架子牛,但每头牛占用车厢的面积应稍加大,行进速度宜稍慢一些。路面为一级路面时,行车速度小于 50km/h;二级路面速度应小于 40km/h;三级路面(砂石路)速度应小于 30km/h;土路速度应小于 20km/h。

第五节 白牦牛舍饲育肥饲料

用于育肥白牦牛的饲料种类很多,但是各种饲料按其组成,可分为水和干物质两大类。按饲料的营养成分含量及功能,常常把饲料分为能量饲料、蛋白质饲料、粗饲料、青饲料、青贮饲料、酒糟饲料、粉渣饲料、矿物质饲料、维生素饲料和添加剂饲料等多种。

一、能量饲料

能量饲料的特点:一是含淀粉等无氮浸出物多,占饲料含量(干物质为基础)的 70%~80%;二是含蛋白质较少,占饲料含量的 9%~12%;三是含粗纤维少,占饲料含量的 2%~8%;四是能量饲料中矿物质含量中钙含量少、磷含量多;五是能量饲料维生素 A、维生素 D 含量极少。常用于育肥白牦牛的能量饲料有玉米、大麦和高粱。

(一)玉米

从提供能量角度比较各种饲料,玉米是育肥牛最好的能量饲料,它富含淀粉,是一种高能量、低蛋白质饲料。饲料玉米依其颜色可分为黄色和白色两种,两者的营养成分含量略有差别。黄色玉米含有较多的叶黄素,此叶黄素和牛体内脂肪有极强的亲和力,两者一旦结合,就很难分开,将白色脂肪染成黄色,降低了牛肉品质,因此不能长期大量饲喂黄玉米。

在育肥牛饲养中,如何更好更有效地利用玉米,是肉牛生产研究工作的重点。中国到目前为至,对玉米的利用以粉状玉米喂牛为唯一形式。在国外试验研究了很多种利用玉米粒喂牛的形式，包括玉米粒粉碎、玉米粒压碎、玉米粒磨碎、玉米粒压成片、玉米粒湿磨、带轴玉米粉碎、带轴工米切碎、全株玉米青贮、整粒玉米、高水分(含水量26%~30%)玉米粒贮存等，在不同条件(玉米粒价格、人员工资水平、育肥牛生产目的，等等)下都取得了较好的效果。据报道，中国生产的玉米，60%以上用于畜禽饲料。玉米品种不同，其营养成分有较大的差别，尤其是油分的含量，差别高达1倍以上。用于养牛的玉米，含油分多，能量就高，饲用价值就高。同等重量的不同玉米品种，喂牛会产生不同的饲养效果和经济效益。因此，在采购玉米喂牛时，要进行品种挑选。

玉米利用的方法有以下几种。

1. 玉米粉

目前育肥牛利用玉米籽实以粉碎为主，但是对玉米粉碎细度没有标准，普遍认为玉米粉碎越细，白牦牛对玉米的消化利用率越高，其实这是一种误解。玉米磨碎的粗细度不仅影响育肥牛的采食量、日增重，还会影响玉米本身的利用效率及肉牛饲养总成本。据报道，玉米用辊磨机粉碎，粗粉碎时牛的采食量和饲料转化率要比细粉碎时提高10个百分点。玉米粒用锤片机粉碎，粗粉碎时牛的采食量和饲料转化效率要比细粉碎时提高10~15个百分点。细粉碎后饲料转化效率低的原因，是由于精饲料粉碎过细，在瘤胃内被降解的比例提高了，被牛利用的比例就低，因而饲料的经济性和牛的增重量都受到了不利的影响。

饲料粉碎过细会造成育肥牛采食饲料的量下降，原因是饲料的适口性下降。育肥牛采食较粗的精饲料量比采食较细粉末饲料的量要高一些。因此，在目前条件下舍饲育肥白牦牛，喂牛的玉米粉碎的细度(粉状料的直径)以2mm为好。

2.压片玉米

压片玉米喂牛，已在国外广泛利用30多年，近年来有更多的肉牛饲养场采用压片玉米喂牛。压片玉米可分为干燥玉米(含水量12%~14%)压片和蒸汽(温度100℃~105℃，含水量20%~22%)压片玉米，其中以蒸汽压片玉米饲喂效果最好。

(1)饲喂蒸汽压片玉米的好处：一是玉米结构中所含有的淀粉受高温高压作用而发生糊化作用，玉米淀粉糊化作用致使糊精和糖形成，使玉米变得芳香有味，因而提高了适口性。二是玉米淀粉糊化作用，使淀粉颗粒物质结构发生了变化，消化过程中酶反应更容易，从而使玉米饲料转化率提高了7%~10%。三是玉米淀粉糊化减少了甲烷的损失，而增加6%~10%的能量滞留，从而使育肥牛的日增重提高5%~10%。四是玉米淀粉糊化作用，减少了瘤胃酸中毒的概率。五是蒸汽压片玉米的吸水率提高了5%~8%。六是玉米用蒸汽压片后改变了形状，与牛消化液接触面积增加了，从而使饲料消化率提高6%。七是新生牛犊饲喂蒸汽压片玉米后，死亡率减少4~5个百分点。八是在牦牛的配合饲料中采用蒸汽压片玉米后，兽药费用明显下降。

普遍认为压片玉米厚度以 0.791mm 较好。

(2)蒸汽压片玉米制作工艺:玉米→提升输送(除尘)→初筛(除杂质)→除铁→提升输送→贮存→计量(饲料含水量 20%~22%)→增湿→蒸煮(蒸汽 105℃~110℃,40min)→压片(片厚 0.5~1mm)→离心除尘→冷却 (用排风机散热器降温降湿)→干燥→垂直风送→离心除尘→计量包装(含水量 12%~14%)→成品库→销售。

(3)玉米蒸汽压片的厚度与喂牛效果 试验研究证明,玉米蒸汽压片的厚度会影响育肥牦牛的采食量,进而影响育肥牦牛的增重以及饲料报酬。用厚度小于 1mm 的压片玉米喂牛时,育肥牛平均日增重比厚度 2mm 和 6mm 玉米片分别提高增重 4.07%和 6.67%。用厚度小于 1mm 的玉米薄片喂牛时,每增重 1kg 体重,饲料(干物质)需要量为 5.6kg,比厚度 2mm 和 6mm 玉米片利用效率分别提高 2.78%和 3.62%。因此,在实际工作时,蒸汽压片玉米的厚度应选择小于 1mm。

3. 玉米湿磨

湿磨是玉米在饲料应用中的新成果,湿磨玉米饲料分玉米面筋粉、玉米面筋饲料、玉米胚芽饲料和玉米浸泡液等几种。

(1)玉米面筋粉:玉米面筋粉是玉米在湿磨加工过程中被分离的谷蛋白和在分离过程中没有被完全回收的少量淀粉、粗纤维。粗蛋白质含量高达 60%,蛋氨酸、叶黄素的含量都较高。在使用玉米面筋粉饲料饲喂架子牛时,应适量使用,尤其是在育肥结束前 100 天左右应停止饲喂玉米面筋粉或限量饲喂。

(2)玉米面筋饲料:玉米粒经过湿磨加工工艺生产玉米淀粉,玉米淀粉衍生物以后的剩余产物。粗蛋白质含量达 20%左右。

(3)玉米胚芽饲料:玉米粒经过湿磨加工工艺提取的玉米胚芽及玉米胚芽榨取油后的剩余物,粗蛋白质含量达 20%左右。

(4)玉米浸泡液:浸泡玉米粒的溶液,其中含有较多的水溶性物质,如 B 族维生素、矿物质和一些未确定的促生长物质。溶液浓缩后可形成固形物。玉米浸泡液的干物质含量在 4%左右。

4. 高水分玉米利用

玉米含水量达 30%以上称为高水分玉米。玉米是育肥牛的优质能量饲料,但对玉米进行不同的加工,喂牛后会产生不同的增重效果。以玉米薄片蒸的效果最好,用蒸汽玉米薄片饲喂育肥牛时,比用玉米粒喂牛平均日增重提高 5%左右,每增重 1kg 体重,饲料的需要量减少 0.5kg 左右的干物质,比用黄玉米粒喂牛平均日增重提高 1%以上,每增重 1kg 体重的饲料需要量减少了 0.7kg 左右的干物质,用蒸汽玉米薄片饲喂育肥牛效果显著。

(二)大麦

大麦籽实是生产高档牛肉的极优质能量饲料，在育肥期结束前120~150天，每头每天饲喂1.5~2kg大麦，会获得很好的效果。大麦籽实与玉米籽实不同，大麦籽实外面包有一层质地坚硬并且粗纤维含量较高的种子外壳(颖苞)。整粒大麦饲喂牛时，在牛粪中可以看到较多的整粒大麦。大麦的加工方法有蒸汽压片法、切割法、粉碎法和蒸煮法等几种，蒸汽压片法、切割法能够获得更好的饲养效果。中国目前利用大麦的方法为粉碎法和蒸煮法。

1.大麦的特性

据分析测定，脂肪含量低和饱和脂肪酸含量高，是大麦作为饲料的两大特性，为其他饲料不能替代。在育肥牛的后期饲喂大麦，可以获得洁白而坚挺的牛胴体脂肪，这是因为大麦成分中脂肪的含量较低，仅为2%，淀粉含量却较高，并且此淀粉可以直接变成饱和脂肪酸。牛瘤胃在代谢大麦过程中能把不饱和脂肪酸加氢变成饱和脂肪酸，饱和脂肪酸颜色洁白且硬度好，因此牛屠宰后胴体脂肪颜色白且坚挺。大麦本身又富含饱和脂肪酸，叶黄素、胡萝卜素的含量都较低，故在育肥牛屠宰前120~150天，每头每天饲喂1.5~2 kg大麦，能提高胴体和牛肉品质。

2.大麦饲喂牦牛的效果

玉米、大麦、燕麦和小麦等都可以用来做育肥牛的精饲料，但是由于加工方法的差异，饲养和经济效益也不同，大麦细磨碎后喂牦牛的效果好于整粒大麦饲喂。

(三)高粱

高粱用来喂牛时必须进行加工，不能整粒饲喂。加工方法有碾碎、裂化、粉碎、挤压与蒸汽压片(扁)等。因为高粱受到碾碎挤压或蒸汽压片的作用后，既破坏了高粱成分中淀粉的结构，又破坏了高粱胚乳中蛋白质与淀粉的结合，使得高粱的适口性得到改善，同时营养价值还可以提高15%。

不能单一用高粱喂牛，必须与其他能量饲料搭配，才会获得较好的效果。如高粱与玉米搭配喂牛，效果较好。根据试验，用75%的高粱与25%的玉米配合，喂牦牛时增重效果较好。用25%的高粱与75%的玉米配合，喂牦牛时饲料报酬较好。

(四)能量饲料的加工方法

能量饲料饲喂育肥牦牛一般都要进行加工，加工方法有多种，各有优缺点。

1. 粉碎法

一是使用锤片式机械将玉米、大麦与高粱击碎成粉状，这是目前养牛场用得最多的方法；二是使用辊磨式机械将玉米、大麦与高粱磨碾碎成粉状。据试验，育肥牛对高粱粒的细度有较强反应，细度过小，降低饲料利用率。

生产实践证明:能量饲料破碎的细度过细,提高了能量饲料在瘤胃内的降解率,饲料不到小肠等消化吸收部位,能量就被耗尽,从而降低了饲料的利用效率。另外,能量饲料破碎粒度过细,会降低育肥牛的采食量。

2.膨化法

膨化法是将玉米、大麦和高粱等能量饲料放在一容器内加热加压,饲料在高温高压下软化膨胀,喷出来时饲料松软、芳香可口。这种方法加工的饲料适口性好,提高了育肥牛的采食量。又因在加热加压过程中饲料中的淀粉被糊化,提高了育肥牛对饲料的消化率。

3. 微波化法

微波化法是将玉米、大麦和高粱等能量饲料放在红外线微波下,加温高达140℃以上,再送入辊轴,压成片状。饲料在红外线微波作用下,内部结构发生变化,提高了饲料的消化率。

4. 湿磨法

将饲料加水粉磨成浆体的一种生产方法,多用于玉米饲料生产,生产的饲料种类有玉米面筋粉、玉米面筋饲料、玉米胚芽饲料和玉米浸泡液等。

5.烘烤法

烘烤法是将玉米、大麦和高粱等能量饲料放在专用的烘烤机内加温,烘烤温度为135℃~145℃。经过烘烤的玉米、大麦具有芳香味,育肥牛的采食量有显著增加。

6.颗粒化法

颗粒化法是将玉米、大麦和高粱等能量饲料先粉碎,而后通过特制制粒机制成一定直径的颗粒。此法可依据育肥牛的体重大小压制成直径大小不等的颗粒饲料,还可以在压制颗粒过程中添加其他饲料,提高颗粒料的营养价值。育肥牛采食颗粒料量要大于其他饲料量。

7. 压扁法

分为干压扁和蒸汽压片。干压扁是将玉米、大麦和高粱等能量饲料装入锥状转子的压扁机,被转子强压碾成碎片,再将大片状饲料打成小片状。据资料介绍。整粒玉米的消化率为65%,粉碎玉米的消化率为71%,碾压片玉米的消化率为74%。碾压片玉米的消化率高于整粒玉米和粉碎玉米。

(五)能量饲料料型与喂牛效果

在生产实践中,用来喂牛的能量饲料类型有细粉状、颗粒状和压片(扁)状几种。

1. 细粉料型饲料

细粉料型饲料是传统饲料,是将能量饲料粉碎制成,生产设备较简单,生产成本较低。其缺点是饲料成粉末后,不利于牛采食,易造成牛的厌食而降低牛的采食量。育肥牛采食不到应有量,既影响舍饲育肥牛的增重,又增加了牛的饲养成本。

2. 颗粒状饲料

把能量饲料首先粉碎，而后制成颗粒料。颗粒饲料便于变更饲料配方，有利于运输和降低运输成本；便于在饲料内添加微量元素、维生素、保健剂和抗氧化剂，改善饲料中一些营养物质的利用率；便于包装和贮存，减少尘埃和有毒有害细菌的侵害，更大程度上保证饲料产品的品质。此外，颗粒饲料便于养殖场运输、贮存和保存，有利于饲料的分配饲喂，减少了饲料的损耗，改善了牛场的卫生条件。颗粒饲料适口性好，提高了采食量，杜绝了育肥牛挑剔饲料的毛病，提高了饲料的消化率、转化率。但是，制作颗粒饲料的设备成本要比制作粉状饲料设备成本高 18%~20%，生产颗粒饲料的成本要比生产粉状饲料成本高 8%~9%，能源消耗量大，造粒模型易损坏。饲喂颗粒饲料后，育肥牛的日增重提高不多。

3.蒸汽压片饲料

用高温高压的蒸汽将饲料压成片状。蒸汽压片玉米饲喂效果最好。

二、蛋白质饲料

在育肥牛的配合饲料中，常选用的蛋白质饲料有饼类(大豆饼、棉籽饼、棉仁饼、菜籽饼、葵花籽饼、花生饼、亚麻仁饼)和豆科籽实类(蚕豆、豌豆、大豆)。

(一)棉籽饼

棉籽饼是带壳棉籽经过榨油后的副产品，既具有蛋白质饲料的特性，又具有能量饲料的特性，还具有粗饲料的特性。由于棉籽饼含有较高的粗纤维，是育肥牛的优质蛋白质饲料，而且在育肥牛的日粮中可以大量搭配。目前，棉籽饼的使用方法有浸泡法与粉碎法。

1. 浸泡法

先将棉籽饼用水淹没浸泡 4h 以上，去掉棉籽饼中的毒素，喂牛时把水溶液倒掉。但是，棉籽浸泡以后会有很多缺点，一是有一部分水溶性营养物质溶解到水中，使棉籽饼的营养价值降低，致使育肥牛的饲料成本增加；二是浸泡后的棉籽饼与其他饲料搅拌混匀，难度很大；三是在温度较高时浸泡棉籽饼易发酵变酸，从而降低牛的采食量，延长牛的育肥期。

2. 粉碎法

将棉籽饼用粉碎机械粉碎。此法有很多缺点，一是因棉籽饼带有部分棉絮(棉籽上带的)，经粉碎后，棉籽松软成团，很难与其他饲料搅拌均匀，往往浮在配合饲料的表面；二是部分棉絮会侵害牛鼻孔，诱发牛的呼吸系统疾病。根据实践经验，使用棉籽饼时既不浸泡，也不粉碎，直接将棉籽饼与其他饲料混合制成配合饲料喂牛，效果较好。

(二)葵花籽饼

葵花籽饼是葵花籽实经过榨油后的剩余物，是育肥牛较好的蛋白质饲料，价格较棉籽饼和大豆饼便宜。饲喂前无须做任何再加工，牦牛喜欢采食。在生产中使用葵花籽饼时需要注意两点。一是葵花籽饼在制作过程中残留的脂肪量较多,燃点低,在存贮过程中极易自燃,故在堆放葵花籽饼时要采取防火措施,保持通风良好,堆码不能太厚,并应经常检查。二是葵花籽饼虽然含蛋白质较多,但是增重净能值较低,每千克只有0.04MJ。在配制育肥牛配合饲料时必须和含有增重净能值高的饲料配合使用,才能获得较为满意的增重效果。

(三)菜籽饼

菜籽饼是菜籽榨油后的残留物。菜籽饼因含芥子苷或称硫苷毒素(含量6%以上)而未能在养殖业上得到广泛利用。菜籽饼最有效的利用办法是与青贮饲料混贮,在制作青贮饲料时将菜籽饼按一定比例加到青贮原料中,入窖发酵脱毒。

(四)胡麻饼

胡麻饼是胡麻的籽实榨取油脂后的副产品,味香,牛喜欢采食。由于胡麻籽实加热榨取油脂过程中,一些耐热性较差的维生素、氨基酸被破坏,因此,饲料中胡麻饼的配比不宜太高,以10%为宜。另外,胡麻饼饲喂量太多,会使育肥牛的脂肪变软,降低胴体品质。

(五)其他饼类

大豆饼、花生饼、棉仁饼等虽然都是育肥牛的优质蛋白质饲料,但是由于其价格贵,增加饲养成本,一般不被养牛户选用或尽量少用,以降低成本。

三、糠麸饲料

用于育肥牛的糠麸饲料主要有麦麸、米糠、大豆皮、高粱糠、玉米皮和玉米胚芽饼等。

(一)麦麸

麦麸是麦类加工面粉后剩余物的通称,在育肥牛日粮中常用的麦麸饲料为小麦麸,俗称麸皮。麦麸饲料含磷多,具有轻泻性的特点,因此,在利用麦麸饲料时要牢牢记住它的特性。有些养牛户利用秸秆、麦麸加水,在食槽内搅拌后任牛采食,其实此法并不科学。

在架子牛经过较长时间的运输到达育肥场时,在清水中加麦麸(含量5%~7%),供牛饮用,一连3天,对恢复架子牛的运输疲劳很有帮助。前5~7天,在牛的饲料中麦麸配比达30%左右,有利于架子牛轻泻去火,排出因运输应激反应产生的污物,并对尽快恢复正常采食量有积极作用。但是麦麸饲料在架子牛的育肥后期饲喂量不能过大,主要原因是麦麸富含磷及镁元素,当牛进食过量磷及镁元素后,会导致育肥牛尿道结石症。育肥牛在催肥后期(100天)麦麸饲料在日粮中的比例以10%左右为好。

(二)米糠

米糠是碾制大米的副产品,一般分为细米糠和粗米糠,细米糠为去稻壳的糙米碾制成精白米的副产品,粗米糠则是未去稻壳加工精白米的副产品。米糠又有脱脂米糠和未脱脂米糠之分。在饲喂育肥牛时,以脱脂米糠较好,因为未脱脂米糠含脂肪量较多,当育肥牛采食较多量的未脱脂米糠后,会导致育肥牛腹泻,胴体脂肪松软,胴体品质下降。为避免产生不良的后果，米糠在日粮中应以5%的比例比较安全。未脱脂米糠不易长期保存，极易产生哈喇味，变质，影响适口性。

（三）大豆皮

大豆皮是采用去皮浸提油脂加工大豆的副产品。大豆皮含干物质90%、粗蛋白质12%、粗纤维38%，这是近年新增加的糠麸饲料，无须加工便可喂牛，育肥牛喜欢采食。

据有关报道，在育肥牛日粮中，当混合日粮的精料低于50%时，大豆皮饲养效果要好于混合日粮。当混合日粮的精料含量达到50%以上时，用大豆皮饲养的育肥牛平均日增重、增重效率就不如用混合日粮的高。

（四）玉米胚芽饼

玉米胚芽饼是玉米的胚芽榨取玉米油后的副产品，味香，牛十分喜欢采食，无需加工就可以和其他饲料搅拌均匀后喂牛。

（五）玉米皮

玉米皮是玉米制造淀粉、酒精时的副产品。玉米皮具有较高的能量，价格便宜。但是，在使用时务必注意去除铁钉等尖锐杂物。

四、粗饲料

育肥牦牛可以采食的粗饲料种类很多，如青干草、玉米秸、麦秸、牧草、野草等。

（一）青干草

青干草是指天然草地牧草、栽培牧草或其他青绿饲料作物，在盛花期末结实期前刈割后经晾晒或机器烘干调制而成的能够长期贮存的饲草。合理调制的青干草呈青绿色、叶面平整，具有芳香味，适口性好，营养价值高。干物质中粗蛋白质含量约8.3%，粗纤维含量约33.7%，含有较多的维生素和矿物质，是草食动物越冬的良好饲料。青干草粉碎后即为草料，也是进一步加工颗粒饲料的原料。

1.青干草种类

按植物种类分，有豆科青干草、禾本科青干草、谷类青干草和混合青干草。豆科青干草如苜蓿、沙打旺、草木樨、野豌豆、毛苕子等。豆科青干草营养价值较高，富含可消化粗蛋白质、钙和胡萝卜素等，草食家畜日粮中配合一定数量的豆科青干草，可以弥补饲料中蛋白质数量和质量方面的不足。如用豆科青干草和玉米青贮饲料搭配饲喂草食家畜，可以减少精料用量或完全省掉精料。禾本科青干草如披碱草、冰草、黑麦草、无芒雀麦、猫尾草等，其来源广、数量大、适口性好。天然草地绝大多数是禾本科牧草，是牧区、半农半牧区的主要饲草。这类青干草一般含粗蛋白质与钙较少，其营养价值因种类和刈割时间不同而差异甚大。谷类青干草为栽培的饲用谷物，于抽穗—乳熟期刈割调制成青干草。如谷子、燕麦、黑麦、大麦、稗子干草等，这一类干草虽含粗纤维较多，但仍是农区草食家畜的主要饲草。混合青干草如用天然割草场及混播牧草草地刈割调制的青干草。

按干燥方法分，可分为自然干燥青干草和人工干燥青干草。自然干燥青干草是指自然晾晒或阴干调制而成，是目前最普遍最简便的一种青干草，但营养物质损失较多。人工干燥青干草是指利用各种能源，如常温鼓风或热空气，进行人工脱水干燥而成。由于干燥速度快，因而可减少干草营养成分的损失，特别是减少胡萝卜素的损失，其缺点是成本高，而且缺乏维生素D的来源。

2.青干草的营养价值

青干草的营养价值因牧草种类、刈割时期、干燥过程中的外界条件及贮藏方式等因素不同，差异很大。一般粗蛋白质含量为10%~20%，比秸秆高1~2倍或以上；粗纤维含量为22%~23%，比秸秆低1倍左右；无氮浸出物含量在40%~54%，与秸秆相似；矿物质含量较丰富，特别是豆科牧草含有较多的钙、磷等。此外，优良青干草还含有胡萝卜素、维生素E、K、B等多种维生素。值得指出的是，晒制干草是草食家畜维生素D的重要来源，这是由于植物体内所含的麦角固醇经阳光紫外线的照射，可转化为维生素D，一般晒制青干草维生素D含量为每千克100~1000个国际单位。

优质青干草具有较高的饲用价值，是草食家畜冬春季的基础饲草，是反刍动物日粮中能量、蛋白质、维生素的主要来源。虽然干草中纤维素含量较高，各种营养物质的消化率较低，但干物质含量较多，家畜随意采食量也较高，对于乳用家畜，还有提高乳脂率的作用。如用优质干草喂乳牛，在不补加任何精料的情况下，日产牛奶可达5kg。生产实践证明：各种草食家畜的日粮中，饲喂一定数量的青干草，均有良好的效果。如以优质干草为基础日量适当搭配精料、青贮饲料等，所育成的家畜体质、体型、生产力和经济效益均最佳。

但在实际生产中，青干草品质差异极为悬殊，优质青干草营养价值接近小麦麸，而劣质干草，有时还不如秸秆，如秋后收割的枯黄草，加之晒制不当，营养物质损失常达50%~60%，特别是胡萝卜素，几乎损失殆尽。因此要获得优质干草，关键在于要特别重视影响青干草品质的各种因素，尽量设法减少牧草营养的损失。

3.影响青干草品质的因素

牧草调制成青干草的目的，除便于贮藏外，更重要的是要尽量保持牧草原有的营养物质和较高的消化率与适口性，尤其要注意尽量减少青绿牧草中粗蛋白质、胡萝卜素及必需氨基酸等成分的损失。影响青干草这些优良品质的因素很多，除牧草种类及品质的差异外，最重要的是牧草收割时期、干燥方法与干燥时间的长短、外界条件及贮藏条件和技术等。其中牧草的刈割时期，对青干草品质的影响最大，也最容易被忽视。

(二)玉米秸

收获玉米穗后的玉米秸秆,经风干后粉碎,是架子牛较好的粗饲料。牦牛消化玉米秸粗纤维的能力为50%~65%。玉米秸的加工可采用两机联合作业,铡草机和粉碎机各1台(两机功率类同),铡草机在前,粉碎机在后,铡草机喷出的碎草正好落在粉碎机入口处,进入粉碎机粉碎成0.5~1cm长的玉米秸饲料。

(三)麦秸

麦秸分为小麦秸、大麦秸、燕麦秸、青稞秸、荞麦秸几种,各种麦秸加工方法类同,在喂牛时根据其营养成分确定在配方中的比例。目前,小麦秸是育肥牛主要的麦秸资源。收集小麦秸时最好用打捆机打捆(长600~1200mm,宽460mm,厚360mm),既省事又效率高,便于搬运贮藏。小麦秸用粉碎机粉碎成0.2~0.7cm长,即可和其他饲料混合均匀喂牛。还可用辊(碌)压法将小麦秸压扁压软,或用揉搓机将已铡短的麦秸用揉搓等方法加工。

(四)苜蓿干草

苜蓿为多年生豆科牧草,品种较多。苜蓿干草富含蛋白质(20%左右),是育肥牛的优质粗饲料。但是苜蓿干草品质的优劣很大程度上取决于收割后的烘干条件。优质苜蓿干草颜色青绿,叶茎完好,有芳香味,含水量14%~16%。苜蓿干草含钙量较高,在配合育肥牛的日粮时要注意磷的补充。在当前农业产业结构调整中,种草养畜是其中十分重要的内容。

(五)其他粗饲料

除上述粗饲料外,其他农作物籽实脱壳后的副产品,如谷壳(谷糠)、高粱壳、花生壳、豆荚、棉籽壳、秕壳等。除稻壳、高粱壳外,其他荚壳类的营养成分均高于作物秸秆。另外,玉米芯、甘薯、马铃薯、瓜类藤蔓类、胡萝卜缨、菜类副产品、向日葵茎叶和向日葵盘等,均可作为育肥牛的粗饲料,农户利用方便。

五、酒糟、粉渣饲料

酒糟类、粉渣类饲料是酿造业、制糖业、加工业的副产品,包括白酒糟、啤酒糟、玉米淀粉渣、白薯(红薯、甘薯)渣、甜菜渣、醋糟、酱油渣、豆腐渣等,育肥牛使用这些副产品,既经济(饲料成本低)又实惠(育肥牛增重好)。

(一)酒糟

中国白酒酿造业发达,每年酿造白酒几千万吨,副产品酒糟的产量多达亿吨。酒糟是育肥牛的上等粗饲料和诱食剂饲料。由于酿造白酒时选用的原料种类、掺加辅助料种类与发酵过程千差万别,因此,白酒糟的营养价值也有较大的差别。在配制育肥牛饲料时,应首先测定酒糟的营养成分,然后设计配方。采用酒糟喂牛,特别要注意在饲料中补加维生素A。白酒糟是育肥牛的好饲料,但极易酸败和发霉变坏。当天购买当天用完是最佳方案,但贮存2~3天才能用完的情况较多。贮存方法是砌水泥池，将酒糟装入水泥池内，厚度 30cm 左右压实 1 次，越实越好。顶部用塑料薄膜封闭，不能透风。也可以在池顶部加水，使酒糟与空气隔绝。农户可以用水缸贮存酒糟，也可以挖土坑(铺垫塑料薄膜)贮存酒糟，或采用厚塑料薄膜制成塑料袋贮存酒糟。在少雨季节，也可晒干贮存。育肥牛长期饲喂酒糟时，牛粪便稀软而呈黑色，要增加清扫粪便次数，保持牛舍清洁。

（二）啤酒糟

啤酒糟含有丰富的营养物质，育肥牛喜欢采食，价格较低，大多养牛场都愿意用啤酒糟饲喂育肥牛。用啤酒糟饲喂育肥牛，可采用三种方法。一是直接喂牛。育肥牛饲喂新鲜的啤酒糟，应先将啤酒糟与其他饲料混合，搅拌均匀后喂牛。单槽养牛时，也可以先饲喂啤酒糟，然后饲喂其他饲料。每头每天饲喂啤酒糟 15~20kg，饲喂啤酒糟过量会影响育肥牛的采食量，进而影响育肥牛的增重，延误出栏时间，增加饲养成本。二是贮存后喂牛。啤酒糟的贮存方法类同于白酒糟，不过要把水分调节到 65%~75%，添加的辅助饲料有能量饲料、粗饲料或糠麸饲料等。三是脱水后喂牛。干燥啤酒糟的方法与白酒糟类似。利用啤酒糟无论采用哪种方法喂牛，都会给养牛户带来较好的饲养效益，尤其在高精料饲喂育肥牛时，利用干啤酒糟防治肝脓肿有较好的作用。据报道，高精料中没有添加干啤酒糟时，粗纤维分别占日粮的 5%、10%、15%时，肝脓肿的发病率相应为 38.0%、32.6%、32.3%；如果玉米等能量饲料达 80%~90%、粗纤维水平为 3.6%~5%，添加 10%~20%干啤酒糟，试验牛未发现肝脓肿病例。

（三）玉米淀粉渣

用玉米加工提取淀粉、酒精等产品后的剩余物称为玉米淀粉渣，这是近年来玉米加工业迅速发展的产物，为养殖业增加了新的饲料来源。用玉米提取酒精为主的副产品称之为玉米酒精渣。新鲜玉米酒精渣黄色，含水量 74%左右，干物质中含有粗蛋白质 29.82%、钙 0.21%、磷 0.38%。在配制育肥牛饲料时，玉米酒精的比例为 8%~10%(干物质为基础)，以鲜重为基础时的比例为 15%~20%。烘干后(含水量 14%~16%)的玉米酒精渣具有芳香味，牛喜欢采食。因此，以烘干贮存为好。

（四）甜菜渣

甜菜渣是甜菜制糖工业的副产品，为育肥牛的优质饲料。保存甜菜渣的方法有冷冻成块法(寒冷地区利用自然条件)、制成颗粒法(甜菜干粕)和厌氧贮藏法。在各种保存方法中以制成颗粒法(甜菜干粕)效果最好。甜菜渣中含水 10%~11%，含杂质小于 1%，粗蛋白质含量 9%~9.5%，代谢能 9.83 MJ/kg，维持净能 6.3MJ/kg，增重净能 3.47 MJ/kg，可消化粗蛋白质 50g/kg，钙 0.96%，磷 0.34%。用甜菜干粕替代 40%玉米饲喂育肥牛，能取得较好的增重效果和经济效益。

（五）玉米酒精蛋白饲料

玉米酒精蛋白饲料可分为干玉米酒精蛋白饲料和湿玉米酒精蛋白饲料两种，前者含水量小于 12%，后者含水量 70%~80%。玉米酒精蛋白饲料含粗蛋白质 28%，消化能为 9.63MJ/kg，钙 0.34%,磷 0.6%。

六、青贮饲料

青贮饲料指在厌氧条件下经过乳酸菌发酵调制保存的青绿多汁饲料。它具有很多优点,是主要的发酵饲草饲料,因此,在牦牛育肥生产中应用广泛。

青绿多汁饲料富含水分、多种维生素、矿物质和品质优良的粗蛋白质,它营养价值完善,适口性好,易于消化,是家畜良好的饲料。将它在密闭厌氧条件下,经乳酸菌发酵而调制成的青贮饲料,使青绿饲料的优点几乎全保持下来。在调制成青贮料的过程中,糖多转化为乳酸,碳水化合物总量却变化不大,蛋白质有些减少,含氮物质总量却极少损失,青绿饲料中大部分胡萝卜素得以保存,所以,总营养损失较少。而青绿饲料调制成干草过程中,由于植物细胞的呼吸作用和枝叶脱落的原因,营养损失却较青贮料的高。

优质的青贮料不仅保持了青绿饲料鲜态和大部分营养, 而且由于它具有芳香的酸味,柔软多汁,适口性好,能刺激家畜食欲、消化液的分泌和肠道蠕动,从而增强了消化功能。实践证明:它能促进精料和粗饲料中营养物质的更好利用。如果秸秆、秕壳等饲料与青贮料混喂,则可提高这些粗饲料的消化率和适口性。

大部分农作物的秸秆质地粗硬,利用率低,如果能适时抢收并进行青贮,则可成为柔软多汁的青贮料,故青贮能扩大饲料来源。青贮料单位容积内贮量大,便于大量贮存,是一种既经济又安全的贮存饲料方法。青贮饲料所占空间比干草小,1m^3 青贮饲料的重量为 450~700kg,其中含干物质 150kg,而 1m^3 的干草重仅 70kg,含干物质 60kg。

在贮存青贮料过程中,不受风吹、日晒和雨淋等不利气候因素的影响,也不害怕鼠害和火灾等。在阴雨季节或天气不好,难以调制干草时,而对于调制青贮饲料来说,则影响较小。只要按青贮规程的要求进行操作,就可以调制良好的青贮料。此外,青贮过程中,可以消灭病虫害和减轻杂草危害。

实践证明:调制青贮料比晒制干草和干草料有更大的优越性。它可以缓解青饲、放牧与饲草生长季节的矛盾,对提高饲草利用率,均衡青饲料供应,满足反刍动物冬春季节的营养需要等,都起着重要的作用。全年给家畜饲喂青贮料,如同一年四季要采食到青绿多汁饲料,从而使家畜终年保持高水平的营养状态和生产水平。特别是舍饲育肥牦牛,青贮饲料已经成为维持和创造高产以及集约化经营不可缺少的重要饲料之一。但是,目前在牧区要进一步推广青贮料,还必须解决短期集中青贮与秋收、劳动力不足的矛盾,需逐步提高青贮机械化水平。

(一)青贮饲料的加工

青贮饲料是指把新鲜的青绿饲料填装于密闭容器内,经微生物发酵的一种饲料,是长期保存青饲料的营养物质和多汁性的一种方法,青贮的原料很多,一般无毒的青绿植物均可做青贮原料,如玉米秆、禾本科牧草、豆科牧草、瓜类的块根、块茎类等作物,还有工业副产品,如甜菜渣、洋芋渣、酒糟等,青贮方法有土窖青贮法、塑料袋青贮法和塑料包裹青贮法。常规青贮的发酵过程分为3个阶段,即好气性活动阶段、乳酸发酵阶段和青贮饲料保存阶段。

1. 好气性活动阶段

新鲜青贮原料在青贮窖内被密封后,植物细胞并未立即死亡,在1~3天仍进行呼吸作用,分解有机质,直到窖内氧气消耗呈厌氧状态时才停止呼吸。在此期间,附着在原料上的酵母菌、霉菌、腐败菌和醋酸菌等好气性微生物,利用压榨植物细胞而排出的可溶性碳水化合物等养分,进行生长繁殖。植物细胞的继续呼吸、好气性微生物的活动和各种酶的作用,青贮窖内遗留的少量氧气很快被耗尽,形成了微氧,甚至无氧环境。并产生CO_2、H_2和部分醇类,还有醋酸、乳酸和琥珀酸等有机酸。同时,植物呼吸作用和微生物的活动还放出热量。所以,此阶段形成的厌氧、微酸性和较温暖的环境为乳酸菌的活动繁殖创造了适宜条件。如果窖内氧气量过多,植物呼吸时间过长,好气性微生物活动旺盛,会使窖温升高,有时达60℃左右,因而削弱了乳酸菌与其他微生物的竞争能力,使青贮饲料成分遭到破坏,降低饲料的利用率和消化率。因此,要避免产生这种情况。

2. 乳酸发酵阶段

厌氧条件形成后,加上青贮原料中的其他条件适合乳酸菌的生长繁殖,则乳酸菌在数量上逐渐形成绝对优势,并产生大量乳酸,pH下降,从而抑制其他微生物的活动。当pH值下降至4.2以下时,乳酸菌的活动也逐渐缓慢下来。一般来说,发酵5~7天时,微生物总数达高峰,其中以乳酸菌为主,正常青贮时,乳酸发酵阶段需历时2~3周。

3. 青贮饲料保存阶段

当乳酸菌产生和乳酸积累达到高峰,其pH值4.0~4.2,乳酸菌活动减弱,甚至完全停止,并开始死亡。至此青贮饲料处于厌氧和酸性环境中,得以长期积存。

如果在青贮封窖后2~3周,虽然处于厌氧环境,如果青贮原料含糖量嫌少,形成乳酸量不足,或者有足够的含糖量,但原料中含水量太多,或者是青贮过程中窖温偏高等,都可能导致梭菌发酵,降低品质。青贮技术的关键是尽可能缩短第一阶段的时间,以减少由于呼吸作用和有害微生物繁殖,并防止梭菌发酵,以减少养分的损失。

(二)青贮饲料的调制

1. 适时收割青贮原料

优质的青贮原料是调制优质青贮饲料的物质基础。青贮饲料的营养价值,除了与原料的种类和品种有关外,收割时期也直接影响其品质。适时收割能获得较高的收获量和最好的营养价值。从理论来讲,禾本科牧草的适宜刈割期为抽穗期,豆科牧草为初花期。但是,适宜收割期是比较复杂的一个问题,要根据实际需要,因地制宜通过试验适时收割。总的趋势是推后禾本科牧草的收割期，豆科牧草则提前。

2. 青贮窖的准备

挖窖地点选在地势高、土层厚、背风向阳、距畜舍较近处。窖壁要垂直、光滑、不透气、不透水，如下面有沙层，最好用砖、水泥打面，窖底与地下水面保持两米以上的距离，以防窖底出水。窖的形状为圆形或长方形，大小应按饲料青贮的多少而定，一般不宜过大，以免启用时间长而引起饲料霉化变质。新窖青贮前要晒几天，旧窖要打扫、补漏、消毒。

3.切碎和装填

青贮原料切碎的目的，是便于青贮时压实，增加饲料密度，提高青贮窖的利用率，排除原料间隙中的空气，使植物细胞渗出汁液湿润饲料表面，有利于乳酸菌生长发育，提高青贮饲料品质，同时还便于取用和家畜用食。对于带果穗全株青贮玉米来说，切碎过程中，也可以把籽粒打碎，以提高饲料利用率。

切碎的程度必须根据原料的粗细、软硬程度、含水量、饲喂家畜的种类和铡切的工具等来决定。对牛、羊等反刍动物来说，一般把禾本科牧草和豆科牧草及叶菜类等的原料，切成2~3cm，玉米等粗茎植物，切成0.5~2cm为宜，一些柔软幼嫩的植物不切碎即可青贮。原料的含水量越低，应切的越短；反之，含水量高的，可切的长一些。

青贮原料收割后当天贮完，如果水分含量大，要晒一下，到用手挤出水但不下滴为宜，若太干应适当喷水，一旦开始装填青贮原料，就要求迅速进行，以避免在原料装满与密封之间的好气分解以至于腐败变质。装填时间越短，青贮品质越好。窖底可铺一层10~15cm切短的秸秆软草，以便吸收青贮汁液。窖壁四周衬一层塑料薄膜，以加强密封和防漏气渗水。原料装入青贮设备时，要一层一层装匀铺平。

4.压实

装填原料的时候，一定要层层压实，尤其要注意周边部位。而且是压的越紧实越易造成厌氧环境，越有利于乳酸菌的活动和繁殖；反之，则易失败。在压实的过程中，不要带进泥土、油垢和铁钉，以免污染青贮原料，并避免牛羊采食后造成瘤胃穿孔，伤害家畜健康。国外广泛应用真空青贮技术，即在密闭填充条件下，将原料中的空气用真空泵抽出，为乳酸菌繁育创造厌氧条件。

5.密封与管理

原料装填完毕，应立即密封和覆盖。其目的是隔绝空气继续与原料接触，并防止雨水进入。这是调制优质青贮饲料的一个关键。当装填和压紧到与窖口齐平时，中间可高出窖一些，在原料的上面盖一层10~20cm的土，踩踏成馒头形。不能拖延封窖，否则温度上升，pH值增高，营养损失增加，青贮饲料品质差。密封后，还要经常检查，发现漏气处及时修补，杜绝并防止雨水渗入窖内。

(三)青贮料饲用和管理

1.青贮饲料的饲喂

青贮饲料具酸味等,在开始饲喂时,有的家畜不习惯采食。可先空腹饲喂青贮饲料,再喂其他草料;先少喂青贮饲料,后逐渐加量,或将青贮饲料与其他草料拌在一起饲喂。青贮饲料是良好的饲料,但并非唯一的饲料,必须与精料和其他饲料按畜禽营养需要合理搭配饲用。

2.开窖取用时注意的事项

青贮饲料一般经过40~50天便能完成发酵过程,即可开窖使用。开窖时间根据需要而定,一般要尽可能避开高温或严寒季节。因为高温季节,青贮饲料容易二次发酵,或干硬变质;严寒季节青贮饲料易结冰,须经融化后才能饲喂。妊娠母畜如采食了结冰青贮饲料易引起流产。一般在气温较低而又缺草的季节饲喂畜禽最为适宜。一旦开窖利用,就必须连续取用。每天用多少取多少。不能一次取出大量青贮饲料,堆放在畜舍里慢慢饲喂。取用后及时用草席或塑料薄膜覆盖,否则会变质。取用青贮饲料时,青贮料封窖(袋)40~60天后即可使用,青贮料颜色接近原色,有芳香味,质地较好且柔软,则表明效果好,可以使用,若颜色变褐和发黑,有腐臭味,则青贮失败,不能使用。开窖时先去土和清除表面腐烂部分,圆形窖应一层一层取用,长方形窖则要垂直切取,一段一段使用,开窖后注意随用随盖,防止水、泥土等流入。因青贮料有轻泻作用,在具体使用时,应给家畜先适时饲喂,而后逐步加大饲喂量,以防止拉稀。开窖后应做好周围排水工作,以免雨水和融化的雪水流入窖内,使青贮饲料发生霉烂。如因天气太热或其他原因保存不当,表层的青贮饲料变质,应及时取出抛弃,以免引起家畜中毒或其他疾病。青贮饲料是在厌氧条件下发酵和保存的。密封良好的青贮饲料,可长期保存,多年不坏。所以,在开窖、取用和管理上都应切忌与空气接触。

3.防止青贮饲料二次发酵

青贮饲料二次发酵系指青贮成功后,由于开窖或密封不严,或青贮袋破损,致使空气侵入青贮设施内,引起好气性微生物活动,分解青贮饲料中的糖、乳酸和乙酸,以及蛋白质和氨基酸,并产生热量,使pH值逐渐升高,品质变坏,所以也称为好气性变质。引起二次发酵的微生物主要为霉菌和酵母菌。青贮饲料二次发酵大体上有三种类型，　是快速败坏型,即在开窖后第一天,青贮饲料的温度即达到高峰,pH值也随着上升。当青贮饲料的缓冲能力达到极限时,pH值急剧上升,从酸性、中性变成微碱性,最后彻底腐烂。二是在开窖后2~3天后出现第一个升温高峰,之后温度下降,5天左右又出现第二个升温高峰,pH值持续上升,进一步诱发好气性微生物的增殖,从而促使蛋白质、氨基酸分解。6天温度达到高温后随即开始下降。三是缓慢升温型,青贮饲料接触空气后,到5~8天后,温度才开始上升。

二次发酵主要由霉菌和酵母菌的活动引起,所以,压实和严格密封,青贮和保存过程中防止漏气,开窖后做到连续取用,每日喂多少取多少,防止污染,取后严实覆盖,隔绝空气,造成厌氧环境,可以起到降低温度、防止二次发酵的作用。

七、矿物质饲料

(一)矿物质对育肥白牦牛的重要性

对白牦牛的生长、发育和生产有重要作用的矿物质元素至少有 20 种,白牦牛体内所有的体细胞、体组织、体液中都含有不同含量的矿物质,可见其重要性。矿物质的缺少或严重不足会导致育肥牛的生产力下降,甚至死亡。

1.钙

钙元素是育肥牛骨骼组成的主要元素之一,钙元素在谷物类饲料中的含量较少。育肥牛在缺钙时,会出现食欲不振,采食量减少,啃食异物,如砖头、石头、木头、土块等。用石灰石给育肥牛补充钙,经济实惠。

2.磷

磷元素是育肥牛骨骼组成的主要元素之一,骨骼的 80%是由磷酸钙组成,牦牛体内 80%的磷在骨骼内,所以,磷元素对于牦牛骨骼乃至整个身体和生长都很重要。磷元素在谷物类饲料中的含量较丰富,尤其在麦麸中含量较高。当育肥牛缺乏磷元素时,也会出现食欲不振,采食量减少,啃食异物,如砖、石、木头、土块等。用麦麸补充磷和调节钙磷平衡,简单易行。

3.镁

镁元素是育肥牛骨骼组成的主要元素之一,镁元素在许多酶系统和蛋白质的分解与合成中,是十分重要的活化剂。镁缺乏会发生痉挛(抽搐)症,行走不稳,到处乱撞。补充磷酸镁可以避免镁的不足。

4.硫

硫元素是构成一些氨基酸的必需成分,硫元素缺乏时,蛋白质的形成就会受到影响。一般育肥牛不会发生硫的缺乏。但是,给育肥牛饲喂含有尿素的饲料时要补充硫元素。用含硫的盐类补充较好。

5.钠

钠是血浆的重要组成部分,在机体软组织周围有很多分布。钠可以帮助控制肉牛体内的水分平衡。育肥牛缺少钠元素时,食欲下降,啃食泥土、砖块,喝尿液。在饲料中添加食盐或在牛舍内放置由多种矿物质制成的营养舔砖,可以补充钠元素。

6.钾

钾、钠、氯共同完成育肥牛体内水分的平衡,钾在能量代谢过程中是一种必需元素,饲料中很少发生钾元素缺乏,但在较大量利用粉渣类饲料时,易发生钾的缺乏。钾缺乏时,会影响能量饲料的消化,最终影响育肥牛的生长。用多种矿物质制成的专用添加剂,可补充钾元素。

7.铁

铁元素是育肥牛血液中血红素的重要组成部分，也是多种酶的构成物质，饲料中很少发生铁元素的缺乏。发生缺铁时，育肥牛会出现贫血症(组织苍白色)，生长受阻。饲料中常用的铁补充物为含一个结晶水的硫酸亚铁，每千克饲料 129mg，或用多种矿物质制成的专用添加剂，也可补充铁元素。

8.碘

碘元素是育肥牛甲状腺体的重要组成部分，育肥犊牛发生碘缺少时，可引起甲状腺肿大，体质虚弱，严重时可导致死亡。用多种矿物质制成的专用添加剂，可补充碘元素。

9.铜

铜元素是能量代谢酶的一个重要组成部分，它对牛骨骼血红蛋白的产生、皮肤色素的沉着、毛发的生长都很重要。育肥牛发生铜元素缺乏时，皮毛变得干燥、粗糙，易脱落，严重时会发生腹泻，出现贫血症状，食欲下降。补充铜元素时，每千克饲料加 4mg 铜，或用多种矿物质制成的专用添加剂补充铜元素。

10.锰

锰元素对育肥牛骨骼形成和肌肉发育有重要作用，一般情况下饲料中锰元素的含量能够满足育肥牛的需要。当饲喂青贮饲料(特别是玉米青贮料)的量较大时，会发生锰元素缺乏。日粮中锰元素含量影响育肥牛的屠宰率。在实践中采用多种矿物质制成的专用添加剂，可以弥补锰元素的不足。

11.锌

锌元素在育肥牛体内有广泛的分布，它是育肥牛皮毛和骨骼生长发育的必需物质。缺少锌元素，会使育肥牛皮肤角质化，皮毛粗糙，口鼻发生炎症，关节僵硬等。补充锌元素时，每千克饲料添加锌 30~40mg 即可。用多种矿物质制成的专用添加剂，也可补充锌元素。

12.钴

钴元素对牛胃肠利用微生物形成维生素 B_2 起关键作用，育肥牛缺乏钴元素时，使已进入牛体内的维生素 A、维生素 D、维生素 C、维生素 E 的消化吸收率下降，影响蛋白质的合成和铜元素的利用。补充钴元素的方法：每头每天 0.3~1mg，或用多种矿物质制成的专用添加剂，按说明书要求添加在饲料中。也可用多种矿物质制成的专用舔块，放在饮水槽边，任由牛自由舔食。

13.硒

硒元素具有抗氧化作用，对生物氧化酶系统起催化作用，与育肥牛体内细胞壁、细胞膜的有效生长有关。硒缺乏时，育肥牛生长缓慢或停止，体重下降。补充硒元素要谨慎，因为硒元素有毒性，皮下注射长效硒酸钠安全可靠，注射剂量为每千克体重 1ml。一次注射可持续 4 个月。但是，对将要屠宰上市的牛，不要注射。对已注射过的牛，屠宰后要注意将注射点去掉。

14. 氯

氯元素和其他元素结合形成氯化物，最有代表性的为氯化钠。缺少氯元素会造成牛食欲不振和体重下降。补充食盐即可补充氯元素。

（二）矿物质需要量

育肥牦牛不同体重阶段、不同增重速度对矿物质有不同的需要量(表 7-1)。

表 7-1 育肥牛日粮中矿物质元素需要量

名　称	每千克日粮需要量	名　称	每千克日粮需要量
锌	30~40 mg	硒	0.1 mg
铁	80~100 mg	钾	0.6%~0.8%
锰	1~10 mg	食盐	0.2%~0.3%
铜	4 mg	钙	0.36%~0.44%
钼	0.01 mg	磷	0.18%~0.22%
碘	0.08 mg	镁	0.18%
钴	0.1~0.30 mg	硫	0.01%

（三）矿物质的相互作用

矿物质在育肥牛体内不是孤立的，一种矿物质量的多少往往对另一种矿物质的作用会产生增大或缩小的效果。例如，钙和磷的适当比例为 1~2:1，钙的比例超出或不足时，就会影响牛对钙、磷和其他元素的吸收利用。

八、维生素饲料

育肥牛对维生素需要量虽少，但不能缺少，因此,维生素在育肥牛的营养中有十分重要的作用。维生素可以分为脂溶性维生素和水溶性维生素两大类。维生素 A、维生素 D、维生素 E 为育肥牛的必需维生素，要由饲料中补充。维生素 K、维生素 C 和 B 族维生素在牛的瘤胃中能够合成。育肥牛很少发生维生素缺乏症，因为育肥牛从采食的粗饲料、青饲料和青贮饲料中很容易获得必需维生素 A、维生素 D、维生素 E。

在实际生产中，添加维生素饲料要注意几点。一是当育肥牛长期采食大量白酒糟时，必须补充维生素 A。二是生产高档牛肉时，优质牛肉或要求牛肉的颜色更鲜红，补充维生素 E 会获得满意的结果。补充量为每头每日 300 万~500 万单位。三是在用高精饲料育肥牛时，饲料中胡萝卜素含量很少，要注意补充维生素 A。四是如果黄玉米贮存时间过长，胡萝卜素几乎全部损失，要注意补充维生素 A。五是出栏前高强度育肥牛时，育肥牛增重迅速，极易发生维生素 A 的缺乏，要注意添加。

九、添加剂饲料

用于育肥牛的添加剂分很多种类，有长得快、省饲料型添加剂，有健康、疾病少、低成本型添加剂，有防腐、黏合、调味型添加剂，等等。使用添加剂总的目的是达到育肥牛在正常健康条件下长得好、长得快、低成本、高效益，对牛对人对环境无害。常用的育肥牛添加剂有矿物质添加剂、维生素添加剂、保健添加剂。

（一）矿物质添加剂

矿物质添加剂的种类和规格较多，今后还有增加的趋势。养殖场在使用矿物质添加剂时必须看清楚规格、型号、用量等。

（二）维生素添加剂

常用的维生素添加剂有维生素 A、B 族维生素和维生素 E。

（三）缓冲剂

缓冲剂是保持瘤胃环境 pH 值稳定的添加物，目前用于育肥牛的缓冲剂有碳酸氢钠、倍半碳酸钠、天然碱、氧化镁、斑脱钠、碳酸氢钠–氧化镁复合物、丙酸钠、碳酸氢钠–磷酸二氢钾、石灰石等。

第六节 白牦牛舍饲育肥的饲料配方及日粮配合

育肥牦牛的日粮是将精饲料、粗饲料、青贮饲料、添加剂、保健剂等按比例(标准是根据育肥牦牛增重的营养需要、维持的营养需要及补偿生长等)混合在一起，然后充分搅拌均匀而制成(手工操作时翻倒 3 次以上，机械搅拌的时间应多于 3min)。根据不同体重阶段的牦牛、不同增重要求的牦牛、生产牛肉档次不同、饲料价格不同、不同的饲养期等情况，配合饲料应有不同的配方。

一、设计配合饲料配方应注意的几个问题

在设计育肥牦牛配合饲料配方时，应注意几点。一是对育肥目标要充分了解。育肥目标有高档(价)型、优质型和普通型，不同类型白牦牛要有不同的饲料配方。二是对育肥结束期达到

的体重指标要了解。育肥结束期达到的体重标准与日粮配方有密切关系,与育肥时间也有密切关系,设计饲料配方时必须丨分清楚育肥结束期达到的体重指标。三是对育肥牛的性别要了解。目前育肥的白牦牛主要是阉公牛和公牛两种,阉公牛和公牛的增重有差别,因此,饲料的配方及饲喂量也有所不同。四是严格掌握育肥牦牛的即时体重,随时调整饲料配方和饲喂量。育肥牛不同的生产目的和不同的生产水平,对应相应的营养需要量,只有满足了育肥牛的需求,才能获取最大的采食量,获得最高的饲养效益。到目前为至,还没有较完整的可执行的白牦牛饲养标准,常常参照肉牛的饲养标准,因此,在白牦牛的舍饲育肥生产实践中,按照肉牛饲养标准设计的配合饲料,营养水平往往会出现高于或低于白牦牛育肥的需要量,这就要求技术人员或饲养管理人员经常深入养殖场, 了解白牦牛的采食量和育肥牦牛的增重量,及时调整配合饲料的营养水平和饲喂量。五是要高度重视配合饲料的适口性。育肥牦牛对饲料的色香味反应敏捷,对色香味好的饲料,采食量大,这样就能达到多吃快长的目的。六是要经常注意配合原料价格的变化。在舍饲育肥白牦牛的生产实践中,饲料成本占养殖成本的40%以上。因此,要降低饲养总成本,饲料成本占有重要地位,应随时注意饲料的价格变化,及时调整饲料配方。七是要严格注意配合饲料原料的品质。原料品质包括外表的和内部的。外表指颜色、籽粒饱满度、杂质含量等;内部指营养物含量、含水量、有无有毒有害物质等。如果饲料原料含水量过高,既不利于保存,又增加了饲养成本。因此,养殖场要配备快速水分测定仪,对每批采购进场的饲料,都要进行水分测定,降低饲养成本。八是要注意配合饲料营养的全价性。配合饲料有了较好的适口性、较低的成本、适宜的含水量,还应注意配合饲料营养的全价性、营养平衡和有无拮抗作用。九是在配制生产高档和优质白牦牛肉的配合饲料时,必须注意饲料原料中叶黄素的含量。当叶黄素量积聚到一定量时,会使牦牛肉脂肪颜色变黄,降低了白牦牛肉的销售价格,造成养牛户的直接经济损失。因此,在设计生产高档优质白牦牛的饲料配方中,尤其在最后100天,要减少叶黄素含量高的饲料,如干草、青贮饲料和黄玉米等。

二、配合饲料配方的计算方法

饲料配方计算技术是近代应用数学与动物营养学相结合的产物,是实现饲料合理搭配的先进手段。配合饲料配方的计算方法有方形法、营养需要法和电脑法。

(一)方形法

方形法的优点是简单易行,缺点是只适合2~3种饲料的配方,饲料品种较多时就烦琐了,但对初学者来说还是有一定的使用价值。具体方法如下:

首先画一个长方形的对角线,先将配合饲料中需要的营养要求,例如蛋白质百分数写在长方形的中央,把拟选用的蛋白质饲料(如浓缩料)的百分数写在长方形的左上角,再把配合饲料中拟选用的能量饲料(如黄玉米)的蛋白质百分数写在长方形的左下角。用中央的数和左上角、左下角的数字之差(计算时不分正负号)写在右下角和右上角,即左上角和中央数字之差写在右下角,左下角和中央数字之差写在右上角。右上角的数字就表示配合饲料中需要的蛋白质饲料的份数,右下角的数字就表示配合饲料中需要的能量饲料的份数。现举例如下:

给一群350kg体重相等育肥白牦牛(无补偿生长)设计育肥期配合饲料的配方,配合饲料要求粗蛋白质水平为13%,能提供的蛋白质饲料为浓缩料(含粗蛋白质42.5%),能量饲料为黄玉米(含粗蛋白质为9.7%),计算方法如下:

画长方形图,如图7-1,把配合饲料中需要的蛋白质百分率写在长方形的中央,蛋白质饲料浓缩料的粗蛋白质含量写在长方形的左上方,能量饲料黄玉米的粗蛋白质含量写在长方形的左下方。

左上角数和中央数之差为29.5,代表配合饲料中黄玉米的份数。左下角数和中央数之差为3.3,代表配合饲料中浓缩料的份数。

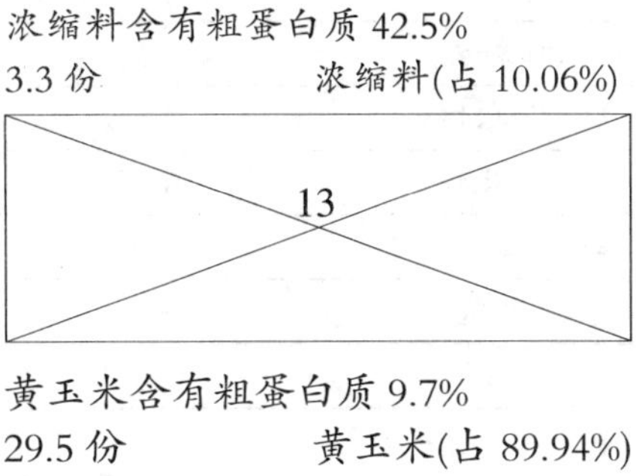

图7-1

但是在实际喂牛时,将3.3份和29.5份直接用于配合饲料的配合,计算不方便,而要把这两种份额折算成百分数。将3.3和29.5换算成为百分数时,则浓缩料在配合饲料中占有10.06%[3.3÷(3.3+29.5)×100%],黄玉米在配合饲料中占有89.94%[29.5÷(3.3+29.5)×100%]。用10.06%的浓缩料和89.94%的黄玉米配制的配合饲料,其蛋白质水平即为13%,达到设计要求。在应用此法时要注意,两种饲料的养分含量必须分别高于和低于所求的数值。

(二)营养需要法

采用方形法计算育肥牛配合饲料,只能考虑配合饲料中粗蛋白质或能量的需要。而在实践中,配合饲料中的营养物质除蛋白质和能量外,还要考虑矿物质、微量元素和维生素的需要。育肥牛饲料中的能量需要,还分为维持需要和增重需要。因此,方形法计算育肥牛配合饲料不能完全满足生产实际的要求,而营养需要法计算设计育肥牛配合饲料,就能较全面的考虑育肥牛的营养需要。

在具体设计计算育肥牛配合饲料的配方之前,要掌握育肥牛(架子牛)体重(最好是实际测量的数据)、育肥阶段(如育肥期初、期中、期末,一般育肥、强度育肥)、增重目标、出栏体重指标和育肥目标(高档型、优质型、普通型)等。现举例说明育肥牛配合饲料配方的运算方法。

1.计算方法1

根据提供的基础数据,设计育肥牛配合饲料配方。一群体重400kg左右的育肥牛处在育肥中期(无补偿生长),要求日增重1000~1100g,育肥目标为普通型育肥。配合饲料以风干重(含水量13%)为基础,粗蛋白质水平为10.9%,代谢能量水平为10.1MJ/kg。计算步骤如下:

第一步,列出拟选择的饲料名称及其营养成分(查饲料营养成分表)演算表如表7-2。

第二步，表7–2 中的粗蛋白质、代谢能、钙、磷指标，饲料含水量为 0，而设计饲料配方时的饲料含水量为 15%，因此，在设计配方前要把饲料的水分含量都校正到 15%(石粉除外)。经校正后拟选择的饲料营养成分如表 7–2，表 7–3。

表 7–2 拟选择的饲料名称及其营养成分表

饲料名称	饲料含水量(%)	粗蛋白质(%)	代谢能(MJ/kg)	钙(%)	磷(%)
黄玉米	0	9.7	13.4306	0.09	0.24
棉籽饼	0	24.5	8.4517	0.92	0.75
胡麻饼	0	36.0	12.3000	0.63	0.84
玉米秸	0	6.6	9.9395	–	–
全株玉米青贮	0	7.1	8.3680	0.44	0.26
食盐	–	–	–	–	–
石粉	–	–	–	36.00	–

表 7–3 校正后拟选择的饲料营养成分表

饲料名称	饲料含水量 (%)	粗蛋白质 (%)	代谢能 (MJ/kg)	钙(%)	磷(%)
黄玉米	15	8.25	11.4160	0.08	0.20
棉籽饼	15	20.83	7.1839	0.78	0.64
胡麻饼	15	30.60	10.4500	0.54	0.71
玉米秸	15	5.61	8.4486	–	–
全株玉米青贮	15	6.04	7.1128	0.37	0.22
食盐	–	–	–	–	–
石粉	–	–	–	36.00	–

第三步，根据经验列出饲料配方的草案，并经过试算，结果如表 7–4。

表 7–4 饲料配方草案

饲料名称	配 比 (%)	粗蛋白质 (%)	代谢能 (MJ/kg)	钙(%)	磷(%)
黄玉米	55.0	4.5375*	6.2788	0.044	0.110
棉籽饼	10.0	2.0830	0.7184	0.078	0.064
胡麻饼	9.0	2.7540	0.9405	0.049	0.064
玉米秸	20.0	1.1220	1.6897	–	–
全株玉米青贮	5.0	0.3020	0.3556	0.019	0.011
食盐	0.5	–	–	–	–
石粉	0.5	–	–	0.18	–
合计	100.00	10.7967	9.9830	0.37	0.249

注：4.5357 由黄玉米粉每千克含蛋白质 8.25 与配合饲料配方中黄玉米的百分数相乘而得，即 8.25×55.0%=4.5357；6.2788 是由黄玉米代谢能含量与配合饲料配方中黄玉米的百分数相乘而得，即 11.416×55%=6.2788。其余类推。

经过第一次试算，粗蛋白质水平低于原设计要求 0.1%，代谢能比设计要求低 0.117，钙、磷比例尚可。因此，要进行适当的调整，提高粗蛋白质和代谢能水平。调整后经过试算，结果见表 7–5。

表 7–5 调整后的饲料配方

饲料名称	配比 (%)	粗蛋白质 (%)	代谢能 (MJ/kg)	钙(%)	磷(%)
黄玉米	59.0	4.8675	6.7354	0.047	0.118
棉籽饼	10.0	2.0830	0.7184	0.078	0.064
胡麻饼	9.0	2.7540	0.9405	0.049	0.064
玉米秸	17.0	0.9357	1.4363	–	–
全株玉米青贮	4.0	0.2416	0.2845	0.015	0.009
食盐	0.5	–	–	–	–
石粉	0.5	–	–	0.18	–
合计	100.00	10.8818	10.11	0.369	0.255

第四步，上述计算时，饲料的水分含量都校正为 15%，但实际喂牛时，饲料的水分不会都是 15%。因此，要把各种饲料的配比(份额)换算成饲料自然状态时的百分数。

2.计算方法 2

根据下面提供的基础数据，编制育肥牛配合饲料配方。一群体重 270kg 左右的架子牛处在育肥初期(无补偿生长)，要求日增重 450~500g，普通型育肥，配合饲料粗蛋白质水平为 10.2%，饲料以干物质重(含水量 0%)为基础，混合饲料的能量水平为 9.2048 MJ/kg。精饲料有黄玉米、棉仁饼，粗饲料有燕麦青干草，矿物质饲料有石粉、食盐、骨粉。粗饲料在配合饲料中的比例为 70%。计算步骤如下：

第一步，把体重 270kg 的架子牛在日增重 450g 生产水平时的营养需要(查相关育肥牛营养需要表)，以及拟选择的饲料名称及营养成分(查相关饲料营养成分表)，列于表 7–6，表 7–7。

表 7–6 架子牛的营养需要

干物质采食量 (kg/头·d)	代谢能(MJ/kg)	粗蛋白质(%)	钙(%)	磷(%)
6.4	9.2048	10.2	0.38	0.24

第二步，先计算粗饲料 70%燕麦青干草所含有的营养物质量。

代谢能含量(MJ/kg)：7.9914×70%=5.5940；

粗蛋白质含量(%)：8.1×70%=5.67；

钙的含量(%):0.4×70%=0.28;

磷的含量(%):0.2×70%=0.14。

表 7-7　拟选择的饲料名称及营养成分表

饲料名称	干物质含量(%)	代谢能 (MJ/kg)	粗蛋白质(%)	钙(%)	磷(%)
黄玉米	88.4	13.8909	9.7	0.02	0.24
棉仁饼	88.3	11.2131	44.6	0.26	2.28
羊草	91.6	7.9914	8.1	0.40	0.20
石粉	100.0	–	–	36.00	–
骨粉	95.0	–	–	22.00	11.00
食盐	–	–	–	–	–

第三步,按设计要求,再计算应从精饲料中补充的各种营养物质数量。

代谢能量(MJ):9.2048–5.5940=3.6108;

粗蛋白质含量(%):10.2–5.67=4.53;

钙(%):0.38–0.28=0.10;

磷(%):0.24–0.14=0.10。

由于在设计中已规定在配合饲料中粗饲料的含量为70%,因此,配合饲料中精饲料的含量只能占30%。这30%的精饲料要补充到配合饲料中,其营养物质中所含的代谢能为3.6108MJ/kg,此时精饲料的代谢能含量只有达到12.036MJ/kg(3.6108÷30%)才能满足要求。同理,推算出精饲料的粗蛋白质含量要达到15.1%(4.53÷30%)时才能满足要求。钙、磷含量也以此类推,计算结果如下。

30%的精饲料应含有代谢能12.036 MJ/kg,粗蛋白质15.1%,钙0.33%,磷0.33%。

第四步,先求出黄玉米粉和棉仁饼在精饲料中所占比例,可用方形图法求出来。(图7–2)

黄玉米在黄玉米与棉仁饼混合物中的比例为:

黄玉米(%)=0.8229÷(0.8229+1.8549)×100%=30.73%

棉仁饼(%)=100%–30.73% =69.27%

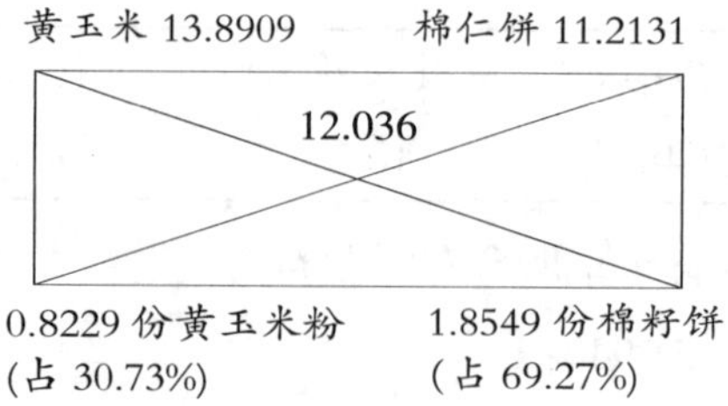

图 7–2

第五步,计算精饲料(黄玉米、棉仁饼)中的营养物含量,列演算式如表 7-8。

表 7-8 精饲料的营养成分

饲料名称	代谢能(MJ/kg)	粗蛋白质(%)	钙(%)	磷(%)
黄玉米	13.8909×69.27%=9.6220	9.7×69.27%=6.7192	0.02×69.27%=0.0139	0.24×69.27%=0.1662
棉仁饼	11.2131×30.73%=3.4458	44.6×30.73%=13.7056	0.26×30.73%=0.0799	2.28×30.73%=0.7006
合 计	13.0678	20.4248	0.0938	0.8668

第六步,与原设计要求进行比较,也列成演算式如表 7-9。

表 7-9 初拟饲料配方的营养成分

饲料名称	代谢能(MJ/kg)	粗蛋白质(%)	钙(%)	磷(%)
70%粗饲料	5.5940	5.67	0.28	0.14
30%精饲料	13.0673 × 30%=3.9203	20.4248 × 30%=6.1274	0.8668 × 30%=0.02814	0.0938 × 30%=0.2604
合计	9.5143	11.7947	0.3081	0.4004
与设计要求比较	+0.2143	+1.5947	−0.0719	+0.1604

第七步,从第六步计算结果可以看出,粗蛋白质数量超过设计要求较多,代谢能也少量超过设计量。因此,要在基本保持代谢能变动不大的前提下,降低粗蛋白质比例。配方中棉仁饼含粗蛋白质含量较高,而燕麦青干草含粗蛋白质较少,用燕麦青干草替代棉仁饼可以达到降低粗蛋白质含量的要求。当用燕麦青干草替代棉仁饼时,每用 1%的燕麦青干草替代棉仁饼,便能降低粗蛋白质 0.365%[(44.6%−8.1%)×1%],现在多余了 1.65%,则应该用 4.5%(1.65%÷36.5%×100%)的燕麦青干草去替代棉仁饼,才能达到设计要求。列出演算式如表 7-10。

表 7-10 调整后的饲料配方营养成分值

饲料名称	代谢能(MJ/kg)	粗蛋白质(%)	钙(%)	磷(%)
黄玉米:69.27%×30%=20.78%	2.8667	2.02	0.0041	0.0495
棉籽饼:(30.73%×30%)−4.5%=4.72%	0.5292	2.12	0.0127	0.1113
燕麦青干草: 70%+4.5%=74.5%	5.9536	6.03	0.298	0.149
合 计	9.3495	10.17	0.3148	0.3098

第八步,从第七步调整后的运算结果看,代谢能、粗蛋白质及钙、磷含量在配合饲料配方中的比例基本已经达到设计要求。如再进一步精确,可以增加石粉以提高钙的比例(0.2%)和增加食盐(0.3%),此两项共增加 0.5%,均从燕麦青干草中扣除,获得在干物质条件下的饲料配方(表 7-11)。

表 7-11 调整钙后的饲料配方营养成分指标

饲料名称	配比(%)	代谢能(MJ/kg)	粗蛋白质(%)	钙(%)	磷(%)
黄玉米	20.62	2.8667	2.02	0.0041	0.0495
棉仁饼	4.88	0.5292	2.12	0.0127	0.1113
燕麦青干草	74.00	5.9536	6.03	0.2960	0.1480
石粉	0.20	–	–	0.0720	–
食盐	0.30	–	–	–	–
合计	100.00	9.3495	10.17	0.3848	0.3088

第九步，在实际饲料配合中是不能用干物质重为基础的，应该将饲料配方以干物质重为基础的比例，还原到饲料的自然重为基础，这样的比例才能在生产实际中应用(表 7-12)。

表 7-12 调整为自然重后的饲料配合比例

饲料名称	干物质重为基础时在配合饲料配方中的份额(%)	自然重为基础时在配合饲料配方中占有的份额(%)
黄玉米粉	20.62÷88.4=23.33	5.53÷110.25%=21.16
棉仁饼	4.88÷88.3=5.53	23.33+110.25%=5.01
燕麦青干草	74.00÷91.6=80.79	80.79÷110.25%=73.27
石 粉	0.2	0.20+110.25% =0.18
食盐	0.3	0.30+110.25%=0.27
合 计	110.25	100.00

最后，列出体重 270kg 架子牛育肥初期的饲料配方为：黄玉米粉 21.16%，棉仁饼 5.01%，燕麦青干草 73.27%，石粉 0.18%，食盐 0.27%。

3.计算方法 3

在设计牦牛育肥期配合饲料配方时，肯定会遇到各种饲料含水量不一致的问题。如青饲料含水量 80%以上，青贮饲料含水量 60%以上，酒糟含水量 60%以上，啤酒糟含水量 80%以上，精饲料含水量 14%左右。含水量相差如此悬殊的饲料，在设计饲料配方运算时非常烦琐复杂。为了简化运算，可以先将各种饲料的含水量校正到同一水平条件下再进行运算，当运算结束后，再还原到自然含水量时的饲料比例。现举例说明。

某白牦牛育肥场需要为一群体重 300kg 左右的公牛设计饲料配方，能提供的饲料品种有全株青贮玉米、黄玉米、棉籽饼、白酒糟、小麦秸、食盐和石粉。要求设计的配合饲料配方标准：维持净能 7.238 MJ/kg，增重净能 4.184MJ/kg，钙 0.23%，磷 0.17%，蛋白质水平为 13.3%。育肥白牦牛每日增重 1000g。

第一步，在饲料成分表中查出全株青贮玉米、黄玉米、棉籽饼、白酒糟、小麦秸、食盐与石粉的营养成分，见表 7–13。

表 7–13　配方饲料的营养成分

饲料名称	饲料中干物质(%)	干物质中营养物质含量					
		粗蛋白质 (%)	代谢能 (MJ/kg)	维持净能 (MJ/kg)	增重净能 (MJ/kg)	钙(%)	磷(%)
全株青贮玉米	25.0	6.0	8.4935	5.0208	2.1757	–	–
黄玉米	88.0	9.7	13.8909	9.6650	6.2342	0.02	0.24
棉籽饼	84.4	24.5	8.4517	4.9790	2.0920	0.92	0.75
白酒糟	20.7	24.7	12.7194	8.3680	5.5647	–	–
小麦秸	89.6	6.3	6.9036	4.1422	0.3766	0.06	0.07
石粉	100.0	–	–	–	–	36.00	–
食盐	100.0	–	–	–	–	–	–

第二步，依据实践经验，提出上述饲料在配合饲料中的比例方案，列出演算结果如表 7–14。

表 7–14　初拟饲料配方的营养成分

饲料名称	饲料中干物质(%)	配合饲料中的量(干物质)		
		百分比(%)	维持净能 (MJ/kg)	增重净能 (MJ/kg)
青贮玉米	25.0	30	1.5062*	0.6527
黄玉米	88.0	27	2.6096	1.6832
棉籽饼	84.4	15	0.7468	0.3138
白酒糟	20.7	23	1.9246	1.2799
小麦秸	89.6	5	0.2071	0.0188
石粉	100.0	–	–	–
食盐	100.0	–	–	–
合计		100	6.9944	3.9484

注：1.5062 是全株青贮玉米在拟定中的比例(30%)乘以该饲料绝对干重时的维持净能的含量，即 30%×5.0208=1.5062；同理 0.6527 是 30%×2.1757 而得，其余类推。

第三步，经过第一次计算后可以看出，依据生产经验列出的配合饲料配方比例没有达到设计的要求，因此，要调整各种饲料的比例。同时，可以看出维持净能量和增重净能量离设计要求的数量有较大距离。要设法提高配方中维持净能和增重净能，比较简单的办法是在黄玉米、小麦秸和棉籽饼三种饲料中进行增减，现列出演算结果如表 7–15。

表 7-15 调整后的饲料配方营养成分值

饲料名称	饲料中干物质含量(%)	配合饲料中的量(干物质)			实际饲喂时	
		配合比例(%)	维持净能(MJ/kg)	增重净能(MJ/kg)	份额(%)	自然重时的配合比例(%)
青贮玉米	25.0	30.0	1.5062	0.6527	120*	120%÷283.59%=42.3
黄玉米粉	88.0	32.0	3.0928	1.9949	36.36	36.36%÷283.59%=12.8
棉籽饼	84.4	12.0	0.5975	0.2510	14.22	14.22%÷283.59%=5.0
白酒槽	20.7	23.0	1.8995	1.2631	109.66	109.66%÷283.59%=38.7
小麦秸	89.6	3.0	0.1243	0.01130	3.35	3.35%÷283.59%=1.2
石粉	100.0	–	–	–	–	–
食盐	100.0	–	–	–	–	–
合计		100	7.2203	4.1731	283.59	100.00

注:120%是全株青贮玉米饲料在日粮中的比例与该饲料的干物质含量(%)相除而得，即 30%÷25%=120%,其余类推。

经过第二次演算,维持净能和增重净能在饲料配方中的比例已接近设计要求。如果要进一步细化,可以再调整各种饲料的比例,直到满意为止。

第四步,在原演算表中增加粗蛋白质、钙、磷的比例,看是否符合设计要求,如果高于或低于设计要求,再进行调整,直到符合设计要求为止。演算结果如表 7-16。

表 7-16 调整粗蛋白质、钙、磷后饲料配方营养成分

饲料名称	饲料中干物质(%)	饲料中的量(以干物质为基础)						实际饲喂时	
		配比(%)	维持净能(MJ/kg)	增重净能(MJ/kg)	粗蛋白质(%)	钙(%)	磷(%)	份额(%)	自然重时的配合比例(%)
青贮玉米	25.0	30.0	1.5062	0.6527	1.800	–	–	120.00*	42.3
黄玉米	88.0	32.0	3.0928	1.9949	3.104	0.0064	0.0768	36.36	12.8
棉籽饼	84.4	12.0	0.5975	0.2510	2.940	0.1440	0.0900	14.22	5.0
白酒糟	20.7	22.6	1.8912	1.2577	5.582	–	–	109.10	38.3
小麦秸	89.6	3.0	0.1243	0.0113	0.001	0.0018	0.0021	3.35	1.2
石粉	100.0	0.3	–	–	–	0.1080	–	0.10	0.3
食盐	100.0	0.1	–	–	–	–	–	–	0.1
合计		100.0	7.2270	4.1677	13.43	0.2266	0.1689	283.51	100

注:青贮玉米饲料的份额计算为 30%÷25%=120%,其余类推。

经过上述一系列的运算,配合饲料配方已经确定。但是能否达到设计要求(主要指育肥牛的增重),可以用以下方法来检验。

体重300kg的育肥牛要达到日增重1000g时,每天采食的饲料干物质量为7.8kg(饲料自然重为22kg)。根据育肥牦牛营养需要,此时育肥牛每日用于维持需要的维持净能为23.2212MJ,需要上述配合饲料为:23.2213÷7.227=3.22(kg)。剩余的饲料用于增重:7.8−3.22=4.58kg。

设计的配合饲料中,每千克含增重净能为4.1677MJ,则育肥牛每天能获得的增重净能量为:4.1677×4.58=19.0881(MJ)。

19.0881MJ的增重净能不能满足300kg体重公牛日增重1000g时的营养需要量?根据有关牦牛的营养需要可知,300kg体重公牛日增重1000g时的营养需要量为17.9494MJ,19.0881MJ大于17.9494 MJ,因此,育肥牛在上述配合饲料配比下,日增重达到1000g是有保证的。当300kg体重公牛日增重达到1100g时的营养需要量为19.9995MJ,19.0881MJ为19.9995 MJ的95.44%,因此可以估测,育肥牛群每天采食量达到7.8kg时,该育肥牛群的平均日增重可望达到1000~1100g。

(三)电脑法

用电脑设计育肥牛的饲料配方,快捷方便,精确可靠,有条件者可以使用。现介绍较简单的一种用电脑编制育肥牛饲料配方的方法。

某牦牛育肥场有一群体重300kg的公牛即将开始育肥,需要设计饲料配方,能提供的饲料品种有全株青贮玉米、黄玉米、小麦麸、米糠、高粱糠、玉米酒精蛋白质饲料、棉籽饼、玉米秸、苜蓿草、燕麦青干草、小麦秸、食盐和石粉。要求设计的配合饲料配方的标准是:每千克配合饲料(干物质为基础)中含有维持净能7MJ,增重净能4.21MJ,钙0.44%,磷0.42%,粗蛋白质水平为12%。育肥牛每日增重900g。

由于饲料的含水量差别很大,不同含水量的饲料用于设计饲料配方时,计算过程非常复杂。为了计算方便,先把饲料的含水量都校正到同一个水平,即饲料的含水量为零。因此,表7−17至表7−22中的维持净能、增重净能、钙、磷指标均设含水量为零时的含量。

用电脑法设计育肥牛饲料配方的步骤如下:

第一步,打开电脑;

第二步,点击“开始”;

第三步,点击“所有程序”;

第四步,点击“microsoft Excel”,出现如表7−17;

表 7–17　没有填写表头栏目的空表格

	A	B	C	D	E	F	G	H	I
1									
2									
3									
4									
5									
6									
7									
8									
9									
10									
11									
12									
13									
14									
15									
16									
17									
18									

第五步，在表中填写表头栏目:A 项为饲料名称,B 项为干物质,C 项为经验配方,D 项为维持净能,E 项为计算值,F 项为增重净能,G 项为计算值,H 项为蛋白质,I 项为计算值,J 项为钙,K 项为计算值,L 项为磷,M 项为计算值,N 项为份额,O 项为实际喂料时自然状态下的饲料比例,P 项为实际喂料时自然状态下饲料的干物质含量。还可以增加项目,如饲料价格等(表 7–18);

表 7-18 填写表头栏目的表格

	A	B	C	D	E	F	G	H	I	J	K	L	M	N	O	P
1	饲料名称	干物质(%)	经验配方(%)	维持净能(MJ/kg)	计算值	增重净能(MJ/kg)	计算值	蛋白质(%)	计算值	钙(%)	计算值	磷(%)	计算值	份额	饲喂比例(%)	饲喂时饲料中干物质(%)
2																
3																
4																
5																
6																
7																
8																
9																
10																

第六步，填写饲料名称、干物质含量(%)、经验配方比例(%)、维持净能(MJ/kg)、增重净能(MJ/kg)、蛋白质(%)、钙(%)、磷(%)，如表 7-19；

表 7-19　配方选用的饲料名称及营养成分

	A	B	C	D	E	F	G	H	I	J	K	L	M	N	O	P
1	饲料名称	干物质(%)	经验配方(%)	维持净能(MJ/kg)	计算值	增重净能(MJ/kg)	计算值	蛋白质(%)	计算值	钙(%)	计算值	磷(%)	计算值	份额(%)	饲喂比例(%)	饲喂时饲料中干物质(%)
2	黄玉米	88.4		9.12		5.98		9.7		0.09		0.24				
3	小麦麸	89.9		6.69		4.31		16.3		0.06		0.21				
4	米糠	90.2		8.33		5.56		13.4		0.16		1.15				
5	高粱糠	91.1		8.28		5.52		10.5		0.05		0.89				
6	棉籽饼	84.4		4.98		2.09		24.5		0.92		0.75				
7	菜籽饼	92.2		7.74		5.15		39.5		0.79		1.03				
8	全株青贮玉米	22.7		4.94		2.01		7.1		0.44		0.26				
9	苜蓿草	87.7		5.31		2.68		20.9		1.68		0.22				
10	燕麦干草	85.2		4.31		0.84		8.0		0.48		0.36				
11	玉米秸	90.0		5.69		3.18		6.6		–		–				
12	稻草	85.0		4.18		0.50		3.4		0.11		0.05				
13	小麦秸	89.6		4.14		0.38		6.3		0.06		0.07				
14	食盐															
15	石粉															
16	计算值															
17	标准															

第七步，列出经验配方与饲料配方标准(每千克饲料中维持净能、增重净能、蛋白质、钙、磷)，如表 7-20；

表 7-20 经验配方与饲料配方营养标准

	A	B	C	D	E	F	G	H	I	J	K	L	M	N	O	P
1	饲料名称	干物质(%)	经验配方(%)	维持净能(MJ/kg)	计算值	增重净能(MJ/kg)	计算值	蛋白质(%)	计算值	钙(%)	计算值	磷(%)	计算值	份额(%)	饲喂比例(%)	饲喂时饲料中干物质(%)
2	黄玉米	88.4	15	9.12		5.98		9.7		0.09		0.24				
3	小麦麸	89.9	5	6.69		4.31		16.3		0.06		0.21				
4	米糠	90.2	10	8.33		5.56		13.4		0.16		1.15				
5	高粱糠	91.1	10	8.28		5.52		10.5		0.05		0.89				
6	棉籽饼	84.4	5	4.98		2.09		24.5		0.92		0.75				
7	菜籽饼	92.2	6.4	7.74		5.15		39.5		0.79		1.03				
8	全株青贮玉米	22.7	15	4.94		2.01		7.1		0.44		0.26				
9	苜蓿草	87.7	5	5.31		2.68		20.9		1.68		0.22				
10	燕麦干草	85.2	5	4.31		0.84		8.0		0.48		0.36				
11	玉米秸	90.0	18	5.69		3.18		6.6		–		–				
12	稻草	85.0		4.18		0.50		3.4		0.11		0.05				
13	小麦秸	89.6	5	4.14		0.38		6.3		0.06		0.07				
14	食盐		0.3													
15	石粉		0.3													
16	计算值															
17	标准			7.00		4.21		12.0		0.44		0.42				

第八步，计算；

①维持净能计算。把鼠标点入 E 列 2 行，此时表的左上方出现“▼fx”，点击键盘上“=”键，左上方出现“▼×√ .fx= ”，在 E 列 2 行输入 C2*D2/100，点击“√”，E 列 2 行出现计算值，把鼠标点入 E 列 3 行，点击键盘上“=”键，输入 C3*D3/100，点击“√”，E 列 3 行出现计算值(有的电

脑把鼠标点入 E 列 2 行左上方出现“E2▼=”,在 E 列 2 行输入 C2 * D2/100 时,左上方出现“E2 ▼X √="C2* D2/100,点击√,右下方出现“输入 ="C2*D2/100,点击“=”键,下方出现“编辑程序”,左上方出现“▼X√="C2*D2/100,计算结果:点击确定,E2 行出现计算结果)。

②增重净能计算。把鼠标点入 G 列 2 行,计算过程同维持净能的计算。计算值如表 7–21。

表 7–21 经验配方营养成分与配方营养标准比较

	A	B	C	D	E	F	G	H	I	J	K	L	M	N	O	P
1	饲料名称	干物质(%)	经验配方(%)	维持净能(MJ/kg)	计算值	增重净能(MJ/kg)	计算值	蛋白质(%)	计算值	钙(%)	计算值	磷(%)	计算值	份额(%)	饲喂比例(%)	饲喂时饲料中干物质(%)
2	黄玉米	88.4	15	9.12	1.37	5.98	0.90	9.7	1.46	0.09		0.24				
3	小麦麸	89.9	5	6.69	0.33	4.31	0.22	16.3	0.82	0.06		0.21				
4	米糠	90.2	10	8.33	0.83	5.56	0.56	13.4	13.4	0.16		1.15				
5	高粱糠	91.1	10	8.28	0.83	5.52	0.55	10.5	1.05	0.05		0.89				
6	棉籽饼	84.4	5	4.98	0.25	2.09	0.11	24.5	1.23	0.92		0.75				
7	菜籽饼	92.2	6.4	7.74	0.50	5.15	0.33	39.5	2.53	0.79		1.03				
8	全株青贮玉米	22.7	15	4.94	0.74	2.01	0.30	7.1	1.07	0.44		0.26				
9	苜蓿草	87.7	5	5.31	0.27	2.68	0.13	20.9	1.05	1.68		0.22				
10	燕麦干草	85.2	5	4.31	0.22	0.84	0.04	8.0	0.40	0.48		0.36				
11	玉米秸	90.0	18	5.69	1.02	3.18	0.57	6.6	1.19	–		–				
12	稻草	85.0		4.18		0.50		3.4		0.11		0.05				
13	小麦秸	89.6	5	4.14	0.21	0.38	0.02	6.3	0.32	0.06		0.07				
14	食盐		0.3													
15	石粉		0.3													
16	计算值				6.57		3.73		12.13							
17	标准			7.00		4.21		12.0		0.44		0.42				

第九步，经过维持净能、增重净能、粗蛋白质的计算，三项指标中维持净能、增重净能没有达到设计要求，粗蛋白质高于设计要求。因此，其他项待调整配方比例后再计算。调整配方比例时，要提高维持净能、增重净能水平，降低粗蛋白质水平(表 7–22)；

表 7–22　调整后的配方营养成分与标准比较

	A	B	C	D	E	F	G	H	I	J	K	L	M	N	O	P
1	饲料名称	干物质(%)	经验配方(%)	维持净能(MJ/kg)	计算值	增重净能(MJ/kg)	计算值	蛋白质(%)	计算值	钙(%)	计算值	磷(%)	计算值	份额(%)	饲喂比例(%)	饲喂时饲料中干物质(%)
2	黄玉米	88.4	15	9.12	1.73	5.98	1.14	9.7	1.84	0.09		0.24				
3	小麦麸	89.9	5	6.69	0.33	4.31	0.22	16.3	0.82	0.06		0.21				
4	米糠	90.2	10	8.33	0.83	5.56	0.56	13.4	13.4	0.16		1.15				
5	高粱糠	91.1	10	8.28	0.83	5.52	0.55	10.5	1.05	0.05		0.89				
6	棉籽饼	84.4	5	4.98	0.25	2.09	0.10	24.5	1.23	0.92		0.75				
7	菜籽饼	92.2	6.4	7.74	0.50	5.15	0.33	39.5	2.53	0.79		1.03				
8	全株青贮玉米	22.7	14	4.94	0.69	2.01	0.28	7.1	0.99	0.44		0.26				
9	苜蓿草	87.7	5	5.31	0.27	2.68	0.13	20.9	1.05	1.68		0.22				
10	燕麦干草	85.2	5	4.31	0.22	0.84	0.04	8.0	0.40	0.48		0.36				
11	玉米秸	90.0	18	5.69	0.85	3.18	0.48	6.6	0.99	–		–				
12	稻草	85.0		4.18		0.50		3.4		0.11		0.05				
13	小麦秸	89.6	5	4.14	0.21	0.38	0.02	6.3	0.32	0.06		0.07				
14	食盐		0.3													
15	石粉		0.3													
16	计算值				6.77		3.85		12.85							
17	标准			7.00		4.21		12.0		0.44		0.42				

第十步，经过第二次计算，维持净能、增重净能指标仍未达到设计要求，粗蛋白质项指标

超出设计要求，因此，要再次调整配方比例后再计算(提高增重净能、降低粗蛋白质水平)。在调整饲料比例时，从饲料成分表中可以看到，小麦秸、玉米秸和玉米青贮饲料粗蛋白质含量相差小，增重净能相差较大，减少小麦秸和玉米青贮饲料，增加玉米秸，减少棉籽饼，增加玉米，再计算。如表 7–23；

表 7–23　第二次调整后的饲料配方营养成分与标准比较

	A	B	C	D	E	F	G	H	I	J	K	L	M	N	O	P
1	饲料名称	干物质(%)	经验配方(%)	维持净能(MJ/kg)	计算值	增重净能(MJ/kg)	计算值	蛋白质(%)	计算值	钙(%)	计算值	磷(%)	计算值	份额(%)	饲喂比例(%)	饲喂时饲料中干物质(%)
2	黄玉米	88.4	21	9.12	1.92	5.98	1.26	9.7	2.04	0.09		0.24				
3	小麦麸	89.9	5	6.69	0.33	4.31	0.22	16.3	0.82	0.06		0.21				
4	米糠	90.2	12	8.33	0.83	1.00	5.56	13.4	1.61	0.16		1.15				
5	高粱糠	91.1	11.5	8.28	0.95	5.52	0.63	10.5	1.21	0.05		0.89				
6	棉籽饼	84.4	3	4.98	0.15	2.09	0.06	24.5	0.74	0.92		0.75				
7	菜籽饼	92.2	6.4	7.74	0.50	5.15	0.33	39.5	2.53	0.79		1.03				
8	全株青贮玉米	22.7	12	4.94	0.59	2.01	0.24	7.1	0.85	0.44		0.26				
9	苜蓿草	87.7	2	5.31	0.11	2.68	0.05	20.9	0.42	1.68		0.22				
10	燕麦干草	85.2	2	4.31	0.09	0.84	0.02	8.0	0.16	0.48		0.36				
11	玉米秸	90.0	22.5	5.69	1.28	3.18	0.76	6.6	1.49	–		–				
12	稻草	85.0		4.18		0.50		3.4		0.11		0.05				
13	小麦秸	89.6	2	4.14	0.08	0.38	0.01	6.3	0.13	0.06		0.07				
14	食盐		0.3													
15	石粉		0.3													
16	计算值				7		4.21		12							
17	标准			7.00		4.21		12.0		0.44		0.42				

第十一步，经过几次调整比例后计算，维持净能、增重净能、粗蛋白质指标都达到设计要求，此时再进行钙、磷的计算。如表 7–24；

表 7–24 第二次调整后的饲料配方营养成分(包括钙、磷)

	A	B	C	D	E	F	G	H	I	J	K	L	M	N	O	P
1	饲料名称	干物质(%)	经验配方(%)	维持净能(MJ/kg)	计算值	增重净能(MJ/kg)	计算值	蛋白质(%)	计算值	钙(%)	计算值	磷(%)	计算值	份额(%)	饲喂比例(%)	饲喂时饲料中干物质(%)
2	黄玉米	88.4	21	9.12	1.92	5.98	1.26	9.7	2.04	0.09	0.019	0.24	0.05			
3	小麦麸	89.9	5	6.69	0.33	4.31	0.22	16.3	0.82	0.06	0.003	0.21	0.011			
4	米糠	90.2	12	8.33	1.00	5.56	0.67	13.4	1.61	0.16	0.019	1.15	0.138			
5	高粱糠	91.1	11.5	8.28	0.95	5.52	0.63	10.5	1.21	0.05	0.06	0.89	0.102			
6	棉籽饼	84.4	3	4.98	0.15	2.09	0.06	24.5	0.74	0.92	0.028	0.75	0.015			
7	菜籽饼	92.2	6.4	7.74	0.50	5.15	0.33	39.5	2.53	0.79	0.051	1.03	0.066			
8	全株青贮玉米	22.7	12	4.94	0.59	2.01	0.24	7.1	0.85	0.44	0.053	0.26	0.031			
9	苜蓿草	87.7	2	5.31	0.11	2.68	0.05	20.9	0.42	1.68	0.034	0.22	0.004			
10	燕麦干草	85.2	2	4.31	0.09	0.84	0.02	8.0	0.16	0.48	0.010	0.36	0.007			
11	玉米秸	90.0	22.45	5.69	1.28	3.18	0.76	6.6	1.49	–		–				
12	稻草	85.0		4.18		0.50		3.4		0.11		0.05				
13	小麦秸	89.6	2	4.14	0.08	0.38	0.01	6.3	0.13	0.06		0.07				
14	食盐		0.2													
15	石粉		0.45							36.0	0.162					
16	计算值				7		4.21		12		0.439		0.424			
17	标准			7.00		4.21		12.0		0.44		0.42				

钙、磷含量符合设计要求(钙比磷=1~2:1)。

第十二步，计算实际饲喂时比例。先计算份额(方法同表 7–17，但是必须运用电脑程序，和维持净能计算方法一样)，还可以计算配合饲料的价格、配合饲料的干物质含量等。

在表 7–25 中，改动任何一个数据，整个表的数据会发生变化，因此，可以设计你所需要的饲料配方。

表 7–25　各种饲料实际饲喂比例

	A	B	C	D	E	F	G	H	I	J	K	L	M	N	O	P
1	饲料名称	干物质(%)	经验配方(%)	维持净能(MJ/kg)	计算值	增重净能(MJ/kg)	计算值	蛋白质(%)	计算值	钙(%)	计算值	磷(%)	计算值	份额(%)	饲喂比例(%)	饲喂时饲料中干物质(%)
2	黄玉米	88.4	21	9.12	1.92	5.98	1.26	9.7	2.04	0.09	0.019	0.24	0.05	23.75	15.7	
3	小麦麸	89.9	5	6.69	0.33	4.31	0.22	16.3	0.82	0.06	0.003	0.21	0.011	5.56	3.67	
4	米糠	90.2	12	8.33	1.00	5.56	0.67	13.4	1.61	0.16	0.019	1.15	0.138	13.35	8.84	
5	高粱糠	91.1	11.5	8.28	0.95	5.52	0.63	10.5	1.21	0.05	0.06	0.89	0.102	12.62	8.35	
6	棉籽饼	84.4	3	4.98	0.15	2.09	0.06	24.5	0.74	0.92	0.028	0.75	0.015	3.55	2.35	
7	菜籽饼	92.2	6.4	7.74	0.50	5.15	0.33	39.5	2.53	0.79	0.051	1.03	0.066	6.94	4.58	
8	全株青贮玉米	22.7	12	4.94	0.59	2.01	0.24	7.1	0.85	0.44	0.053	0.26	0.031	52.86	34.97	
9	苜蓿草	87.7	2	5.31	0.11	2.68	0.05	20.9	0.42	1.68	0.034	0.22	0.004	2.28	1.51	
10	燕麦干草	85.2	2	4.31	0.09	0.84	0.02	8.0	0.16	0.48	0.010	0.36	0.007	2.35	1.55	
11	玉米秸	90.0	22.45	5.69	1.28	3.18	0.76	6.6	1.49	–		–		24.94	16.51	
12	稻草	85.0		4.18		0.50		3.4		0.11		0.05				
13	小麦秸	89.6	2	4.14	0.08	0.38	0.01	6.3	0.13	0.06		0.07		2.23	1.47	
14	食盐		0.2											0.2	0.2	
15	石粉		0.45							36.0	0.162			0.45	0.30	
16	计算值				7		4.21		12		0.439		0.424	151.08		
17	标准			7.00		4.21		12.0		0.44		0.42				

三、白牦牛育肥期配合饲料配方示例

该配合饲料配方是根据育肥牛不同饲养阶段设计的。

(一)体重 300 kg 公牦牛过渡期饲料配方

牦牛在育肥开始前有一短暂的过渡期(也称为适应期),时间为 5 天左右。在过渡期育肥牛配合饲料以青贮饲料、干粗饲料为主,使牦牛在较短时间内适应新的生活环境条件。牦牛过渡期配合饲料配方如表 7-26 所示。

表 7-26 白牦牛公牛过渡期配合饲料配方示例

饲料名称	配方一	配方二	配方三	配方四	配方五
玉米(%)	20.6	8.5	14.3	4.7	–
棉籽饼(%)	13.9	–	13.2	–	3.6
玉米胚芽饼(%)	–	20.9	–	14.8	–
麦麸(%)	–	–	–	–	9.7
甜菜干粕(%)	6.9	–	–	–	–
玉米酒精蛋白料(湿,%)	–	15.1	–	15.3	–
玉米酒精蛋白料(干,%)	–	–	–	5.4	10.1
全株玉米青贮饲料(%)	45.0	48.3	49.0	36.1	43.1
苜蓿(%)	–	–	–	–	8.2
玉米秸(%)	13.6	–	23.5	15.8	18.1
玉米皮(%)	–	4.5	–	5.0	6.8
小麦秸(%)	–	3.2	–	2.4	–
添加剂(%,外加)	1.0	1.0	1.0	1.0	1.0
食盐(%)	0.2	0.2	0.2	0.2	0.2
石粉(%)	0.3	0.4	0.3	0.3	0.2
维持净能(MJ/kg)	6.14	7.32	6.39	6.19	5.77
增重净能(MJ/kg)	3.64	1.09	3.73	3.68	3.26
粗蛋白质(%)	11.40	13.70	11.00	14.40	14.7
钙(%)	0.46	0.44	0.40	0.37	0.58
磷(%)	0.32	0.36	0.34	0.36	0.55
预计日采食量(kg,自然重)	13.1	12.0	13.70	13.7	14.5
预计日增重(g)	900	900	900	800	700

(二)体重 300~350kg 白牦牛公牛饲料配方

体重 300kg 白牦牛公牛经过过渡饲养以后,立即进入育肥期饲养,育肥期牛饲料配方示例如表 7-27 所示。

表 7-27 体重 300~350kg 白牦牛公牛育肥期配合饲料配方示例

饲料名称	配方一	配方二	配方三	配方四	配方五
玉米(%)	31.2	18.4	17.3	21.1	16.9
玉米胚芽饼(%)	–	13.2	14.1	–	15.4
棉籽饼(%)	6.4	–	–	9.4	2.3
甜菜干粕(%)					
玉米酒精蛋白料(湿,%)	–	18.6	15.0	–	–
玉米酒精蛋白料(干,%)	–	–	–	–	10.7
全株玉米青贮饲料(%)	44.1	27.0	40.0	50.0	34.1
玉米秸(%)	3.4	10.7	10.6	18.0	7.0
玉米皮(%)	–	4.4	1.5	–	12.0
小麦秸(%)	–	6.2	–	–	–
甜菜干粕(%)	10.0	–	–	–	–
添加剂(%,外加)	1.0	1.0	1.0	1.0	1.0
食盐(%)	0.2	0.2	0.2	0.2	0.2
石粉(%)	0.3	0.3	0.3	0.3	0.4
维持净能(MJ/kg)	7.28	6.95	7.03	6.81	6.95
增重净能(MJ/kg)	4.45	4.20	4.27	4.09	4.23
粗蛋白质(%)	11.0	12.8	12.96	10.4	14.31
钙(%)	0.37	0.33	0.38	0.34	0.37
磷(%)	0.32	0.30	0.32	0.31	0.37
预计日采食量(kg,自然重)	13.2	15.2	14.1	14.2	14.5
预计日增重(g)	1200	1000	1000	1000	1000

(三)体重 350~400 kg 白牦牛公牛饲料配方

体重 350~400kg 公牛饲料配方示例如表 7-28 所示。

表 7-28 体重 350~400kg 白牦牛公牛饲料配方示例

饲料名称	配方一	配方二	配方三	配方四	配方五
玉米(%)	26.4	30.7	31.2	34.0	46.4
麦麸(%)	–	–	–	–	2.9
玉米胚芽饼(%)	–	–	–	2.0	–
棉籽饼(%)	7.2	9.8	7.0	3.6	7.7
棉籽(%)	3.6	3.3	3.5	–	2.3
菜籽饼(%)	3.6	–	–	–	–
玉米酒精蛋白料(干,%)	–	–	–	18.0	–
全株玉米青贮饲料(%)	41.0	48.4	44.0	–	32.0
甜菜干粮(%)	7.0	–	13.6	–	11.0
玉米秸(%)	10.7	7.4	–	19.3	–
苜蓿草(%)	–	–	–	5.0	–
玉米皮(%)	–	–	–	14.7	–
维持净能(MJ/kg)	6.94	7.27	7.31	7.24	7.81
增重净能(MJ/kg)	4.25	4.46	4.47	4.44	4.86
粗蛋白质(%)	12.55	11.20	11.20	14.20	10.95
钙(%)	0.39	0.34	0.39	0.39	0.39
磷(%)	0.37	0.32	0.33	0.36	0.37
预计日采食量(kg,自然重)	14.8	15.9	15.2	15.5	13.6
预计日增重(g)	1000	1100	1100	1100	1200

（四）白牦牛公牛育肥后期饲料配方

白牦牛公牛育肥后期配合饲料配方示例如表 7–29 所示。

表 7–29 肉牛育肥后期饲料配方示例

饲料名称	配方一	配方二	配方三	配方四	配方五
玉米(%)	40.7	35.9	24.7	30.4	48.5
大麦(%)	8.0	–	–	–	8.6
棉籽饼(%)	8.1	–	–	–	6.0
玉米胚芽饼(%)	–	16.0	17.8	17.0	–
棉籽饼(%)	–	–	–	–	2.5
玉米酒精蛋白料(湿,%)	–	–	–	17.0	–
玉米酒精蛋白料(干,%)	–	7.2	4.1	–	–
全株玉米青贮饲料(%)	26.0	25.1	32.6	18.0	21.0
甜菜干粕(%)	16.0	–	–	–	12.2
苜蓿草(%)	–	4.6	–	–	–
玉米秸(%)	–	2.6	9.2	9.0	–
小麦秸(%)	–	–	–	5.0	–
玉米皮(%)	–	7.3	10.0	1.8	–
添加剂(%)	1.0	1.0	1.0	1.0	1.0
食盐(%)	0.2	0.3	0.2	0.3	0.2
石粉(%)	–	0.55	0.4	0.5	–
维持净能(MJ/kg)	7.67	7.66	7.28	7.53	7.86
增重净能(MJ/kg)	4.71	4.77	4.56	4.69	4.94
粗蛋白质(%)	10.7	13.46	12.60	12.90	10.7
钙(%)	0.34	0.35	0.40	0.32	0.34
磷(%)	0.28	0.33	0.35	0.31	0.31
预计日采食量(kg,自然重)	14.3	14.5	15.1	16.5	13.6
预计日增重(g)	1200	1200	1100	1100	1100

四、精饲料与粗饲料的比例

育肥牛配合饲料中精饲料与粗饲料的比例是否合适，既影响育肥牛的采食量，又影响育肥牛的增重和饲养成本。因此，在设计育肥牛的饲料配方时，要十分注意精饲料与粗饲料的比例。据有关报道，育肥牛饲料配方中精饲料与粗饲料比例，禁忌精饲料和粗饲料的比例各占50%(饲料转化效率下降)。因此，在设计育肥牛饲料配方时，尽量避开这个禁忌点。白牦牛在育肥期的全程(60→90→180→240 天)中，可划分为 2~3 个阶段(在生产高档牛肉时，育肥时间不能少于 150~180 天，否则达不到目的)。现将不同育肥期内的精饲料与粗饲料比例分列于表 7-30、表 7-31、表 7-32、表 7-33。

表 7-30 育肥期 240 天时精饲料与粗饲料比例

育肥阶段	育肥天数(天)	精饲料比例(%)	粗饲料比例(%)
过渡期	5	30	70
一般育肥期	130	60~70	40~30
育肥后期(催肥期)	105	75~85	25~15

表 7-31 育肥期 180 天时精饲料与粗饲料比例

育肥阶段	育肥天数(天)	精饲料比例(%)	粗饲料比例(%)
过渡期	5	40	60
一般育肥期	75	70	30
育肥后期(催肥期)	100	85	15

表 7-32 育肥期 90 天时精饲料与粗饲料比例

育肥阶段	育肥天数(天)	精饲料比例(%)	粗饲料比例(%)
过渡期	5	40	60
催肥期	85	80	20

表 7-33 育肥期 60 天时精饲料与粗饲料比例

育肥阶段	育肥天数(天)	精饲料比例(%)	粗饲料比例(%)
过渡期	5	40	60
催肥期	55	85	15

第七节　白牦牛舍饲育肥饲养管理技术

近年来,由于牧区实行禁养限养,使白牦牛舍饲养殖得到长足发展,白牦牛舍饲养殖技术水平、育肥技术水平也得到了很大提高。

一、架子牛过渡期饲养管理技术

(一)架子牛恢复性饲养技术

根据调查,有些批次的牦牛从牧区收购运到育肥场后,很快恢复到运输前的体重,有些批次的牦牛恢复较慢,各批次间架子牛体重恢复,差异很大。

1.架子牛过渡期内增重不理想的原因

一是大部分从贩牛人手中购买的牛,贩牛人在牛出售前几小时大量饲喂精饲料,造成牛过度采食而引发胃肠疾病;二是贩牛人在牛出售前几小时大量灌水,伤及胃肠;三是运输时应激反应;四是架子牛进育肥场后管理不到位。

2.架子牛恢复期关键饲养技术

一是洗胃,用洗胃液将胃内食物尽早排出。二是健胃,洗胃后立即用健胃药健胃。三是护理,经过洗胃健胃后要精心护理,供给充足饮水(饮水中加小麦麸300~400g,人工盐100~150g),保持牛床干燥,有条件时可以铺垫草。牛场要保持环境安静。饲喂饲料时,第一天与第二天日粮以优质粗饲料、青贮饲料和麸皮为主,饲喂量为牛体重(自然重)的3%~3.2%;第四天起日粮中增加配合精饲料,每头每日1.52kg,饲料喂量为牛体重(自然重)的3.5%~3.8%;第五天日粮中精料比例占25%~30%,日饲喂量达体重(自然重)的4%左右。四是拌料饲喂,精饲料、粗饲料、青贮饲料、糟渣饲料、添加剂饲料等,要充分搅拌均匀后喂牛。个体养牛户可将各种饲料(按饲料配方)放到饲料槽内,搅拌后喂牛。规模养殖户可将各种饲料(按饲料配方)放在水泥池或水缸内,充分搅拌均匀后喂牛。规模养殖场可将各种饲料(按饲料配方)放在水泥地上,充分搅拌均匀后喂牛。每次配制混合饲料要现配现喂,夏季配制的混合饲料应在1~2h内喂完,其他季节可稍长一些(以4h为最长)。五是饲喂配方饲料,根据当地饲料供应情况,选择与设计架子牛过渡期的饲料配方。推荐的配方有以下几种:

配方1:优质野干草2kg,玉米秸秆3kg,青贮饲料2kg,小麦麸1kg,湿玉米酒精蛋白料1~

2kg，食盐 15~20g，健胃散 200~300g。

配方 2：优质野干草 3kg，玉米秸秆 2kg，小麦秸秆 2kg，小麦 1kg，湿玉米酒精蛋白料 1~2kg，食盐 15~20g，健胃散 200~300g。

配方 3：优质野干草 3kg，玉米秸秆 3kg，小麦麸 1.5kg，湿玉米酒精蛋白料 1~2kg，食盐 15~20g，健胃散 200~300g。

配方 4：优质野干草 3kg，小麦秸秆 4kg，小麦麸 1.5kg，湿玉米酒精蛋白料 1~2kg，食盐 15~20g，健胃散 200~300g。

配方 5：玉米秸秆 4kg，小麦秸秆 3kg，小麦麸 1.5kg，湿玉米酒精蛋白料 1~2kg，食盐 15~20 g，健胃散 200~300g。

（二）架子牛恢复期的管理

1.充分饮水

卸车后的第一次饮水应控制，饮水 10~15L 即可。特别是经过长途运输的牛，一定要控制饮水量，间隔 3~4h 后再第二次饮水，这时可充分饮水。

2.称重

第三或第五天个体称重 1 次，做好体重记录。

3.做好记录

要做好每个围栏或一个群体的饲料采食量(日采食量)记录，做好防疫、驱虫等记录，注明防疫、投药时间、药剂量和操作人员姓名。注意观察牛粪尿，做好记录。

4.防止架子牛相互爬跨格斗

陌生的架子牛合群后的几小时或几十小时内(围栏饲养)，相互爬跨格斗是难免的。相互爬跨格斗极易造成伤残(腿伤、蹄伤、肩关节脱臼、膝关节脱臼)甚至死亡。可采取一些措施减少或杜绝陌生架子牛相互爬跨格斗。一是架子牛合群的时间选择在傍晚天将黑时；二是架子牛合群前把牛拴在一起 2~3 天，它们之间的距离以不接触为限；三是将架子牛左右前腿系部用麻绳拴住，麻绳的距离为 30~35cm，防止牛起跳；四是将围栏上部用铁丝网封严，防止牛起跳。

二、架子牛育肥管理技术

白牦牛舍饲育肥，按饲养方式可分为围栏育肥与拴系育肥；按育肥饲养时间可分为快速短期育肥与较长期育肥；按育肥饲养年龄可分为小年龄牛(0~12 月龄)育肥与老龄牛育肥；按育肥饲养体重大小可分为大架子牛育肥与小架子牛育肥；按育肥饲养性别可分为阉公牛育肥、公牛育肥、母牛育肥和淘汰牛育肥，等等。

（一）围栏育肥和拴系育肥

1.围栏育肥

围栏育肥适合于规模化育肥场(养牛大户,专业架子牛育肥场等)。可以用有天棚舍饲围栏育肥,也可以无天棚露天舍饲围栏育肥。

气候较干燥的地区,可采取无天棚露天舍饲围栏育肥,每个围栏面积可大可小,大的可达3000m²,养牛200头;小的150m²,养牛10头。不论每个围栏面积大小,每头牛占有围栏面积应为12~15m²。无天棚露天舍饲围栏育肥,养殖场的地面多为草地,草地坡度10°左右为好。无天棚露天舍饲围栏育肥牛场的最大优势是投资少。

有天棚舍饲围栏育肥,每个围栏面积为40~60m²,养牛10~15头,每头牛占有围栏面积4~5m²。有天棚舍饲围栏育肥饲养场的地面,有的为经过硬化处理的土地,有的为水泥地面,也有的为砖块地面,因地制宜。地面必须有坡度(1°以上)。

无论无天棚露天舍饲围栏育肥,还是有天棚舍饲围栏育肥,育肥牛应在24h内可以任意采食饲料。任意饮水。

2.拴系育肥

拴系育肥时,每头育肥牛的牛头上拴一根2米左右长的绳子,喂饲料时将牛拴在牛围栏的柱上。饮水槽的设置有的和饲料槽合二为一,有的单独设饮水槽。在前一种情况下,喂完饲料后即时给以饮水;在后一种情况下,喂完饲料后由饲养员牵牛饮水,饮水毕,将牛拴系在育肥牛休息地。

拴系育肥时,育肥牛每日喂饲料2次,饮水两次。拴系育肥方法基本上是一种限制育肥牛的采食和饮水的养牛方式。根据实际经验,白牦牛具有一定的野性,围栏育肥比拴系育肥效果好。

（二）快速短期育肥和较长期育肥

架子牛育肥期的长短是根据架子牛进入围栏育肥时的体重、体质、体况、育肥目标等确定。体重大的牛育肥期短,体重小的育牛肥期长。

一个有规模的白牦牛育肥场在实施生产前一定要做好计划。首先,养殖场开始白牦牛育肥时,购买体重较大的架子牛进行较短时间的舍饲育肥,效果比较好,因为这样做,可以投石问路,了解屠宰企业对本场育肥牛的评价,利于总结经验,改进育肥饲养工作,培养饲养管理人才,加快牛场资金周转。其次,有了第一与第二饲养周期的实践经验后,再购买体重较大的架子牛育肥。购进体重不同的架子牛,要设计不同的育肥天数。架子牛平均育肥天数见表7-34。

表7-34 架子牛的体重与平均育肥天数

架子牛体重(kg)	育肥天数(天)	架子牛体重(kg)	育肥天数(天)
200	300	350	150~180
250	240	400	90~100
300	180~200	450	60~70

年育肥出栏架子牛上千头的规模养殖场，购买的架子牛体重会大小不一，差别很大，此时要依据体重及时分群饲养，做好育肥饲养计划及安排。

1.快速短期

育肥购进的架子牛一般体重都在300kg以上，但是个体大小差别较大，因此，育肥天数是不相同的。假定购进架子牛体重分别为400kg、350kg和300kg，则育肥期可分为90天、150天和200天(见表7-35)。

表7-35　架子牛育肥期期望增重目标

架子牛体重(kg)	育肥期(天)	期望日增重目标(kg)	期望育肥结束体重(kg)
400	90	1.3	520
350	150	1.2	530
300	200	1.1	520

2.较长期育肥

由于购进的架子牛体重在300kg以下，这个体重的架子牛要在育肥期末，体重达到520kg以上，在较短时间内有一定的困难。因此，育肥期要设计在200天以上。架子牛育肥期不同，饲养阶段天数如表7-36所示。

表7-36　架子牛育肥期不同饲养期阶段设计

架子牛体重(kg)	过渡期		育肥前期		育肥后期	
	天数	日增重(g)	天数	日增重(g)	天数	日增重(g)
250	5	800	120	1100	100	1000
200	5	700	160	1100	100	1000
150	5	700	210	1050	120	1000

选择短期育肥还是长期育肥，决定于几个因素。一是养牛者的资金实力。资金力量雄厚时可选择长期育肥，以获得较高的经济效益。二是养牛者的经营方式。既养牛又屠宰加工出售牛肉的养殖场，应进行长期育肥，以获得较高、较稳定的经济效益。三是养牛者的技术水平。养牛者自身或聘任技术顾问的技术水平较高时，应选择长期育肥，生产质量高的牛肉，以获得较高的经济效益。四是养牛者拥有的市场信息。养牛者拥有的市场信息量越大，越能适应市场变化，较能自由地选择短期育肥还是长期育肥。五是养牛者的经营之道。经营管理水平高、能力强的养牛者，选择长期育肥饲养，生产高质量牛肉，以获得较高的经济效益。六是气候条件。白牦牛生长发育最适宜的环境温度在8℃左右，因此，养牛者要考虑购买架子牛的时间，酷暑及严寒季节，育肥牛的生长速度会慢一些，这样的季节可以少养牛或设计日粮配方时能量浓度低一些，粗饲料多一些，而在其他季节多养牛。七是饲料价格。饲料价格上涨，牛肉价格稳定，

养牛的利润空间很小,此时以短期育肥较好。如果饲料价格下跌,牛肉价格稳定,养牛的利润空间较大,此时以长期育肥较好。

(三)小龄牛育肥与老龄牛育肥

1.小龄牛育肥饲养

(1)小龄育肥牛的选择:小龄育肥牛一般选择初生到6~8月龄未去势公犊牛,初生体重应大于13kg,体质健壮,发育良好,结构匀称,无缺陷。

(2)饲养技术要点:饲料及饮水中严格控制铁元素含量,人为制造无铁元素日粮和饮水。早期饲喂代乳饲料,饲料温度1~2周龄控制在38℃左右,其他周龄饲料温度30℃~35℃。严禁犊牛接触泥土,保证饮水充足。

2.老龄牛育肥饲养

老龄牛主要指淘汰的公畜和母畜。老龄牛通过育肥,达不到提高牛肉品质的目的。但是,老龄牛通过育肥,可以提高经济价值,有一定的利润空间。因为老龄牛育肥时,沉积脂肪的能力强,增重速度快。老龄牛育肥时间一般为90天左右,选择营养价值高、易消化吸收的饲料,饲料组成以能量饲料、青贮饲料为主。饲料配方中维持净能、增重净能按日增重1kg左右设计。老龄牛育肥时尽量减少运动量,以拴系饲养较好。供给充足饮水,采取高强度育肥,加强防疫保健,每天全身刷拭1~2次,保持健壮的体质。

(四)小体重牛育肥和大体重牛育肥

白牦牛舍饲育肥时,针对不同体重的牛采取不同的育肥方法。

1.小体重牛育肥

小体重牛育肥时,日粮组成以鲜青饲料、青贮饲料为主,适量搭配精饲料,育肥早期切忌日粮组成中能量水平过高,体内脂肪过早沉积,不仅影响增重,还会影响个体发育。

2.大体重牛育肥

大体重牛育肥饲养时,日粮组成以精饲料为主,适量搭配鲜青饲料和青贮饲料。育肥方式上采取高强度育肥,育肥期100~120天。尽量少运动,供给充足饮水。每头每天补喂小苏打(精饲料量的3%~5%)或瘤胃素200~300mg。

第八节 育成白牦牛的出栏

育肥牛达到养牛者所设定的要求时,应该及时出售。如不及时出售,将造成直接经济损失。因为当架子牛经过育肥期饲养达到膘肥体胖时,增重速度远远低于育肥前期和中期速度,养牛者应尽量防止这种低增重、高消耗的饲养期。另外,育肥牛的维持需要随牛的体重增加而加大,如体重500kg的牛维持需要量为34.1MJ,折合成玉米(玉米饲料的维持净能为9.12MJ/kg)为3.74kg,多饲养10天就无谓地消耗玉米37.4kg。多饲养30天就无谓地消耗玉米112.2kg。因此,不及时结束育肥并出售,将增加饲料的消耗,加大饲养成本。

一、育成牛的标志

养牛户对育肥终了的标志要清楚,并实实在在地掌握。育成牛体膘丰满,看不到明显的骨头外露;采食量下降(一般下降量至正常采食量的10%~20%);尾根两侧可以看到明显的脂肪突起,臀部丰满,圆形突出;胸前端突出并且圆大丰满;手握牛肷部、肘部皮肤时,有厚实感;手指压背部、腰部时,厚实柔软,有弹性感;这时牛不愿意活动或很少活动,显得很安静。

二、育成牛出售

架子牛育肥后如何出售,关系到养牛户的直接经济利益。根据调查,很多屠宰企业制定的育成牛评级计价规定很复杂,使养牛户在出售活牛时遇到很多条条框框的限制。因此,养牛户必须要详细了解售牛全过程,否则,将会蒙受经济损失。

(一)了解售牛时的计价体重标准

不同的屠宰企业有不同的标准,总起来说有这么几种。一是即时体重。从食槽前牵出就称重,不停食停水;二是停食停水后称重。 有停食24h、停水8h称重的,有停食12h、停水8h称重的。三是屠宰前称重。由于屠宰前体重是计算屠宰率的基本参数,称重前是否停食停水,会影响屠宰率的高低。屠宰率又是计算活牛价格的唯一参数。因此,屠宰率是直接影响牛计价的基础。

有些屠宰厂屠宰前在体重上大做文章,尽最大限度降低屠宰前体重,以获得较高的屠宰率。例如,有的屠宰厂把出售的育成牛在屠宰前停食停水48h以上,使原来体重500kg的牛经过饥饿后,体重减至 470kg。因此,养牛户出售牛时,一定要把计算体重标准和计价标准了解清楚。

(二)估算育成牛的屠宰率

在相同条件下育肥,有的牛长得快一些,有的牛脂肪沉积速度快一些。因此,屠宰率会有较大差别。养牛者对自己饲养的牛在出售时能达到的屠宰率,事前要估算,一方面为自己经济核算,另一方面也可对屠宰企业收购牛的定级定价是否公平有个了解。

(三)估算育成牛的饲养效益

养牛户要估算育成牛的养殖成本、售价、利润,包括购买架子牛、饲料费用、人员工资、折旧费、水费、电费、防疫费、行政摊销费、售牛时的费用、不可预见费等,通过计算,了解出售活牛时每头牛可获得的利润和屠宰加工每头牛可获得的利润。

三、育成牛收购标准与牛肉市场

(一)育成牛收购标准

如果养牛户饲养的育肥牛是向市场销售,而不是自办屠宰加工厂,那么,对市场出售牛的收购标准要十分了解。一般地,企业收购育肥牛的标准有以下几条。

(1)体质:健康,无病,无伤残,体表无划伤,没有受牛皮蝇虫侵犯(无虻眼)。

(2)体重:300kg 以上。

(3)性别:阉公牛。

(4)年龄:不超过 36 月龄。

(5)体形外貌:长方形或圆桶形,不收购腹部过大或过于下垂的牛。

(6)育肥程度:经过充分育肥,八成膘情以上。

(7)屠宰率:以屠宰率 52%为牛价的起步价,每超过(下降)1 个百分点,每千克体重的价格要加(减)。屠宰率越高,牛的售价就越高。

(8)胴体脂肪:脂肪覆盖率 85%以上,硬度坚挺,背部脂肪厚度 10~20mm。

(二)牛肉市场

养牛户了解牛肉市场有非常重要的意义, 只有绝大多数养牛户了解牛肉的市场需求,才能饲养出符合市场需求的肉牛,屠宰行业才能获得用户需要的牛肉。

第九节 育肥牛的防疫保健

近年来,天祝县白牦牛产业正以前所未有的速度蓬勃发展,白牦牛牧区繁殖、犊牦牛培育、农区架子牛育肥等专业化分工更加明确,白牦牛易地育肥技术在白牦牛产业链中的地位和作用更加突出。白牦牛育肥户正在充分利用易地育肥技术达到增加数量、提高效益的目的。因此,白牦牛易地育肥技术在更大范围内获得推广应用,推动和加快了白牦牛产业化进程。

白牦牛易地育肥的特点之一是架子牛的流动性大,几公里至上百公里的距离,在1天内便可到达。白牦牛易地育肥技术的推广打破了原来一家一户小农经营模式,大大促进了白牦牛养殖业的发展,提高了白牦牛的饲养管理水平。但是,架子牛的流动带来的负面影响,就是感染有害病菌的机会增加了。因此,要十分重视和做好架子牛的防病保健工作,确保架子牛易地育肥的健康发展。

提高育肥牛养殖效益的重要技术措施是实施现代化的架子牛育肥技术，如高密度饲养、围栏育肥、自由采食与自由饮水等,每一头育肥牛占有的围栏面积仅4m²左右。在这样密集的环境条件下,如何使育肥牛少生病、不生病,只有下大力气做好育肥牛的防病保健,才能确保育肥牛健康生长。

在最短暂的时间里获得最高的养牛效益,这是养牛户的最大心愿。育肥牛没有健康壮实的身体就很难达到养牛者所期盼的要求。只有主动做好育肥牛的防病保健,才能确保较高的养牛效益。

养牛者希望自己养的牛与生产的牛肉是安全、卫生、无公害的(或者是绿色食品、有机食品),这样的牛肉占领市场的份额大,卖的价钱好,这是今后饲养育肥牛的主攻方向,也是获得较好的养牛经济效益的主要渠道之一。要达此目的,除了实施贯彻有效的饲养技术措施外,还要加强防病保健措施。当然,获得优质牛肉产品的技术措施是综合的,缺少任何一个环节都不行。

一、防疫保健措施及制度

白牦牛防疫保健要从源头抓起,从母牛繁殖到架子牛育肥,每个环节都不能缺少,每个环节都不能有漏洞。

(一)架子牛疫情的考察

1.架子牛产地疫情的考察

通过县、乡、村各级防疫部门了解当地近半年内有无疫情疫病、何种疫病、发病头数、病区面积、发病季节、死亡数、死亡后的处理方法等。

2.交易现场检查

在架子牛交易地进行现场检查,检查牛的食欲、静态和动态表现、各种免疫接种的证件、证件的有效时间、测试体温等。

3.实验室检验

必要时进行实验室检验,检验有无牛口蹄疫、结核病、布氏杆菌病、副结核病、牛肺疫、炭疽病等。

(二)育肥牛场的防疫工作

一是牛场大门口设消毒池,进出牛场车辆、人员必须经过消毒。二是设专用兽医室,并建立牛舍巡视制度。三是牛舍定期消毒。四是设立病牛舍,发现病牛隔离治疗。五是建立疾病报告制度、病牛档案制度和病牛处理登记制度。六是谢绝参观生产间,如牛围栏、饲料调制间等。如要参观考察,可采用闭路电视代替。

(三)引进架子牛的防疫制度

一是在架子牛采购前,对产区和运输沿线进行疫情调查。不在有疫情地区收购架子牛。二是在育肥牛场的一侧,专设架子牛运输车的消毒点。在架子牛卸车前,将车体、车厢、车轮彻底消毒。三是架子牛卸车后,进行检疫,观察前消毒(消毒药液喷雾、喷淋,或光照消毒)。四是经过运输的架子牛,到牛场后再次进行检疫、观察,确认健康无病时才入过渡牛舍(检疫牛舍)。经过5~7天的检疫、观察,确认健康无病后,再转入健康牛舍饲养。五是采购架子牛时,架子牛产地必须出具县级以上检疫机构的检疫证、防疫证和非疫区证件。

(四)病牛疾病报告制度

一是饲养人员一旦发现病牛,应立即报告兽医人员。报告人要清楚、准确说明病牛所在位置(牛舍号、牛栏号)、病牛号码、病情简况。二是兽医人员接到报告后,应立即对病牛诊断、治疗。三是病牛是否需要隔离,兽医应尽早做出判断。四是遇有传染病和重大病情时,兽医人员应立即报告给牛场负责人和上级兽医管理部门,并提出治疗和处理方案。

(五)病牛隔离制度

一是在育肥牛场的一角建设病牛牛舍。病牛舍的位置在牛场常年主导风向的下方,与健康牛舍有一定的隔离距离,或有围墙隔离。二是在病牛舍有专职饲养员。饲养员平时不得进入健康牛舍,健康牛舍的饲养员不得进入病牛舍。病牛舍的设备用具严格禁止进入健康牛舍。三是兽医人员出入病牛舍,必须更换工作服、鞋、帽,消毒后方可进入健康牛舍。四是调制适口性较好的配合饲料,精心饲喂病牛。五是病牛的粪、尿液、垫草、剩余饲料等,必须进行无公害处理,然后才能利用。六是病牛经过治疗治愈后,经过兽医的同意方能重新回到健康牛舍。七是兽医人员每次治疗、用药,必须书写处方。八是如发生病死牛,要在兽医指导下进行无公害处理。病死牛的围栏必须进行有效的消毒。

(六)消毒制度

养殖场的消毒工作必须是经常性的,要及时消灭牛场内部环境中病原微生物和寄生虫。

1.牛场门口设消毒池和消毒室

消毒池的长度应大于车轮的周长,深度 5~30 cm,池内填锯末,用 5%火碱水浸湿,进出车辆必须经过消毒池。在消毒池的左侧或右侧设消毒室,出入人员必须通过消毒室。

2.围栏消毒

每天清扫围栏 1 次,每月用生石灰消毒 1 次,每年用火碱水消毒 1 次。围栏内的设施,如饲料槽、饮水槽、饲养工具,要勤清洗、勤更换、勤消毒。

3.车辆消毒

在养殖场外设车辆消毒处,用浓度 0.5%过氧乙酸溶液消毒。

(七)饲养、管理人员的卫生保健

一是饲养管理人员每半年体检 1 次。二是工作服要定期消毒(煮沸 10~15min)。三是勤洗澡,勤换内衣,勤理发,勤修剪指甲。四是教育牛场职工、食堂采购员,绝不能在未经防疫检验的肉摊上购买生熟肉制品到牛场或自家食用,防止传染病。

(八)档案制度

(1)病牛档案:包括牛号、牛栏号、性别、年龄、体重、初步诊断病名、治疗情况、兽医签字。

(2)疾病处方档案:包括药品名称、数量、价格、兽医签字。

(3)兽医药品档案:购置兽药物品由主持兽医提出购物清单,牛场主管场长批准,签名后交采购员采购。采购员按购物清单采购,不得增加或减少。采购员采购物品回到牛场后应立即交给仓库保管员,仓库保管员按购物清单一一核对,无误后才能入库,并在购物清单上签名,填写入库单。药品出库时,由主持兽医填写领物单,保管员根据领物单货物名称、数量、规格,填写出库单据,并签名。领物人员必须在出库单据上签名。

(4)死亡牛档案:包括牛号、牛栏号、性别、年龄、体重、处理方法、兽医签字。

(5)防疫档案:包括疫苗名称、接种时间、剂量、兽医签字。

(6)消毒档案:包括消毒药名称、浓度、消毒时间、兽医签字。

二、架子牛育肥期保健措施

(一)架子牛运输期的保健措施

一是运输车辆铺上垫草防滑。二是运输前，每头牛服用或注射维生素 A50 万~100 万单位。三是运输途中,切勿紧急刹车,启动要慢,停车要稳。

(二)架子牛过渡期的保健措施

1.加强饲养管理

架子牛运输到牛场后,立即进行检疫、称重和消毒,采取恢复性饲养措施,尽快恢复其正常生活。保持牛舍干净、清洁、安静,营造一个有利于牛生长的生活环境。

2.驱虫

驱除体内外寄生虫。

3.免疫接种

育肥场应有计划地进行免疫接种,这是预防和控制牦牛传染病的重要措施之一。免疫接种工作会给牛场带来麻烦和增加费用，但是养牛者应该认识到发生传染病造成的损失更大。育肥场常用于牛预防接种的疫(菌)苗有以下几种。

(1)无毒炭疽芽孢苗:预防炭疽病。12 月龄以上的牛皮下注射 1ml,12 月龄以下的牛皮下注射 0.5ml。注射后 14 天产生免疫力,免疫期 12 个月。

(2)Ⅱ号炭疽菌苗:预防炭疽,皮下注射 1ml。使用菌苗时,按瓶签规定的稀释倍数稀释后使用。注射 14 天后产生免疫力,免疫期 12 个月。

(3)气肿疽明矾菌苗(甲醛苗):预防气肿疽病。皮下注射 5 ml(不论牛年龄大小),注射后 14 天产生免疫力,免疫期 6 个月。

(4)口蹄疫弱毒苗:预防口蹄疫病。周岁以内的牛不注射,1~2 岁牛肌内或皮下注射 1ml,3 岁以上的牛肌内或皮下注射 3ml。注射 7 天后产生免疫力,免疫期 4~6 个月。育肥牛接种口蹄疫 A 型、O 型弱毒苗更安全保险。在生产实践中,接种疫苗的病毒型必须与当地流行的病毒型一致。否则,达不到接种疫苗的效果。

(5)牛出败氢氧化铝菌苗:预防牛的出血性败血症。肌内或皮下注射,体重 100kg 以下的牛注射 4ml,体重 100kg 以上的牛注射 6ml。注射 21 天后产生免疫力,免疫期 9 个月。

(6)牛副伤寒氢氧化铝菌苗:预防牛副伤寒病。1 岁以下的牛肌内注射 1~2ml,1 岁以上的牛肌内注射 2~5ml。注射 14 天后产生免疫力,免疫期 6 个月。

4.药物保健

为了保证白牦牛在育肥全程中具有最好最大的采食量和较高的日增重,使牛具有健康的体质是十分重要的。为此,在牛配合饲料中长期饲喂或添加符合中国卫生要求的抗生素和保健剂。可以用来保证育肥牛健康成长的药物有很多种类,主要有金霉素、红霉素、新霉素、青霉素、黄霉菌素、杆菌肽素、泰乐菌素、赤霉素、黄磷脂霉素等。

(三)架子牛育肥期的保健措施

一是严格遵守牛育肥期的饲养管理制度,让育肥牛吃饱喝足和休息好。二是提高饲料配方的科技含量,配方变更时必须有过渡期。三是不喂霉烂变质饲料。四是坚决贯彻预防为主、防重于治的主动防疫制度。五是保持育肥牛舍的清洁卫生、干燥、安静。六是饮水充足,清洁卫生。七是饲养管理人员要爱牛爱岗,善意待牛,不鞭打牛。八是有条件的牛场和养牛户,可在牛舍、牛圈安装音响,播放轻音乐,营造轻松愉快的生活环境,形成牛的条件反射,有利于牛的身心健康。九是严禁使用违禁药品或低质超标添加剂喂牛。使用违禁药品和低质超标添加剂,不仅影响育肥牛的健康,更会污染牛肉。

三、育肥牛常见疾病的防治

白牦牛育肥阶段比较常见的疾病有以下几种。

(一)牛腹泻

架子牛在育肥过程中,常常发生腹泻现象,有时粪便呈黑色,有时粪便呈黄色。

(1)病因 用发霉变质的饲料喂牛,饲料配制不合理,饲喂精饲料量过大,天气突然变化等。

(2)主要症状 腹泻,采食量显著下降,精神状态不好,低头、闭眼、尾巴不停地摆动等。

(3)治疗方法 由细菌引起的腹泻,采用相应的治疗药物。由育肥后期饲喂精饲料量过大引起的腹泻,可在配合饲料中添加瘤胃素,每天每头喂量:0~5 天,60mg;6 天后,200~300mg。最大量不能超过 360mg,直到育肥结束。

(4)预防措施 严禁用发霉变质的饲料喂牛,变更饲料配方时应逐步完成,至少应有 3~5 天的过渡期。在育肥期精饲料量的比例超过 60%(干物质为基础)时,配合饲料中添加瘤胃素。

(二)牛口蹄疫

口蹄疫是牛、羊、猪、狗等动物的一种急性、高度接触性传染病,其主要特征是口腔黏膜、蹄部趾间、蹄冠冠部皮肤及乳房皮肤发生水疱和溃烂。

(1)病原:致病原因是口蹄疫病毒。

(2)主要症状:牛食欲下降,采食量减少,流涎,闭口,体温达 40℃~41℃。在牙龈、口腔唇部内侧面、舌表面及面颊部的黏膜有水疱,水疱有黄豆大到核桃大。蹄部趾间、蹄冠冠部皮肤、乳房皮肤发生水疱和溃烂。

(3)治疗方法:口腔处理用 1%食盐水、0.1%高锰酸钾溶液冲洗口腔。溃烂面涂抹 5%碘甘油(碘片 5g,碘化钾 5g,用少量酒精溶解后加甘油 100ml),或涂抹紫药水(浓度 3%)。牛蹄处理用来苏儿溶液(浓度 3%)洗净牛蹄,患病部位涂擦鱼石脂软膏、松馏油,用绷带包裹。乳头的患病部位涂抹青霉素或磺胺软膏。

(4)预防措施：常年防疫，重点做好春秋两季的口蹄疫疫苗接种，密度要达到100%。新购进架子牛时，100%接种口蹄疫疫苗。坚持常年防疫消毒，定期检疫。

（三）炭疽病

(1)病原：由炭疽杆菌引起。

(2)主要症状：急性呼吸困难，突然发病倒地，眼结膜的颜色发绀，鼻、眼流血，血液不凝固，数小时死亡。慢性发作时，有明显的腹部疼痛症状，便血，前胸、腰部有水肿病变。

(3)治疗方法：静脉注射抗炭疽血清100~300ml，4~6h，1次。肌内注射青霉素200万~400万单位，4~6h，1次。

(4)预防措施：接种无毒炭疽芽胞疫苗，12月龄以上的牛，皮下注射1ml，12月龄以下的牛，皮下注射0.5ml，免疫期1年。注射Ⅱ号炭疽菌苗，皮下注射1ml，免疫期1年。

（四）结膜炎

(1)病原:结膜炎又称红眼病，由一种病毒引起。

(2)主要症状:眼睛红肿，伴有脓样分泌物，严重时眼球凸出、失明。食欲不振。

(3)治疗方法:先用生理盐水清洗眼部，再用眼药水滴眼，1日数次。控制体温。

(4)预防措施:不在有结膜炎病区采购架子牛，新采购的架子牛进场时一律用眼药水滴眼。

（五）前胃弛缓

牛前胃弛缓是牛育肥期最为常见的疾病之一。兽医称之为“胃寒不吃草”。常常由于前胃机能紊乱，导致育肥牛食欲下降、绝食，胃蠕动减弱甚至停止，有时伴有腹泻现象。

1.病因

造成育肥牛前胃弛缓的原因较多，一是饲料配合、配方不合理或者精饲料比例过高，或者酒糟、粉渣饲料的比例过大，或者块根饲料、多汁饲料的比例过高。二是饲养制度不合理，饲养方法突然改变，如粗饲料型配合饲料突然改为精饲料型配合饲料，导致粗饲料采食量显著减少，而精饲料采食量过量增加，造成前胃机能紊乱。三是饲料单一，导致饲料营养成分极不平衡，牛食欲下降，采食量减少。四是饮水质量差，水不清洁，饮水量少或饮水不及时，尤其饲喂较多的干粗饲料时易发生前胃弛缓。五是喂料不及时，两次喂料的间隔时间太长，育肥牛一次采食量过多。六是天气突然变化，导致育肥牛抵抗力下降，前胃蠕动减弱甚至停止。七是因创伤性网胃炎、寄生虫病(如肝片吸虫病、血孢子虫病)、传染病(流行热)等诱发。

2.主要症状

病牛无反刍或反刍极缓慢，有时停止采食、停止饮水。听诊时瘤胃蠕动减弱甚至停止。牛粪便呈块状或索条状，上附黏液。有时先便秘，后腹泻，或两者交替进行。病牛严重脱水，卧地不起。

3.治疗方法

方案一:用酒石酸锑钾 6~12g,溶化于 100~200ml 水中,一次灌服。

方案二:按育肥牛体重大小,皮下注射氨甲酰胆碱。

方案三:用 4%碳酸氢钠溶液或 0.9%食盐溶液充分洗胃,洗胃以后给牛补充液体。液体配方为 5%葡萄糖溶液 1000~3000ml,20%葡萄糖溶液 500ml,5%碳酸氢钠溶液 500ml,20%安钠咖 10ml,一次静脉注射。或 10%氯化钠溶液 500ml,20%安钠咖 10 ml,一次静脉注射。

方案四:氯化钠 25g、氯化钙 5g、葡萄糖 50g、安钠咖 1g、蒸馏水 500ml,一次静脉注射。

方案五:人工盐 250~300g,或硫酸镁 500g,加水溶化灌服。

方案六:灌服健胃剂,如龙胆酊、大黄酊或生姜酊 50~80ml,一次灌服。

方案七:防止胃肠异常发酵,可灌服福尔马林 10~15ml,或鱼石脂 10~15g、酒精 100~150ml,加水,一次灌服。

4.预防措施

杜绝各种致病原因的发生,饲料配方中精饲料比例较高(60%以上)时,每头牛每天喂瘤胃素 200~300mg。喂牛的饲料防止铁丝、铁钉混入,以免伤及网胃。

(六)瘤胃臌胀

1.病因

饲料配方不当,或饲料搅拌不均匀,致使个别育肥牛吃了过量的易发酵饲料,如青饲料、红薯块和精饲料等,或管理不当,育肥牛跑出围栏,采食大量的精饲料,或由于饥饿,采食了较大量发霉变质饲料,造成育肥牛瘤胃内容物在短时间之内急剧发酵,产生大量气体,不易排出,形成瘤胃臌胀。另外,瘤胃积食,创伤性网胃炎疾病等因素,也会诱发瘤胃臌胀。

2.主要症状

牛的腹部急剧臌胀,左侧肷窝显著臌起,用手敲打时能听到鼓音。食欲、反刍完全废绝。病牛惊恐不安,四肢开张,呼吸困难,严重时张口伸舌,口角流涎,随着病情加剧,卧地不起,呼吸越来越困难。

3.治疗方法

病情较轻时,用木棒消气法可获得较好的治疗效果。用 1 根木棒(长 30cm),压在牛的口腔内,木棒两端露出口角,两侧用细绳拴在牛角上,并在木棒上涂抹食盐之类有味的东西,利用牛张口或舔木棒动作,帮助胃内气体逐渐排出。或用食用醋 500~1000ml,加植物油 500~1000ml,一次灌服。或灌服泻药,用硫酸镁 500~1000g,液体石蜡油 1000~1500ml,松节油 30~40ml,加水适量,一次灌服。或生石灰 500g,加水 3 000~4 000ml,充分搅拌均匀,沉淀,取上清液适量灌服。或排气减压，把导管经食管插入瘤胃，使气体由导管排出。此法要掌握排气速度，切忌放气速度太快。

4.预防措施

切实做好育肥牛的饲料配合与搅拌，饲料配方不轻易变更。采用野草喂牛，要检查有无毒草，如醉马草、毛茛等。防止用霉烂变质饲料喂牛。

（七）瘤胃积食

1.病因

育肥牛突然采食大量精饲料(发生牛跑出围栏)，或育肥牛在较长期采食粗饲料比例较低的(粗饲料比例小于15%)配合饲料，或其他疾病诱发(如瘤胃迟缓、重瓣胃阻塞、创伤性网胃炎等)。

2.主要症状

食欲、反刍完全废绝，牛鼻镜无水珠(干燥)，腹痛不安(回头望腹、后肢踢腹、摇尾弓背)。腹围增大，左侧下部尤为明显。排粪次数增加，排粪数量减少。触摸瘤胃时可感到瘤胃坚实，听诊瘤胃时瘤胃蠕动音减弱，次数减少，严重时瘤胃停止蠕动，呼吸困难。

3.治疗方法

(1)饥饿疗法：用于治疗病情较轻的病牛，在发现病牛后停止喂精饲料1~2天，但饮水供应充足，并限量饲喂优质干草、青贮饲料和鲜草。

(2)灌服泻药：用硫酸钠或硫酸镁500~1 000g，溶解于水，配制成10%的溶液，一次灌服。或用石蜡油1 000~1 500ml，蓖麻油500~1 000ml，一次灌服。用过泻药后，给牛补充生理盐水5 000ml。

(3)强制瘤胃蠕动：用酒石酸锑钾8~10g，溶于水，每日灌服1次，连续2~3天。

(4)洗胃：用浓度4%的碳酸氢钠溶液洗胃，尽量将瘤胃内容物洗出，洗胃后大量补充生理盐水。

4.预防措施

防止育肥牛在较长时间内吃不到饲料，饥饿暴食，短时间内饲料采食过量，造成瘤胃积食。配合饲料的变更要逐渐完成，突然变更饲料配方，易引起育肥牛在短时间内饲料采食过量，造成瘤胃积食。防止育肥牛出栏偷吃精饲料。在高精饲料强度催育肥阶段，配合饲料中加瘤胃素。

（八）创伤性心包炎

(1)病因：饲料中混有铁丝、铁钉及其他尖锐金属物品，随饲料进入牛的第一胃，继而这些金属物进入网胃，网胃与心脏仅一膜相隔，随胃的蠕动，铁丝等金属极易刺破胃壁，伤及心包，造成心包炎。

(2)主要症状:牛毛粗糙,无光泽。弓背,喜站立,不愿意卧地。

(3)治疗方法:由于治疗效果差,一旦确诊,立即淘汰。

(4)预防措施:在饲料粉碎机入口处放置强磁铁,吸附铁丝等金属物。喂饲料前检查饲料中有无铁丝等金属物。定期用磁棒放入胃内吸附。

(九)肝脓肿

(1)病因:高精饲料育肥阶段营养代谢紊乱,或体内寄生虫侵犯肝脏。

(2)主要症状:食欲减退,采食量下降,逐渐消瘦。测量体温时常有低热现象。

(3)治疗方法:注射青、链霉素,上午下午各一次,达到控制体温的目的,或使用保肝药物(投喂或注射)。

(4)预防措施:驱除体内寄生虫。高精饲料催肥阶段,配合饲料中加瘤胃素(36~300mg/头·天)。配合饲料中添加泰乐菌素(1 000 kg 饲料 8g)。

(十)黄曲霉毒素中毒

(1)病因:各种用来喂牛的精饲料(玉米、大麦、小麦、麸皮、米糠等)如含水量较高(含水量大于 18%),仓库温度较高,极易造成黄曲霉菌感染。育肥牛吃食被黄曲霉菌感染的饲料后发病。

(2)主要症状:精神沉郁,对外界反应迟钝,食欲不振,反刍减少或停止。瘤胃臌胀,贫血,消瘦。

(3)治疗方法:硫酸镁 500~1000g 或人工盐 300g,加水溶解,一次灌服,连用 3 天。或 25%葡萄糖溶液 500ml,20%葡萄糖酸钙溶液 500ml,静脉注射。或 35%葡萄糖溶液 1000ml,20%安钠咖 10ml,40%乌洛托品 50ml,四环素 250 单位,静脉注射。或多喂青绿饲料、青贮饲料。

(4)预防措施:精饲料在含水量 15%以下贮存,仓库要通风良好。定期检查,不用霉变饲料喂牛。

(十一)瓣胃阻塞

(1)病因:长期饲喂麦秸、豆秆等难以消化而又富含粗纤维素的饲料。较长时间饲喂米糠、麸皮(粉碎很细)。饲料中含泥沙过多。

(2)主要症状:空咀嚼,磨牙,食欲废绝。排粪数量少而干,呈黑球状,粪的表面有白色黏液。

(3)治疗方法:瓣胃注入泻剂治疗,在右侧第九肋骨间和肩骨前端水平线交叉点,针尖垂直刺入肋间肌肉后,斜向对侧肘突刺入 6~12cm,注射 5%~8%硫酸钠溶液 300~500ml。或硫酸钠 500~800g、液体石蜡油 1000~1500ml、鱼石脂 20g,加水 10 000ml,一次灌服。同时补充 5%葡萄糖溶液 1500~2000ml、10%安钠咖 20ml、40%乌洛托品 50ml,一次静脉注射。或手术治疗,切开瘤胃或皱胃,取出瓣胃的食物,再用 0.9%生理盐水冲洗瓣胃。

(4)预防措施:米糠、麸皮、玉米等精饲料不要粉碎过细,饲料中不要带泥沙。

(十二)体内寄生虫病防治

1.肝片形吸虫的驱除

(1)硝氯酚(拜尔 9015):本药品有粉剂、片剂、针剂三种类型,前两种类型可以灌服,也可以混在饲料中。灌服药量按育肥牛体重(每千克体重给药 3~4mg)。注射用量为 0.5~1mg/mg 体重。注射驱虫方便,准确性高。发生中毒时,注射葡萄糖液,或把牛牵到阴凉处,喷洒凉水。

(2)四氯化碳:按 100kg 体重注射 3~5ml(注射时用四氯化碳和等量的液体石蜡,混合均匀,分点在深部肌内注射)。发生中毒时,静脉注射 5%的氯化钙,一次注射 80~100ml。

2.圆线虫的驱除

每千克体重用左旋咪唑 8mg,溶于水中,灌服。或左旋咪唑用无菌生理盐水配制成浓度为 5%的注射液,肌内注射。

3.绦虫的驱除

(1)二氯酚:每千克体重用药 40~60mg,混合在饲料中喂给(混合均匀)。

(2)灭绦灵(氯硝柳胺):每千克体重用药 60~70mg,将药放在牛的舌根处,由牛自己吞咽。

4.泰勒焦虫的驱除

(1)贝尼尔三氮脒:每千克体重用药 3.5~7mg,配制成浓度 7%的溶液,肌内注射,连用 3 天。

(2)阿卡普林(硫酸喹啉脲):每千克体重用药 1mg,用生理盐水配制成 1%~2%的溶液,皮下注射。

(3)黄色素:每千克体重用药 3~4mg,用生理盐水配制成 0.5%~1%的溶液,静脉注射。

5.牛皮蝇蛆的驱除

(1)倍硫磷:每千克体重用药 7~10mg,肌内注射。或配制成浓度 2%的药液(体重 200~400kg 用药液 100ml,400kg 以上用药液 125 ml)喷洒在牛的肩部到牛尾根部的皮肤上。遇到中毒时可用阿托品解毒。每年 9 月份用药较好。

(2)敌百虫:配制成浓度 2%的药液涂抹在牛的背部皮肤上,最好涂擦 3~5min。间隔 25~30 天用药 1 次。或配成 10%~15%的敌百虫注射液,每千克体重 0.1~0.2ml,肌内注射。

(3)灭蝇药:牛皮蝇蛆成虫的活动期为每年的 4~6 月份,在此时间用灭蝇药喷洒在牛背部皮肤上,5~6 天喷洒 1 次。

(4)蝇毒磷:每千克体重用药 4mg,配制成 15%的丙酮溶液,肌内注射。

6.驱虫注意事项

一是新购买的架子牛进育肥场 10~15d 后都要驱虫。二是驱虫前要做好解毒药品的准备工作。三是在进行大群体驱虫时,应进行小群体试验,防止大群牛中毒。四是驱虫后的 2~5h

内，必须有专人值班，观察牛。一旦发现中毒现象，立即进行解毒处理。五是正在驱虫的牛粪，应堆积发酵处理后才能做农家肥料。

（十三）体外寄生虫病的防治

1.疥螨虫的防治

（1）药浴或淋浴 用林丹乳油、杀虫脒或新上市的杀螨药，配制成药液药浴或淋浴。

（2）皮下注射 用伊维菌素，每千克体重用药 200μg。

2.硬蜱虫

杀硬蜱虫药有敌百虫(浓度为 1%)、蝇毒磷溶液(浓度为 0.05%)，喷洒或涂擦于牛体躯的皮肤上。

四、传染病牛的处理

育肥牛场万一发生了传染病，应按以下程序处理。

第一，在育肥牛场兽医确认为传染病后，立刻隔离病畜，指定专人专责护理。

第二，应以最快的速度向县(市)级动物防疫机构报告。

第三，隔离区的出入口必须设置消毒设施，人员出入都要严格消毒。

第四，隔离区的用具、围栏、场地必须严格消毒。

第五，牛粪、牛尿液、垫草及被污染的物品，必须在兽医人员的监督下进行无害化处理。

第六，已确认为染疫牛，要采用不流血方法扑杀。疫牛扑杀后进行无害化处理。

第八章 白牦牛舍饲育肥场地建设与环境保护

第一节 育肥场址选择

一、育肥牛场址选择的原则

(一)地势

育肥牛喜好干燥环境,因此,牛场场址的地势应稍高。如地势稍微低一些,可在建设牛舍时把地基填土加高。

(二)气象条件

了解常年主风向,以便设计生产区和生活区。了解近十年各月平均气温,最高、最低极端气温,以便设计牛舍的高度、通风条件、朝向等。对当地的降水量(全年各月分布)进行考察,以便设计排水。

(三)距离居民点

育肥牛舍距离居民点的安全距离至少500m。

(四)距离有毒有害生产源的距离

育肥牛舍距离有毒有害生产源的安全距离至少2000m。

(五)距离猪场和鸡场的距离

育肥牛舍距离猪场和鸡场的安全距离至少1000m。

(六)交通

牛场交通方便,同时距离主要交通主干线至少要1000m。

(七)面积

每头牛占用建筑面积30~35m^2。

(八)水源

最好在牛场内或离牛场近(10~20m)的地点取深层(100m 以下)水。每天的用水量(牛每天每头饮水量 30L,加上饲料搅拌用水、饲管人员生活用水、冲洗牛食槽、水槽用水等)按 50L 设计。

(九)供电

牛场用电要有保证。

(十)排水

排水便捷。

二、育肥牛场的规划

(一)竖向规划

要结合场区地理地形,竖向规划布置采用平坡式与台阶式相结合。排水坡度在 1°~1.5°,各建筑物、构筑物向其周围最近的道路路面倾斜。场地雨水排放水方式采用暗沟与暗管相结合,最后排放到场外排水沟渠。

场区道路要满足场内外交通运输和消防要求,要与通道、管线相协调,与场内建筑物平行,呈直交或环状布局。道路宽为 4~6m,道路路面为水泥面。牛舍间竖向的间隔距离为 20m。

(二)横向规划

牛舍间横向的间隔距离为 15m,道路宽为 4~6 m,道路路面为水泥面。

(三)绿化

绿化可以美化环境,遮阳防风,固沙保土,调节小气候,防止污染,保护环境。绿化带宽度为 20~30m。

绿化物有植树造林(选择高、中、矮 3 层)、种花、种草。

三、功能区布局

(一)生产区

包括牛舍、青贮饲料窖、粗饲料堆放地及加工处、精饲料堆放地及加工处、工具间。

(二)办公与生活区

包括办公室、职工宿舍、职工食堂、职工医疗卫生点、停车场、娱乐场所、浴室。

(三)绿化带

占总建筑面积的 30%左右。

(四)隔离区

病牛隔离区距离健康牛舍 100m 以外。

(五)污染道

粪尿运输道。

(六)清洁道

饲料运输道。

(七)牛粪堆放点

牛粪堆放点距离健康牛舍100m以外。

第二节 育肥牛舍建设

一、育肥牛舍类型

(一)单列式牛舍

1.单列式半封闭牛舍

(1)单列式半封闭围栏牛舍:单列式半封闭围栏牛舍的通道设在南面,适合气温偏高地区;单列式半封闭围栏牛舍的通道设在北面,适合气温偏低地区。单列式半封闭牛舍应根据地形确定其长度和宽度。牛舍内每个围栏面积以 40~60m^2 较好,养牛 10~15 头。

(2)单列式半封闭拴系牛舍:通道设在南面的,适合于气温偏高的地区;通道设在北面的,适合于气温偏低的地区。

2.单列式全封闭牛舍

(1)单列式全封闭围栏牛舍:通道设在南面,适合于气温偏高的地区;通道设在北面的,适合气温偏低的地区。

(2)单列式全封闭拴系牛舍:通道设在南面的,适合于气温偏高的地区;通道设在北面的,适合于气温偏低的地区。

3.单列式牛舍的坐向

均为坐北向南。

4.单列式牛舍高度

由于形式不同,高度不一样。

(1)一面坡单列式牛舍:北高南低一面坡的单列式牛舍,前缘(南)的高度 2.6~2.8m,后缘(北)

的高度3.2~3.4m。南高北低一面坡的单列式牛舍，前缘(南)的高度2.6~2.8m，后缘(北)的高度2.2~2.4m。

(2)两面坡单列式牛舍：北高南低时，前缘(南)的高度2.6~2.8m，后缘(北)的高度3.2~3.4m。南高北低时，前缘(南)的高度2.6~2.8m，后缘(北)的高度2.2~2.4m。南北高度相同时，前缘(南)的高度2.6~2.8m，后缘(北)的高度2.6~2.8m，脊高4~4.2m。

5.单列式牛舍跨度

非机械作业跨度11.2m(棚舍跨度4.2m)；机械作业跨度13~13.2m(棚舍跨度8~8.2m)。

6.单列式牛舍的通道宽度

非机械作业宽度1.2m，机械作业宽度3~3.2m。

7.单列式牛舍的墙体。

根据当地建材条件选择，北墙设窗户。

(二)双列式牛舍

1.双列式半封闭牛舍

(1)双列式半封闭围栏牛舍：双列式半封闭围栏牛舍分为通道设在南北和通道设在中间两种类型。

(2)双列式半封闭拴系牛舍：双列式半封闭拴系牛舍分为通道在南北和通道设在中间两种类型。

2.双列式全封闭牛舍

(1)双列式全封闭围栏牛舍：分为通道设在南北和通道设在中间两种类型。

(2)双列式全封闭拴系牛舍：分为通道设在南北和通道设在中间两种类型。

3.双列式牛舍高度

单列式牛舍由于形式不同，高度不一样。而双列式牛舍前缘和后缘的高度是一样的，一般高度为3.2~3.4m，脊高为4.6~4.8m。

4.双列式牛舍跨度

非机械作业跨度22~23m(棚舍跨度12m)，机械作业跨度24~24.2m(棚舍跨度13~13.2m)。

5.双列式牛舍的通道宽度

非机械作业宽度2m，机械作业宽度3~3.2m。

(三)露天牛舍

全露天育肥牛舍优点是投资少，易迁移，规模大小的随意性大。缺点是占地面积大。天祝县白牦牛舍饲育肥，多采用全露天育肥牛舍。

1.围栏面积

全露天育肥牛场围栏面积可大可小,大的围栏面积可达 3000m²,小的几百平方米。

2.养牛头数

按 15m² 养牛 1 头计算。

3.牛围栏排列

以东西排列为例,从东向西设计 8 个围栏为第一围栏区,分别为 1 号栏、2 号栏、3 号栏、4 号栏、5 号栏、6 号栏、7 号栏、8 号栏。

1 号栏的东侧设置饲料槽,故 1 号栏东边为饲料车行走道。

1 号栏的西边和 2 号栏的东边相邻,间隔为 4m,为牛的通道和牛舍排水道。

1 号栏从东向西倾斜(倾斜度 0.8°~1°)。

2 号栏从西向东倾斜(倾斜度 0.8°~1°)。

2 号栏的西侧设置饲料槽,故 2 号栏西边为饲料车行走道。

3 号栏的东侧设置饲料槽,故 3 号栏东边为饲料车行走道。

3 号栏的西边和 4 号栏的东边相邻,间隔为 4m,为牛的通道和牛舍排水道。

3 号栏从东向西倾斜(倾斜度 0.8°~1°)。

4 号栏从西向东倾斜(倾斜度 0.8°~1°)。

4 号栏的西侧设置饲料槽,故 4 号栏西边为饲料车行走道。

5 号栏的东侧设置饲料槽,故 5 号栏东边为饲料车行走道。

5 号栏的西边和 6 号栏的东边相邻,间隔为 4 m,为牛的通道和牛舍排水道。

5 号栏从东向西倾斜(倾斜度 0.8°~1°)。

6 号栏从西向东倾斜(倾斜度 0.8°~1°)。

6 号栏的西侧设置饲料槽,故 6 号栏西边为饲料车行走道。

7 号栏的东侧设置饲料槽,故 7 号栏东边为饲料车行走道。

7 号栏的西边和 8 号栏的东边相邻,间隔为 4m,为牛的通道和牛舍排水道。

7 号栏从东向西倾斜(倾斜度 0.8°~1°)。

8 号栏从西向东倾斜(倾斜度 0.8°~1°)。

8 号栏的西侧设置饲料槽,故 8 号栏西边为饲料车行走道。

如此设计,形成波浪式。南北向的倾斜度 0.6°~0.7°。养牛较多者,需要设计第二、第三甚至更多的围栏区。在每个围栏内设饮水槽 1 个(长 2~3m),槽高 0.8~1m,槽宽 1m,中间用铁管隔开,每侧宽 0.5m,自动供水。在每个围栏内设解痒架,用拖拉机的大轮胎(废轮胎)外壳,一分为二,高 1.2~1.3m,牛可以自由摩擦解痒。

二、育肥牛舍地面

(一)有顶棚牛舍地

1.水泥地面

(1)水泥地面的优点:传热、吸热速度快;地面平整美观,易清洗,易清除粪便;便于消毒、防疫;排水性能好,使用寿命长。

(2)水泥地面的缺点:热反射效应强;冬季保温性能差;地面坚硬,易损伤牛的关节;易被粪尿腐蚀。

2.立砖地面

(1)立砖地面的优点:传热、吸热速度慢;冬季保温性能较好;热反射效应较小;地面硬度较水泥地面软,有利保护牛的关节。

(2)立砖地面的缺点:不如水泥地面容易清洗和清除粪便;消毒、防疫不如水泥地面方便;排水性能不如水泥地面好;使用寿命短。

3.三合土地面

(1)三合土地面的优点:冬暖夏凉;地面软,有利于保护牛的关节;造价低。

(2)三合土地面的缺点:不易清洗、清除粪便;不便于消毒、防疫;排水性能差;易形成土坑,使用寿命短。

4.木板地面

(1)木板地面的优点:冬暖夏凉;地面软,有利于保护牛的关节;牛舒适。

(2)木板地面的缺点:造价高,使用寿命短。

5.建排水沟

为了保持牛围栏地面的干燥,在牛舍周边挖水沟可以达到目的。水沟深1.5m,宽2m。在牛舍周边挖水沟还可以达到省围墙、防盗、防牛逃跑,有利于环境保护等。

6.地面坡度

无论是水泥地面,还是立砖地面,或是三合土地面,自牛食槽至粪尿沟应有1°~1.5°的坡度。

(二)无顶棚(露天)围栏育肥牛舍地面

无顶棚(露天)围栏最好选择有坡度(5°~8°)的草地或将地面夯实。

三、育肥牛舍顶棚

用于育肥牛舍顶棚的材料较多,有水泥瓦、砖瓦、彩钢板、瓦楞铁板等。各有优缺点。

(一)水泥瓦顶棚

1.水泥瓦顶棚的优点

使用寿命长,牛舍顶棚厚,冬暖夏凉。

2.水泥瓦顶棚的缺点

所用建筑材料较多,成本较高。

(二)砖瓦顶棚

1.砖瓦顶棚的优点

使用寿命长,牛舍顶棚厚,冬暖夏凉。

2.砖瓦顶棚的缺点

建筑材料较多,成本较高。

(三)彩色板顶棚

1.彩色板顶棚的优点

外形美观大方,有档次,施工便捷。

2.彩色板顶棚的缺点

造价高,易老化,使用寿命短;热辐射大;抗风力稍差。

(四)瓦楞铁板顶棚

1.瓦楞铁板顶棚的优点

不易老化,使用寿命长;外形美观大方,有档次;施工便捷。

2.瓦楞铁板顶棚的缺点

造价高,热辐射大,抗风力稍差。

四、育肥牛食槽

制作育肥牛舍食槽的材料多种多样,各场可因地制宜选材用材。但是制作时必须做到食槽底不能有死角(呈 U 字形)。

五、育肥牛饮水槽

育肥牛饮水槽一般为水泥饮水槽,也有使用铁槽的。饮水槽的尺寸为:长 600mm,宽 400 mm,高 250 mm。设有进水口和排水口,进水口设在饮水槽的上方或侧面,其高度应与饮水槽的水面一致。排水口设在饮水槽的底部,用活塞堵塞。

第三节　育肥牛场的安全生产和环境保护

一、育肥牛场的安全生产

(一)育肥牛饲养安全

育肥牛饲养的安全主要是饲养员的安全，饲养员进围栏打扫卫生时，要防范牛顶人、踢人，尤其是要防范野性较大的牛。

(二)饲料加工安全

饲料青贮时，要注意安全，防止机械损伤和坠入空的青贮窖。粗饲料加工粉碎时，操作人员要戴安全帽，穿戴工作服。严禁戴手套操作，严禁留长发，严禁用手硬推粗饲料入粉碎机。精饲料加工粉碎时，操作人员要戴安全帽，穿戴工作服，严禁戴手套操作，严禁留长发。

(三)防火安全

育肥牛场的防火工作应常年抓，在冬季特别要注意粗饲料的防火。场区要设防火标识，划定防火区，防火区内严禁吸烟。

(四)用电安全

电工要凭证上岗，无证严禁操作。要制定用电操作规程，有电击危险点设防电击标识。

二、育肥牛场的环境保护

(一)育肥场地的污染源

育肥牛场的污染源包括牛粪、牛尿、生产生活废水、机器运转的噪声、锅炉烟尘、粗饲料粉碎时的灰尘等。根据调查，每头育肥牛每天排泄的牛粪牛尿量(平均数)25 kg；每头育肥牛每天产生生活废水平均量约 10L；机器运转的噪声 90~100dB；锅炉烟尘排放量约为 0.1kg/h，二氧化硫排放量约为 0.35 kg/h，烟气排放量为 605m^3/h；粗饲料粉碎时车间内的粉尘浓度大于 10mg/m^3，排出车间外粉尘的浓度超过 150mg/m^3。

(二)污染物处理技术

1.牛粪牛尿

每日清扫粪尿 2 次。牛粪尿运输到指定地点堆放，堆放 15 天左右，制成干有机肥料或直接用做肥料，或设牛尿废水沟，流至发酵池发酵后用做肥料。

2.生产生活废水

生产生活废水流至发酵池进行沉淀、净化、消毒处理。

3.噪声处理

(1)锅炉降噪声措施：一是鼓风机和引风机采用消声器和隔音筒等降低噪声装置；二是消声器和隔音筒与风机、管道连接处采用密封垫，以减少机器振动的传递，降低噪声；三是引风机、电机、鼓风机等设备安装减震设备；四是引风机、鼓风机设置在噪声隔离机房内。

(2)粉碎机降噪声措施：粉碎机设置在噪声隔离机房内，或采用复合阻音钢板制作溜管。

4.锅炉降烟处理

锅炉烟囱要有一定的高度，烟囱的高度要根据当地的风速、烟尘的浓度与周边建筑物的高度等综合考虑，一般为15~25m。锅炉安置脱硫除尘设备，除尘率大于95%，脱硫效率达80%~90%，脱氮效率大于28%。

5.粗饲料粉碎时的灰尘处理

设置除尘风网，在饲料提升输送口、卸料口、粉碎机粉碎处、成品包装处，设置吸尘口，使粉尘经风管吸入脉冲布袋除尘器中，除尘率可达99%。粉碎车间内的粉尘浓度小于10mg/m³，排出车间外粉尘的浓度低于150 mg/m³。

第九章 牧草加工调制与利用技术

第一节 青干草

青干草是指天然草地牧草、栽培牧草或其他青绿饲料作物，在盛花期未结实期前刈割后经晾晒或机器烘干调制而成的能够长期贮存的饲草。合理调制的青干草呈青绿色，叶面平整，具有芳香味，适口性好，营养价值高。干物质中粗蛋白质含量约 8.3%，粗纤维含量约 33.7%，含有较多的维生素和矿物质，是草食动物越冬的良好饲料。青干草粉碎后即为草料，也是进一步加工颗粒饲料的原料。

一、青干草的营养特点

(一)青干草种类

按植物种类分，有豆科青干草、禾本科青干草、谷类青干草和混合青干草。豆科青干草如苜蓿、沙打旺、草木樨、野豌豆、毛苕子等。豆科青干草营养价值较高，富含可消化粗蛋白质、钙和胡萝卜素等，草食家畜日粮中配合一定数量的豆科青干草，可以弥补饲料中蛋白质数量和质量方面的不足。如用豆科青干草和玉米青贮饲料搭配饲喂草食家畜，可以减少精料用量或完全省掉精料。禾本科青干草如披碱草、冰草、黑麦草、无芒雀麦、猫尾草等，其来源广、数量大、适口性好。天然草地绝大多数是禾本科牧草，是牧区、半农半牧区的主要饲草。这类青干草一般含粗蛋白质与钙较少，其营养价值因种类和刈割时间不同而差异甚大。谷类青干草为栽培的饲用谷物，于抽穗—乳熟期刈割调制成青干草。如谷子、燕麦、黑麦、大麦、稗子干草等，这一类干草虽含粗纤维较多，但仍是农区草食家畜的主要饲草。混合青干草如天然割草场及混播牧草草地刈割调制的青干草。

按干燥方法分，可分为自然干燥青干草和人工干燥青干草。自然干燥青干草是指自然晾晒或阴干调制而成，是目前最普遍最简便的一种青干草，但营养物质损失较多。人工干燥青干草是指利用各种能源，如常温鼓风或热空气，进行人工脱水干燥而成。由于干燥速度快，因而可减少干草营养成分的损失，特别是减少胡萝卜素的损失，其缺点是成本高，而且缺乏维生素D的来源。

(二)青干草的营养价值

青干草的营养价值因牧草种类、刈割时期、干燥过程中的外界条件及贮藏方式等因素不同，差异很大。一般粗蛋白质含量为10%~20%，比秸秆高1~2倍或以上；粗纤维含量为22%~23%，比秸秆低50%左右；无氮浸出物含量在40%~54%，与秸秆相似；矿物质含量较丰富，特别是豆科牧草含有较多的钙、磷等。此外，优良青干草还含有胡萝卜素、维生素E、K、B等多种维生素。值得指出的是，晒制干草是草食家畜维生素D的重要来源，这是由于植物体内所含的麦角固醇经阳光紫外线的照射，可转化为维生素D，一般晒制青干草维生素D含量为100~1000个国际单位每千克。

优质青干草具有较高的饲用价值，是草食家畜冬春季的基础饲草，是反刍动物日粮中能量、蛋白质、维生素的主要来源。虽然干草中纤维素含量较高，各种营养物质的消化率较低，但干物质含量较多，家畜随意采食量也较高，对于乳用家畜，还有提高乳脂率的作用。如用优质干草喂乳牛，在不补加任何精料的情况下，日产牛奶可达5kg。生产实践证明：各种草食家畜的日粮中，饲喂一定数量的青干草，均有良好效果。如以优质干草为基础日量适当搭配精料、青贮饲料等，所育成的家畜体质、体型、生产力和经济效益均最佳。

但在实际生产中，青干草品质差异极为悬殊，优质青干草营养价值接近小麦麸，而劣质干草，有时还不如秸秆，如秋后收割的枯黄草，加之晒制不当，营养物质损失常达50%~60%，特别是胡萝卜素，几乎损失殆尽。因此要获得优质干草，关键在于要特别重视影响青干草品质的各种因素，尽量设法减少牧草营养的损失。

(三)影响青干草品质的因素

牧草调制成青干草的目的，除便于贮藏外，更重要的是要尽量保持牧草原有的营养物质和较高的消化率与适口性，尤其要注意尽量减少青绿牧草中粗蛋白质、胡萝卜素及必需氨基酸等成分的损失。影响青干草这些优良品质的因素很多，除牧草种类及品质的差异外，最重要的是牧草收割时期、干燥方法与干燥时期的长短、外界条件及贮藏条件和技术等。其中牧草的刈割时期，对青干草品质的影响最大，也最容易被忽视。

二、青干草的适时刈割

(一)适时刈割的重要性

为获得品质优良的青干草，不论采用何种加工方法与先进技术，不论是天然打草场牧草，还是栽培牧草及饲料作物,都必须在牧草的营养物质产量最高时期进行刈割,即首先要保证原料的品质优良,这是生产优质青干草的基本前提。

牧草在生长发育过程中,其营养物质在不断变化,处于不同生育期的牧草或饲料作物不仅产量不同,而且营养物质含量也有很大的差异。随着饲料作物生育期的推移,豆科牧草叶片易脱落或枯萎,亦造成营养损失。尽管牧草的干物质产量还继续增长,但其体内最宝贵的营养物质如粗蛋白质、胡萝卜素等的含量会大大减少,而粗纤维的含量却逐渐增加,因此在单位面积上,饲料作物的产量和各种营养物质含量主要取决于饲料作物的收割期。因此,要根据不同饲料作物的产量及营养物质含量,适时刈割。

目前,有些地方由于受气候条件、劳动力安排不当及只见时不见质、习惯推动力等因素的影响,往往不能适时刈割,导致牧草的营养物质严重损失,干草品质差,饲料报酬低,经济效益差,应该引起高度重视。

(二)适时刈割的一般原则

确定牧草的最适刈割期,必须考虑两项指标:一是产草量;二是可消化营养物质的含量。实际上,牧草在整个生育期中的产量和可消化营养物质的变化,是两个发展方向相反的过程。牧草生长的幼嫩时期,叶量丰富,粗蛋白质、胡萝卜素等含量多,营养价值高,但产草量低。相反,随着牧草的生长和生物量的增加,上述营养物质的含量明显减少,而粗纤维的含量则逐渐增加,牧草品质显著下降。因此,确定牧草的适宜刈割期,必须把干物质产量和可消化营养物质的含量兼顾起来,全面衡量,选择处在生长发育中产量相对最高,品质也相对最高的时期进行刈割。

牧草适时刈割期的一般原则如下:

一是以单位面积内营养物质的产量最高时期或以单位面积的总消化养分最高时期为标准。

二是有利于牧草的再生,有利于多年生或越年生(二年生)牧草的安全越冬和返青,并对翌年的产量和寿命无影响。

三是根据不同的利用目的来确定。如为生产蛋白质、维生素含量高的苜蓿干草粉,应在孕蕾期进行刈割。虽然产量稍低一些,但可以从优质草粉的经济效益和商品价值予以补偿。若在开花期刈割,虽草粉产量较高,但草粉质量明显下降。

四是天然刈割草场应以草群中主要牧草(优势种)的最适刈割期为准。

(三)牧草的适宜刈割期

1.天然刈割草场与多年生禾本科人工草场的适宜刈割期

天然刈割草场的牧草种类多,但单播的禾本科或混播的禾本科人工刈割草场,都以禾本科牧草的适宜刈割期来确定。下面以多年生禾本科牧草为代表,阐述天然草场与人工草地的适宜刈割期。

一般多年生禾本科牧草地上部分在孕穗–抽穗时期，叶多茎少，粗纤维含量较低，质地柔软，粗蛋白质、胡萝卜素含量高，而进入开花期后则显著减少，粗纤维含量则不断增加。

牧草品质在很大程度上取决于消化率，而牧草的消化率同样随着生育期的延长大幅度下降。

禾本科牧草在一年内地上部分生物量增长速度是均衡的。孕穗–抽穗期生物量增长最快，营养物质产量也达到高峰，此后则缓慢下降。一般认为，禾本科牧草单位面积的干物质和可消化营养物质总收获量以抽穗–开花期为最高。例如，披碱草以抽穗–开花期刈割，其蛋白质总收获量最高。

刈割期对牧草的再生性及下一年产草量均有较大影响。一般在抽穗–初花期刈割，有利于再生。禾本科牧草刈割期的早晚，对翌年的产量有一定的影响。由于下一年牧草的产量主要决定于牧草地下器官可塑性营养物质的积累情况，而可塑性营养物质积累的最高时期，受牧草种类、地理位置、气候条件等因素的影响，有所差异，但牧草的刈割次数及最后一次刈割的时期对牧草地下器官可塑性营养物质的积累产生一定影响。一般多在抽穗–初花期刈割，霜冻前 45 天禁止刈割，在每年刈割二次的情况下，两年平均单位面积的干物质与粗蛋白质产量均最高。

一般认为，大多数多年生禾本科牧草的适宜刈割期应在抽穗–开花初期。但还要根据牧草种类不同区别对待。粗糙高大的禾本科牧草，如芨芨草、拂子茅等，应不迟于抽穗期，芦苇应在孕穗以前，针茅则应在芒针形成前进行刈割。

2.豆科牧草调制干草特点及适宜刈割期

豆科牧草不同生育期的营养成分变化比禾本科牧草更为明显。如开花期刈割比孕蕾期刈割粗蛋白质含量减少 30%~50%，胡萝卜素减少 50%~90%，特别在干旱炎热以及强烈日光照射下，更加速了植物衰老过程，纤维素、木质素增加，导致豆科牧草品质迅速下降。

豆科牧草营养价值最高的器官是叶片、嫩枝、花序。实际上豆科牧草所含的粗蛋白质、胡萝卜素及必需氨基酸比禾本科牧草丰富，但是晒制成干草后，二者所含的营养物质差异不大，其原因是豆科牧草干制中叶片易脱落的缘故。叶片中蛋白质的含量约为茎的 2.5 倍。豆科牧草的茎叶比例随生育期的推进变化较大。如紫花苜蓿的茎叶重量变化为：现蕾期叶的重量与终花期相比几乎多 1 倍，终花期的重量却是始花期的 1 倍以上。

豆科牧草进入开花期以后，下部叶片开始枯黄，晒制干草时，叶片损失就更为严重。实践证明：刈割越晚，叶片脱落越多，干草品质也越差。因此，在晒制豆科牧草时，避免叶子的损失是头等重要的问题。

豆科牧草茎秆比禾本科牧草充实、坚硬、木质化程度较高，且含胶体物质较多，茎内部的水分向外散失的阻力较大。而豆科牧草的叶柄细、叶片又较薄、表面积大，干燥速度比茎快得多。如苜蓿的茎含水量降到50%左右时，叶片含水量已下降至10%左右。故由于叶较茎提前干燥，致使叶片大量脱落。豆科干草叶片损失率一般为20%~30%，甚至高达50%~70%。刈割越晚，茎叶干燥的速度差异越大，造成的损失也越大。豆科牧草茎叶干燥速度因种类不同而异，茎秆较粗硬、木质化程度较高的牧草，茎叶干燥速度差异大，如苜蓿、沙打旺等。茎秆较柔软，木质化程度较低的牧草，茎叶干燥速度差异较小，叶片脱落也较少，如毛苕子、野豌豆等。

多年生豆科牧草的适宜刈割期应根据生长当年的营养动态、产量、再生性以及对翌年的产量和寿命等因素综合考虑。豆科牧草的适宜刈割期一般在孕穗-初花期。但具体到某一种豆科牧草来说，应视具体情况来确定。如苜蓿一般认为在现蕾-开花期为最适刈割期。生产实践证明：苜蓿一年中前几次刈割，在现蕾-始花期，既能获得粗蛋白质、维生素含量高的饲草，又有利于防除田间杂草和病虫害，而最后一次刈割应在开花期或霜前一个半月刈割。又如草木樨中含有低毒的生物碱香豆素，在孕蕾期最高，因此最适刈割期在营养生长期。一年生豆科牧草均为一次收获，其适宜刈割期一般在开花-蜡熟期。

三、青干草的干燥

（一）牧草干燥过程中营养物质的损失

为减少青干草营养物质的损失，牧草刈割后，最重要的是使牧草迅速脱水，促进植物细胞及早死亡，使营养物质的损失减少到最低限度。

目前，农牧区主要采用地面晒制干草，干物质、粗蛋白质的损失一般在20%~30%，胡萝卜素损失高达90%以上，这些损失主要由于饥饿代谢、机械作业等使叶片脱落及嫩枝折断所致。

1.机械作业引起的损失

在晒制干草时，在搂草、翻晒、搬运及堆垛等一系列作业中，叶片、嫩枝及花序等易折断脱落损失。一般禾本科牧草损失2%~5%，豆科牧草损失15%~30%，有的高达60%~70%。

机械损失的多少与牧草种类、刈割时期及干燥技术有关。为了减少机械损失，应适时刈割，并在牧草细嫩部分尚未脱落时，及时集成各种草垄或小草堆进行干燥，已经干燥的牧草，进行压捆时，应在早晨或傍晚湿度较大时进行。

2.雨淋损失

晒制干草时，最忌雨淋。雨水淋洗对青干草造成的损失，主要发生在植物细胞死亡后。刚刈割的牧草细胞尚未死亡，阴雨天延长了干燥时间，增加了由于呼吸作用消耗营养物质而造成的损失。雨淋对青干草的危害，主要发生在牧草水分含量降到40%左右。此外，当未干或已干燥的牧草，经下雨或露水的浸湿，胡萝卜素的损失严重。例如，刈割后的三叶草，受露水浸湿时，胡萝卜素含量减少11%；当水分含量为41%的青干草受潮时，干燥过程被延缓，比未浸湿的干草，其胡萝卜素含量减少76.6%。

3.霉烂变质的损失

青干草霉烂原因取决于牧草的含水量、气温和大气湿度。一般青干草最低含水量在30%左右、气温在25℃~30℃、空气相对湿度在85%~95%时,可导致青干草霉烂变质。发霉的青干草易使家畜得肠胃病、流产等,尤其对马危害最大。

(二)牧草干燥方法

1.自然干燥法

可以根据天气预报,在3~5天内天晴无雨时刈割,将割倒的青草铺在地上翻晒1~2天,使其大量失水。如果天热日照强,第二天下午可堆成疏松的小堆或长条,减少曝晒面积,使其继续干燥,随着青草含水量的下降(含水量在20%~25%),再将小堆并成大堆干燥。青干草湿度或含水量在14%~17%时,即可打捆运输,进行堆垛、贮存。

青干草湿度或含水量在15%~17%时,用手紧握有微凉的感觉,拧不出水来,松手可散开,但散开得不彻底,这样的干草就可打捆贮存。如果一拧就断,发出咔嚓声,用手紧握干草有明显的凉感和沙沙声,表明晒得太干,估计含水量在15%以下。干草易拧成辫条,松手后几乎不散或散开得很慢,估计含水在17%以上,还不宜打捆贮存。

2.自然风干法

在牧民定居点或冷季棚圈周围,有晒草木架,把青草刈割后搭在木架上风干。这种方法的好处是通风好,干得快,比晒干草能保存较多的营养成分。挪动方便,适于在多雨潮湿地区青草数量较少的牧户采用。

选择晴天刈割牧草并平铺晾晒,使其半干,然后上木架风干。木架的形状较多,常见的有:

(1)"人"字形架:根据风干草量做两个以上的"人"字形木架,用横木连接起来,两个坡面搭半干草,中间通风。也可靠院墙、畜圈墙斜搭木柱,用横木连接,在斜坡面上搭半干草。

(2)三角锥形木架:用3~4m的3根木柱,上端捆住,下端加置于地面,分开,呈三角锥形,然后在角架上用横木连接成多层,自上而下搭半干草风干。此外,还可因地制宜采用木桩、树木下挂草风干。

自然晒干、风干的青干草,牧草营养物质损失较大,调制好的干草养分损失10%~20%,差的损失35%~40%。

(3)人工(干燥机)干燥法:国内外的一些饲料厂,将刈割的青绿牧草送入干燥机,经几秒高温干燥,然后贮存或制成干草粉,或加工成配合饲料。养分可保存90%~95%。

四、青干草的贮藏

青绿牧草干燥后应集中堆成草垛贮存起来,草垛要选择在高燥、利于排水又靠近棚圈的地方。草垛可以是圆、方、长方等形状,大小依干草数量来定。草多时可堆成长方形垛。无论何种形状，都要求下部窄小，中部宽大，顶部呈屋脊状，以利排水。

牧民群众在贮存干草上有很多好经验：如用石头筑垛台(高 30~50cm)，使垛台空起。在垛台中间栽 1 根长木柱，再堆垛，不仅中间通风防霉，还可防草垛倒斜；在垛台中间先放上一草袋，再在周围堆垛，把草袋不断往上提，堆到顶时将袋抽出，成为空心草垛；在垛台上先放 1 层小麦秸秆或干灌木枝条，再垛草 1m 厚，再加 1 层小麦秸，这样一层一层地分层垛好，小麦秸吸收青干草的水分可防霉，同时能使小麦秸柔软、有青干草味，牛喜采食。

草垛堆好以后，最好用麦秸或稻草编个草顶覆盖青干草，也可覆盖麦秸并用草绳网起来，最后用黑色塑料薄膜覆盖或用草泥灰墁过。对草垛要经常检查，及时修整下沉或漏水处、顶部覆盖的塑料膜及泥皮破损处等，还要注意防火。拆垛饲喂时，先从背风的一面取草，逐渐向里，一次取 1~2 天的喂量即可。

五、对青干草品质的要求

优质青干草要基本保持绿色或浅绿色，保存较多的叶片，具有芳香的草味。禾本科牧草在穗上没有种子，说明可在抽穗阶段刈割。如果有种子存在，茎秆下呈小麦秸秆黄色，说明刈割过迟。

豆科牧草的青干草如仅在植株下部 2~3 个花序上有种子，说明是在开花时刈割的。如果所有花序上都有种子，茎下部呈褐色，说明刈割过迟，品质较差。

第二节　干草捆与干草块

加工调制后的青干草需要采用适当的贮藏法及时贮存，如果贮藏方法不当或未能及时贮藏，都会降低干草的饲用价值。

加工调制后的青干草需要采取适当的贮藏方法及时贮存，如果贮藏方法不当或未能及时贮藏，都会降低干草的饲用价值。散干草体积大，贮运不方便。为了便于贮运和保持青干草的优良品质，生产中常把青干草块压制成长方形或圆形的草捆和草块，进行运输和贮藏。干草捆和干草块也便于草产品的商品化。

一、干草捆

干草捆是应用最为广泛的草产品，草捆加工工艺简便，成本低，主要通过自然干燥法使牧草脱水干燥。干草捆加工是牧草商品化生产的主导技术,在国内外早已得到广泛应用。青干草经压捆后,体积大为缩小,同时也体现出一些其他优点。一是草捆密度大,运输贮藏更经济。经压缩打捆的干草一般节省一半的劳力,而且在集草装卸过程中叶片、嫩枝等细碎部分不会损失。体积的压缩使得干草捆的贮藏和运输更经济。二是干草捆减少了外界条件的不良影响。高密度草捆缩小了青干草与日光、空气、风雨等外界环境的接触面积,从而减少营养物质特别是胡萝卜素的损失。贮藏的干草捆不易发生火灾,贮藏更安全。三是干草捆可以缩短晾晒时间。青干草含水量较高时,即可打捆堆垛,从而缩短了晾晒时间。但是,青干草含水量较高时,草垛中间应设置通风道,以利于继续风干。一般禾本科牧草含水量在25%以下,豆科牧草在20%以下即可打捆贮藏。四是草捆可以减少饲喂的损失。草捆取用方便,可以减少饲喂的损失。同时,压捆干草便于家畜自由采食,并能提高采食量。五是草捆有利于机械化操作和商品化生产。机械化作业压制草捆提高了生产效率,有利于牧草产品的经营管理和商品化。

青干草压制成草捆后要进行草捆堆垛,草捆垛的大小,一般长20m,宽5~6m,高18~20层干草捆,每层布设25~30cm的通风道,其数目根据青干草的含水量和草捆的大小而定。

二、干草块

干草块是通过牧草压块机械将新鲜牧草压制成高密度的草块。干草块是饲料成型工艺的新产品之一,具有营养物质损失少,便于贮藏运输和贸易的特点。

三、牧草捆裹

(一)牧草的捆裹和捆裹青贮

牧草捆裹是将新鲜牧草水分降低到50%左右时,用塑料拉伸膜裹包起来,在密封状态下进行贮存。因为利用新鲜牧草进行捆裹遵循了青贮原理,因此常称为捆裹青贮。捆裹青贮是将新鲜牧草等原料切短后,用捆裹机高密度压实打捆,然后用塑料拉伸膜裹包起来。经过打捆和塑料裹包的草捆处于密封状态,从而造成了一个最佳的发酵环境,在厌氧条件下,经3~6周,最终完成自然发酵过程。

(二)牧草捆裹的方式

牧草捆裹时首先采用圆捆捆草机将草料压实,制成圆型草捆,外面捆包以丝网,然后利用裹包机用专用拉伸膜将草捆紧紧包裹起来。牧草捆裹系统包括两种设备,一是打捆机,二是裹包机,采用拖拉机牵引。牧草捆裹系统一般有大型圆捆和小型圆捆两种类型。大型圆捆尺寸为直径120cm、高120cm,在牧草含水量约为50%时,每捆草重约500kg。小型圆捆尺寸为直径55cm、高52cm,在牧草含水量约为50%时,每捆草重约为40kg。

第三节 草粉、草颗粒与草饼

将适时刈割的牧草经人工快速干燥而粉碎成青绿状草粉，并进一步加工成草颗粒和草饼草块，这种方法是新鲜牧草加工的一种重要方式。草粉及草颗粒、草块草饼是比较经济的蛋白质和维生素补充饲料，目前许多国家已把青草粉作为重要的蛋白质和维生素饲料来源，草粉加工业已逐渐形成一种产业。

一、青干草粉的营养价值

目前牧草及青饲料的加工方法，主要是晒制干草、青贮或半干青贮、人工快速干燥后加工成草粉等。从保存营养方面来说，以加工成草粉较好。例如在自然干燥条件下，牧草的营养物质损失常达 30%~50%，胡萝卜素的损失高达 90%。而牧草经人工强制通风干燥或高温烘干，可大大减少营养物质的损失，一般损失仅为 5%~10%，胡萝卜素的损失一般不超过 10%。而以长干草形式贮存，其营养的损失仍然较大。若及时加工成草粉，与其他方法相比较，其营养成分损失最少。例如，苜蓿等豆科牧草经快速干燥加工成青草粉，比晒制干草的营养价值高 1~2 倍，可消化蛋白质含量为干草的 1.7 倍，胡萝卜素含量高 4 倍左右。

优质青干草粉营养丰富，含可消化蛋白为 16%~20%，各种氨基酸占 6%。从蛋白质和氨基酸的含量上看，优质青干草粉接近于动物蛋白质饲料。优质青干草粉粗纤维含量不超过 22%~35%。因此，常称青干草粉为蛋白质、维生素补充饲料，其作用优于精料，是畜禽配合饲料不可缺少的组成部分。在配合饲料中加入一定比例的青干草粉，具有营养成分齐全、生物学价值高等特点，对畜禽健康和生产性能都有较好的效果。青干草粉在国际市场的价格比玉米高 20%左右。

大量试验及生产实践证明：用添加青干草粉的饲料饲喂畜禽，能获得显著的经济效益。随着饲料工业的发展，饲料用粮日益增加，为解决人畜争粮的矛盾，国内外普遍重视研究节粮型饲料配方，寻找新的饲料来源。而优质青干草粉则是畜禽冬春季蛋白质、维生素、微量元素及其他生物活性物质的重要来源，是节粮型饲料配方较理想的原料。

由于青干草粉的粗蛋白质含量高于禾谷类籽实，对牛、羊、马等草食家畜，用青干草或碎干草做基础日粮，其蛋白质含量较容易达到 14%以上的水平。而以猪、禽类的配合饲料，若加入15%的青干草粉，可使禾谷类饲料为主的日粮，粗蛋白质的含量由原来的10%左右，提高到12%~13%。这个水平接近猪、禽饲料中粗蛋白质的最低需要量，再稍加饼粕类或动物性蛋白质饲料，即可使配合饲料中粗蛋白质的含量达到所需要的水平，这样可大大节省精料，同时降低饲料成本，提高经济效益。

青干草粉具有高蛋白质低能量的特点，在配合饲料中，利用青草粉，既解决了蛋白质的不足，节约粮食，又使配合饲料具有比例合理的蛋白质能量比。

但是，青干草粉的主要缺点是含纤维素较多，因此在猪、禽配合饲料中的比例不宜过大。一般2~4月龄断奶仔猪不宜超过8%~10%，4~8月龄育肥猪不超过10%~15%，母猪和公猪为10%左右。但生产实践中，往往超过上述的比例。如在猪的日粮中，以20%~25%的青干草粉代替一部分精料，也取得了良好的饲喂效果。

二、青干草粉的生产工艺

生产青干草粉应遵循尽量减少营养物质的损失和降低成本的原则。要获得优质草粉，不仅取决于原料的营养成分，而且需要一套健全并能生产中付诸实施的规范化工艺流程。所以应根据各地的具体条件，并借鉴外地的先进经验，扬长避短，采用先进的生产优质草粉的技术和规范化的工艺流程。

（一）青干草粉原料

加工优质青干草粉的原料主要是高产优质的豆科牧草，如苜蓿、沙打旺、草木樨、野豌豆以及豆科和禾本科混播牧草等。不适宜加工青干草粉的有杂类草、木质化程度较高和粗纤维含量高于33%的高大粗硬牧草，如芨芨草、赖草、铁杆蒿等；还有水分含量在85%以上的多汁青嫩草，也不适宜加工青干草粉，如聚合草、油菜等。

要选择优良割草地上的牧草生产青干草粉，在可能的条件下，尽量与种植牧草结合进行，实行单播或混播，建立具有不同营养成分特点和适于不同生长发育期收获的草地植物群落组合，使营养能互补以及原料一条龙连续轮供等。无论是混播或单播，优质豆科牧草的比例应不低于30%~50%。目前市场主要以苜蓿为原料，加工生产大量的蛋白质、维生素草粉和草颗粒。

（二）原料的刈割期

青干草粉的质量与原料刈割时期有很大关系，务必在营养价值最高时进行刈割。一般豆科牧草第一次刈割应在孕蕾期，以后各次刈割应在孕蕾末期；禾本科牧草不迟于抽穗期。错过了牧草最适刈割期，青干草粉的纤维素含量就会增加，而胡萝卜素和蛋白质的含量则减少。

人工干燥时，多用牧草联合收割机，同时完成刈割、切碎等工序。对茎秆较粗硬的牧草，应进行压扁，以利于干燥。牧草刈割后，用集草机起垄堆置草垄，然后用捡拾集草机装运。实行刈割、切碎和装运等流水作业。这种方法不受天气条件的影响，能较多地保存牧草原有的品质。

（三）快速干燥

生产青干草粉时采用的自然干燥的方式和原理与调制青干草时所使用的方法和原理相同。青干草粉品质的好坏取决于适时刈割的牧草所采用的干燥方法。因此，生产青干草粉时常采用营养损失较少的人工高温快速干燥方法。人工快速干燥可大大减少青干草粉营养物质的损失。一般胡萝卜素的损失不超过 3%~10%，其他营养物质的营养损失不超过 3%~8%。

牧草干燥过程中有几个关键环节容易造成草粉品质的下降，应予以注意。

1.刈后稍加晾晒

刚刈割收获的原料水分含量为 80%~85%时，每吨干物质带有 4.0~5.5t 的水分，蒸发这些水分需要耗费较多的燃料。因此，当天气晴朗时，可就地翻晒风干 3~4h，使原料水分含量降低到 65%左右，燃料消耗可降低 60%，并且胡萝卜素的损失量也较少。必须指出，晾晒牧草只能在晴天条件及时进行，任何掉以轻心都将会导致营养物质大量损失，降低草粉品质。即使后来对该原料进行快速烘干，也无法挽回营养物质的损失。通常加工草粉、草颗粒，应尽可能利用鲜草为原料；对加工碎干草、草块、草饼的切短草来说，可允许利用风干至含水量为 65%左右的牧草。

2.高温干燥

将切碎牧草，置于牧草烘干机中，通过高温空气，使牧草迅速干燥。干燥时间的长短，取决于烘干机的种类、型号及工作状态，从几小时到几十分钟甚至几秒钟，使牧草的含水量由 80%左右迅速降到 15%以下。

生产实践证明：收割及晾晒后的原料，必须及时进行干燥、粉碎或制粒，所需时间越短越好。

为减少装载转运时的损失以及更有效地利用各种运载工具，应对运输车辆加设专门的栅栏和网索等。

常温鼓风干燥比高温快速干燥简便易行，需要的能量少，可以根据生产者的具体情况选择采用。

将刈割后的牧草在田间预干到含水量为 50%左右时，置丁设有通风道的草棚，用普通鼓风机或电风扇等吹风装置进行常温鼓风干燥。

为克服豆科牧草干草干制过程中的损失，对豆科牧草可以采用茎叶分开，得到深绿色高质量的叶子，作为单胃动物高蛋白质和维生素饲料或精制后作为食品的原料，茎可作为反刍动物的粗饲料。加工工艺（以苜蓿为例）主要有刈割切短、烘干和茎叶分离等过程。

（1）刈割切短：适时收获的苜蓿，含水量 80%左右，茎的含水量比叶高 2%~3%。为使苜蓿与热风接触，加快干燥，将苜蓿切短为 10cm 左右。

(2)烘干:用烘干机等,温度为100℃的热风烘干10min左右,使苜蓿呈半干燥状态。此时牧草总含水量为37%左右,叶的含水量在15%以下,而茎的含水量仍为50%左右。

(3)茎叶分离:将半干燥的苜蓿用脱叶设备或谷物脱粒机,很容易把叶子从茎上脱落下来,然后用分离装置如风选机,把叶片与茎分开。要求干燥与脱叶作业连续进行而不要将干燥后的苜蓿堆放一段时间后再脱叶,以免因茎的含水量高,水分从茎移向叶片,使叶片含水量再次提高,造成脱叶困难。

脱叶后的苜蓿茎秆要作为半干青贮的原料,采用茎叶分离法加工优质青草粉,与完全烘干法相比,可节省能源50%左右。

(四)粉碎

牧草干燥后,一般用锤式粉碎机粉碎。草屑长度应根据畜禽种类与年龄而定,一般为1~3mm。对家禽类和仔猪来说,草屑长度为1~2mm,成年猪2~3mm,其他大家畜可长一些。

(五)青干草粉的贮藏

青干草粉属粉碎性饲料,颗粒较小,比表面积(表面积与体积之比)大,与外界接触面积大。因此在贮运过程中,一方面营养物质易于氧化分解而造成损失;另一方面青干草粉吸湿性比其他饲料大得多,因而在贮存运输过程中容易吸潮结块,微生物及害虫又易趁机侵染和繁殖,严重者导致发热变质甚至变味、变色,丧失饲用价值。因此,贮藏优质青干草粉必须采取适当的技术措施,尽量减少蛋白质及维生素等营养物质的损失。贮藏青干草粉的方法主要有以下几种方式。

(1)低温密闭贮藏:青干草粉营养价值的重要指标是维生素和蛋白质的含量。因此贮藏青干草粉期间的主要任务是如何创造条件,保持这些生物活性物质的稳定性,减少分解破坏。许多试验和生产实践证明:只有低温密闭的条件下,才能大大减少青干草粉中维生素、蛋白质等营养物质的损失。将青干草粉装在坚固的牛皮纸袋内,置于棚下或仓库内,在常温条件下贮藏9个月后,胡萝卜素的损失有80%~85%,维生素B_1损失41%~54%,维生素B_2损失80%以上,粗蛋白质损失14%左右。而在低温条件下贮藏,胡萝卜素损失减少30%,粗蛋白质、维生素B_1、B_2以及胆碱等损失很小。

(2)干燥低温贮藏:青干草粉安全贮藏的含水量在13%~14%时,要求温度在15℃以下;含水量在15%左右时,相应温度为10℃以下,碎干草的安全贮藏含水量为15%~17%。

贮藏青干草粉、碎干草的库房,可因地制宜,就地取材。但应保持干燥、凉爽、避光、通风,注意防火、防潮、灭鼠及其他酸、碱、农药等造成的污染。贮藏草粉的草粉袋以坚固的牛皮纸袋、塑料袋为好,通透性良好的植物纤维袋也可以。要特别注意贮存环境的通风,以防吸潮。包装袋重量以50kg为宜,以便于人力搬运及饲喂。一般库房内堆放草粉袋时,按两袋一行的排放形式,堆码成高2m的长方形垛。

三、草颗粒和草饼

为了减少青干草粉在贮存过程中的营养损失和便于贮运，生产中常把草粉压制成草颗粒。一般草颗粒的容重为散草粉的2~2.5倍,可减少与空气的接触面积,从而减轻氧化作用。并且在压粒的过程中,还可以加入抗氧化剂,以防止胡萝卜素及其他营养物质的损失。刚生产出的青干草粉能保留95%左右的胡萝卜素,但置于纸袋中贮藏9个月后,胡萝卜素损失65%,蛋白质损失1.6%~15.7%;而草颗粒分别损失6.6%和0.35%。在需要远销长途运输的情况下,可显著地减少运输和贮藏的费用,而且装卸方便,无飞扬损失。

草颗粒的压制一般采用颗粒饲料加工的饲料成型工艺。青草粉容重小、流动性差,颗粒机的压模厚度和压模孔径选择要适当。

将适时刈割的牧草快速干燥后,切碎成8~15cm长的草段,然后压制成草饼或草块。在压制草饼、草块时,常常添加糖蜜、矿物质等其他营养物质,制成全价日粮。

第四节 发酵饲草饲料

发酵饲草饲料是利用微生物和酶的作用,在适当的条件下发酵而成的饲草料。通过发酵可降低饲草的纤维素含量,增加菌体蛋白质和维生素含量,提高饲草的适口性和消化率,利用发酵还可延长某些牧草的贮藏期。因此,发酵饲料在畜牧业生产中具有重要意义。

一、青贮料

青贮料指在厌氧条件下经过乳酸菌发酵调制保存的青绿多汁饲料。它具有很多优点,是主要的发酵饲草饲料,因此,在畜牧业生产中应用广泛。

青绿多汁饲料富含水分、多种维生素、矿物质和品质优良的粗蛋白质。它营养价值完善,适口性好,易于消化,是家畜良好的饲料。将它在密闭厌氧条件下,经乳酸菌发酵而调制成的青贮饲料,使青绿饲料的优点几乎全保持下来。在调制成青贮料的过程中,糖多转化为乳酸,碳水化合物总量却变化不大;蛋白质有些减少,含氮物质总量却极少损失;青绿饲料中大部分胡萝卜素得以保存,所以,总营养损失较少。而青绿饲料调制成干草过程中,由于植物细胞的呼吸作用和枝叶脱落的原因,营养损失却较青贮料的高。

优质的青贮料不仅保持了青绿饲料鲜态和大部分营养，而且由于它具有芳香的酸味,柔软多汁,适口性好,能刺激家畜食欲、消化液的分泌和肠道蠕动,从而增强了消化功能。实践证明:它能促进精料和粗饲料中营养物质的更好利用。如果秸秆、秕壳等饲料与青贮料混喂,则可提高这些粗饲料的消化率和适口性。

大部分农作物的秸秆质地粗硬,利用率低,如果能适时抢收并进行青贮,则可成为柔软多汁的青贮料,故青贮能扩大饲料来源。青贮料单位容积内贮量大,便于大量贮存,是一种既经济又安全的贮存饲料方法。青贮饲料所占空间比干草小,$1m^3$ 青贮饲料的重量为 450~700kg,其中含干物质 150kg,而 $1m^3$ 的干草重仅 70kg,含干物质 60kg。

在贮存青贮料过程中,不受风吹、日晒和雨淋等不利气候因素的影响,也不害怕鼠害和火灾等。在阴雨季节或天气不好,难以调制干草时,对于调制青贮饲料来说,则影响较小。只要按青贮规程的要求进行操作,就可以调制成良好的青贮料。此外,青贮过程中,可以消灭病虫害和减轻杂草危害。

实践证明:调制青贮料比晒制干草和干草料有更大的优越性。它可以缓解青饲、放牧与饲草生长季节的矛盾,对提高饲草利用率,均衡青饲料供应,满足反刍动物冬春季节的营养需要等,都起着重要的作用。全年给家畜饲喂青贮料,如同一年四季要采食到青绿多汁饲料,从而使家畜终年保持高水平的营养状态和生产水平。特别是奶牛饲养业,青贮饲料已经成为维持和创造高产以及集约化经营不可缺少的重要饲料之一。

在牧区,要进一步推广青贮料,尚必须解决短期集中青贮与秋收、劳动力不足的矛盾,逐步提高青贮机械化水平。

(一)牧草青贮技术的研究进展

青贮饲料的利用有着悠久的历史,青贮技术作为饲草贮藏方法被人们广泛认识。青贮技术及设备进行研发是从 19 世纪后半叶开始的,其后经过一个多世纪,目前,青贮已成为饲料科学中的一个分支领域,在理论和应用技术方面都得到了长足的发展,成为现代畜牧业生产不可缺少的支撑。近年来,中国农业生产结构面临重大调整,畜牧业的比例将逐年增加,饲草的种植面积也会随之增加。青贮作为一种优良的饲草贮藏方法,必将会得到广泛的应用,并对农区草业的发展起到促进作用。

1.青贮饲料的品质特点

一般来说发酵品质高的青贮饲料,不但保持了青绿多汁饲料的特点,适口性好,而且其饲料价值往往也高。经过青贮调制后,某些含有毒成分或青贮饲料的不良气味一定程度上得到抑制。如草木樨中含有香豆素,而香豆素发生霉变时产生的双香豆素对家畜有毒害作用,从而限制了草木樨作为牧草利用的价值。有人用草木樨做原料进行青贮试验,结果发现试验中草木樨的不良发酵导致了香豆素向双香豆素转化。而品质优良的草木樨青贮饲料与未处理组比较,双香豆素含量下降,且差异显著,可以看出高品质的青贮草木樨可以降低草木樨中的有毒成分,因而通过制作青贮进行脱毒对草木樨加以利用的方法是可行的。

2.青贮技术发展的新动态

(1)存贮方式的发展:传统的青贮方式主要有窖式青贮(包括坑式、壕式)、塔式青贮及袋式青贮。其中塑料袋青贮牧草技术是20世纪70年代后期在英国兴起的一种牧草贮存新技术,即将牧草切碎成一定的长度,用装袋机装入高强度塑料袋中贮存。与传统的塔式和窖式青贮比较,在塑料袋青贮基础上发展起来的压包青贮和裹包青贮,由于低成本,受气候影响小,以及收割时间和喂食量的灵活性,近几年使用范围越来越广。压包青贮是一种较新的青贮技术,压包青贮是将饲料作物压进直径1.8~3.6m的聚乙烯管中,管长有30m、60m、90m多种长度。这种青贮方式由于其低成本及青贮容量的灵活控制,发展速度较快。这种青贮调制方式的饲料损失主要受聚乙烯管的质量影响,同时喂料器的速度也对其产生影响。另外青贮损失还受饲料密度和取料速度的影响。有关影响饲料密度的物料大小、干物质含量及装料机方面的报道比较少。一般认为干物质含量范围为150~200kg/m,在这个范围内,取料速度则是防止发生饲料损失的主要影响因素,一般推荐速度是最少每天150~300m,但如果青贮填料时造成聚乙烯管不平,这样的取料速度,应避免二次发酵造成浪费。

牧草裹包青贮是在传统青贮基础上研究开发的一种新型的饲草料加工及贮存技术。它是将收割后的牧草直接进行机械打捆,然后用特制的聚乙烯膜包裹密封,所使用的薄膜具有较好的拉伸性能和单面自黏性,可防水、防尘、防止紫外线通过。从1984年以来,由澳大利亚和英国研制生产的大型牧草捆裹青贮系统在世界许多国家得到了广泛的应用。中国于1996年首次从澳大利亚引进了牧草捆裹技术及其相关设备。裹包青贮由于其收割时间及饲喂的灵活性,发展也比较快,尤其是在小型农场具有优势。裹包青贮由于表面积与体积比较大,与空气接触的表面积大,贮存中容易产生损失。但当裹包层数分别为2、4、6时,霉菌发生率从21.5%下降至1.7%甚至0.7%。

(2)中国青贮饲料生产的现状、问题及发展趋势:中国的青贮原料以秸秆为主,但由于秸秆的营养分段运输,若仅以青贮秸秆来补充动物对青绿饲料的需要,会对动物的生产性能产生较大的影响,应加大利用苜蓿等优质牧草作为青贮原料。中国曾推广尿素作为青贮添加剂,近年来对酸、酸盐、细菌接种剂及酶类作为添加剂在青贮中的应用也做了大量研究,但这些研究大都停留在实验室水平,很少应用到实际生产中。目前,国外对青贮添加剂的使用已经比较普遍,而中国专用的青贮添加剂商品几乎是空白,这方面的开发具有巨大的发展空间。随着养殖业的逐步工厂化，对青贮饲料生产的工业化也提出了要求，青贮制作过程中机械化程度也有所提高，而天祝县目前对青贮这项技术的应用尚处于起步阶段，今后在这一方面还有大量工作需要我们大家去做。随着农业生产结构中畜牧业比重的加大，青贮作为一种优良的饲草贮藏方法，必将会在畜牧业生产中发挥重要作用。

(二)青贮饲料的加工

青贮饲料是指把新鲜的青绿饲料填装于密闭容器内，经微生物发酵的一种饲料，是长期保存青饲料的营养物质和多汁性的一种方法，青贮的原料很多，一般无毒的青绿植物均可做青贮原料，如玉米秆、禾本科牧草、豆科牧草、瓜类的块根、块茎类等作物，还有工业副产品，如甜菜渣、洋芋渣、酒糟等，青贮方法有土窖青贮法、塑料袋青贮法和塑料包裹青贮法。

常规青贮的发酵过程分为三个阶段。即好气性活动阶段、乳酸发酵阶段和青贮饲料保存阶段。

(1)好气性活动阶段：新鲜青贮原料在青贮窖内被密封后，植物细胞并未立即死亡，约在1~3天仍进行呼吸作用，分解有机质，直到窖内氧气消耗呈厌氧状态时才停止呼吸。在此期间，附着在原料上的酵母菌、霉菌、腐败菌和醋酸菌等好气性微生物，利用压榨植物细胞而排出的可溶性碳水化合物等养分，进行生长繁殖。植物细胞的继续呼吸、好气性微生物的活动和各种酶的作用，青贮窖内遗留的少量氧气很快被耗尽，形成了微氧，甚至无氧环境。并产生CO_2、H_2和部分醇类，还有醋酸、乳酸和琥珀酸等有机酸。同时，植物呼吸作用和微生物的活动还放出热量。所以，此阶段形成的厌氧、微酸性和较温暖的环境为乳酸菌的活动繁殖创造了适宜条件。如果窖内氧气量过多，植物呼吸时间过长，好气性微生物活动旺盛，会使窖温升高，有时达60℃左右，因而削弱了乳酸菌与其他微生物的竞争能力，使青贮饲料成分遭到破坏，降低饲料的利用率和消化率。因此，要避免产生这种情况。

(2)乳酸发酵阶段：厌氧条件形成后，加上青贮原料中的其他条件适合乳酸菌的生长繁殖，则乳酸菌在数量上逐渐形成绝对优势，并产生大量乳酸，pH下降，从而抑制其他微生物的活动。当pH值下降至4.2以下时，乳酸菌的活动也逐渐缓慢下来。一般来说，发酵5~7天时，微生物总数达高峰，其中以乳酸菌为主，正常青贮时，乳酸发酵阶段需历时2~3周。

(3)青贮饲料保存阶段：当乳酸菌产生和乳酸积累达到高峰，其pH值约4.0~4.2，乳酸菌活动减弱，甚至完全停止，并开始死亡。至此青贮饲料处于厌氧和酸性环境中，得以长期积存。

上述的三个阶段是一般青贮过程。如果在青贮封窖后2~3周，虽然处于厌氧环境，然而如果青贮原料含糖量嫌少，形成乳酸量不足，或者虽然有足够的含糖量，但原料中含水量太多，或者是青贮过程中窖温偏高等，都可能导致梭菌发酵，降低品质。青贮技术的关键是尽可能缩短第一阶段的时间，以减少由于呼吸作用和有害微生物繁殖，并防止梭菌发酵，以减少养分的损失。

(三)青贮饲料的调制

(1)适时收割青贮原料 优质的青贮原料是调制优质青贮饲料的物质基础。青贮饲料的营养价值,除了与原料的种类和品种有关外,收割时期也直接影响其品质。适时收割能获得较高的收获量和最好的营养价值。从理论上来讲,禾本科牧草的适宜刈割期为抽穗期,豆科牧草为初花期。但是,适宜收割期是比较复杂的一个问题,要根据实际需要,因地制宜通过试验适时收割。总的趋势是推后禾本科牧草的收割期,豆科牧草则提前。

(2)青贮窖的准备 挖窖地点选在地势高、土层厚、背风向阳、距畜舍较近处。窖壁要垂直、光滑、不透气、不透水,如下面有沙层,最好用砖、水泥打面,窖底与地下水面保持两米以上的距离,以防窖底出水。窖的形状为圆形或长方形,大小应按饲料青贮的多少而定,一般不宜过大,以免启用时间长而引起饲料霉化变质。新窖青贮前要晒几天,旧窖要打扫、补漏、消毒。

(3)切碎和装填 青贮原料切碎的目的,是便于青贮时压实,增加饲料密度,提高青贮窖的利用率,排除原料间隙中的空气,使植物细胞渗出汁液湿润饲料表面,有利于乳酸菌生长发育,提高青贮饲料品质,同时还便于取用和家畜食用。对于带果穗全株青贮玉米来说,切碎过程中,也可以把籽粒打碎,提高饲料利用率。

切碎的程度必须根据原料的粗细、软硬程度、含水量、饲喂家畜的种类和铡切的工具等来决定。对牛、羊等反刍动物来说,一般把禾本科牧草和豆科牧草及叶菜类等的原料,切成2~3cm,玉米等粗茎植物,切成0.5~2cm为宜,一些柔软幼嫩的植物不切碎即可青贮。原料的含水量越低,应切的越短;反之,含水量高的,可切的长一些。

青贮原料收割后当天贮完,如果水分含量大,要晒一下,到用手挤出水但不下滴为宜,若太干应适当喷水,一旦开始装填青贮原料,就要求迅速进行,以避免在原料装满与密封之间的好气分解以至于腐败变质。装填时间越短,青贮品质越好。窖底可铺一层10~15cm切短的秸秆软草,以便吸收青贮汁液。窖壁四周衬一层塑料薄膜,以加强密封和防漏气渗水。原料装入青贮设备时,要一层一层装匀铺平。

(4)压实 装填原料的时候,一定要层层压实,尤其要注意周边部位。而且是压的越紧实越易造成厌氧环境,越有利于乳酸菌的活动和繁殖;反之,则易失败。在压实的过程中,不要带进泥土、油垢和铁钉,以免污染青贮原料,并避免牛羊采食后造成瘤胃穿孔,伤害家畜健康。

国外广泛应用真空青贮技术,即在密闭填充条件下,将原料中的空气用真空泵抽出,为乳酸菌繁育创造厌氧条件。

(5)密封与管理 原料装填完毕,应立即密封和覆盖。其目的是隔绝空气继续与原料接触,并防止雨水进入。这是调制优质青贮饲料的一个关键。

当装填和压紧到窖口齐平时,中间可高出窖一些,在原料的上面盖一层 10~20cm 的土,踩踏成馒头形。不能拖延封窖,否则温度上升,pH 值增高,营养损失增加,青贮饲料品质差。密封后,还要经常检查,发现漏气处及时修补,杜绝并防止雨水渗入窖内。

(四)青贮料饲用和管理

(1)青贮饲料的饲用:青贮饲料具酸味等,在开始饲喂时,有的家畜不习惯采食。可先空腹饲喂青贮饲料,再喂其他草料;先少喂青贮饲料,后逐渐加量,或将青贮饲料与其他草料拌在一起饲喂。青贮饲料是良好的饲料,但并非唯一的饲料,必须与精料和其他饲料按畜禽营养需要,合理搭配饲用。

(2)开窖取用时注意的事项:青贮饲料一般经过 40~50 天便能完成发酵过程,即可开窖使用。开窖时间根据需要而定,一般要尽可能避开高温或严寒季节。因为高温季节,青贮饲料容易二次发酵,或干硬变质;严寒季节青贮饲料易结冰,须经融化后才能饲喂。妊娠母畜如采食了结冰青贮饲料易引起流产。一般在气温较低而又缺草的季节饲喂畜禽最为适宜。

一旦开窖利用,就必须连续取用。每天用多少取多少。不能一次取出大量青贮饲料,堆放在畜舍里慢慢饲喂。取用后及时用草席或塑料薄膜覆盖,否则会变质。取用青贮饲料时,青贮料封窖(袋)40~60 天后即可使用,青贮料颜色接近原色,有芳香味,质地较好且柔软,则表明效果好,可以使用,若颜色变褐或发黑,有腐臭味,则青贮失败,不能使用。开窖时先去土和清除表面腐烂部分,圆形窖应一层一层取用,长方形窖则要垂直切取,一段一段使用,开窖后注意随用随盖,防止水、泥土等流入。因青贮料有轻泻作用,在具体使用时,应给家畜先适时饲喂,而后逐步加大饲喂量,以防止拉稀。开窖后应做好周围排水工作,以免雨水和融化的雪水流入窖内,使青贮饲料发生霉烂。如因天气太热或其他原因保存不当,表层的青贮饲料变质,应及时取出抛弃,以免引起家畜中毒或其他疾病。青贮饲料是在厌氧条件下发酵和保存的。密封良好的青贮饲料,可长期保存,多年不坏。所以,在开窖、取用和管理上都应切忌与空气接触。

(3)防止青贮饲料二次发酵:青贮饲料二次发酵系指青贮成功后,由于开窖或密封不严,或青贮袋破损,致使空气侵入青贮设施内,引起好气性微生物活动,分解青贮饲料中的糖、乳酸和乙酸,以及蛋白质和氨基酸,并产生热量,使 pH 值逐渐升高,品质变坏,所以也称为好气性变质。引起二次发酵的微生物主要为霉菌和酵母菌。青贮饲料二次发酵大体上有三种类型,一是快速败坏型,即在开窖后第一天,青贮饲料的温度即达到高峰,pH 值也随着上升。当青贮饲料的缓冲能力达到极限时,pH 值急剧上升,从酸性、中性变成微碱性,最后彻底腐烂。二是在开窖后 2~3 日后出现第一个升温高峰, 之后温度下降,5 日左右又出现第二个升温高峰,pH 值持续上升,进一步诱发好气性微生物的增殖,从而促使蛋白质、氨基酸分解。6 日温度达到高温后随即开始下降。三是缓慢升温型,青贮饲料接触空气后,到 5~8 日后,温度才开始上升。

二次发酵主要由霉菌和酵母菌的活动引起的，所以，压实和严格密封，青贮和保存过程中防止漏气，开窖后做到连续取用，每日喂多少取多少，防止污染，取后严实覆盖等隔绝空气，造成厌氧环境，可以起到降低温度、防止二次发酵的作用。

二、半干青贮料

(一)半干青贮的基本原理

半干青贮又叫低水分青贮，方法是在青饲料刈割后进行预干，使原料水分含量降到40%~60%，植物细胞液变浓，渗透压增高；在密闭的青贮窖中可造成对微生物的生理干燥和厌氧环境。由于预干，发酵作用受到抑制，尤其是丁酸菌、腐生菌等有害微生物区系的繁殖受到阻碍，从而使青贮料中的丁酸显著减少；同时也能克服高水分青贮由于渗液而造成的养分损失。因此，在青贮过程中，微生物发酵较弱，蛋白质分解少，有机酸产生量较少。半干青贮时，原料中的含糖量以及青贮过程中产生的乳酸量或酸碱度的变化显得不很重要，从而较一般青贮法扩大了原料的范围，在一般青贮法中被认为不易青贮的原料也都可以通过半干青贮法获得较好的贮存。尽管半干青贮法可对微生物造成生理干燥状态，限制其生长繁殖，但是保证高度厌氧的条件仍然十分重要。

半干青贮原理、方法与一般青贮方法基本相同，因为它也需厌氧贮存，只不过一般青贮的原料含水率在70%~80%，而半干青贮要求原料含水量降到40%~60%。

(二)半干青贮操作技术要点

(1)青贮原料应适时刈割：刈割后的青饲料应使水分迅速降到40%~60%。水分的减少速度与原料中养分的损失以及需氧菌的繁殖存在密切关系，水分减少缓慢不利于青贮质量的控制。例如，9h内含水量降到55%的原料中养分仅损失2%，而24~26h才达到这一含水量的话，养分损失可达7%。在雨季，含水量降到55%的时间需要72h，养分损失高达16%。因此，青饲料的刈割时间应选在原料本身含水量相对较低和天气晴朗的季节。

(2)青贮原料铡切要短：由于半干青贮的原料含水量较低，装填时不易压实，因此原料的铡切度比一般青贮原料要求更短一些。根据半干青贮效果，将青贮原料铡成1.5~3.5cm长度，能保证青贮质量。

(3)装填原料的方法和速度要适宜：半干青贮原料的装填方法和制作速度也是影响青贮品质的一个重要因素。以青贮壕装填为例，若青贮壕体积较大、原料供应分散、青贮制作时间长，青贮时原料装填应从壕一头的两个角开始，分段进行，装满一段再装下一段；一天内装完一段，在装填完的部分及时盖上结实的塑料布和适量的重物。这样分段装填比分层装填(每天只装0.5~0.6m)的青贮效果好，并以5天内装完为好。若青贮壕体积小、原料数量充足，在2~3天内能完成原料的装填、压实、封窖等操作过程，那么分批装填更方便些。半干青贮在装填过程的压实要求比一般青贮高，尤其是边角处压得越实越好。

(4)密封必须严实：原料装满压实以后，必须及时密封，密封方法同一般青贮法。半干青贮一般密封45天以上，就可开窖取用。

(三)半干青贮的优点

(1)适用范围广：从青贮技术上来说，半干青贮料的调制，给难以用一般青贮方法调制的含蛋白质高的饲料作物，提供了新的青贮方法。特别是可解决大面积生产苜蓿、又难以调制干草的难题，因此，采用半干青贮法是获得优质青贮饲料的有效措施。

(2)保存养分多：与干草调制和制作一般青贮饲料相比，半干青贮能保存更多的养分。将青绿饲料调制成干草，常因落叶、氧化、日晒、光照等作用，很难保留饲料中的叶片和花序，养分损失可高达35%~40%，胡萝卜素损失更达90%；而半干青贮饲料几乎完全保存了青饲料的叶片和花序。与一般青贮饲料相比，由于半干青贮发酵过程慢，同时有高渗压，抑制了蛋白质水解和丁酸的形成，因而养分损失较少；并且干物质含量高，采食量高。

(3)饲喂效果好：用同样原料调制成半干青贮饲料，较干草和一般青贮饲料质量高，饲喂效果好。有些国家发展半干贮饲料，用来代替奶牛和肉牛日粮中的干草、青贮料和块茎饲料，简化了饲喂手续，降低了管理费用，获得了良好的经济效益。

(四)半干青贮的缺点

调制半干青贮料的关键是青绿饲料刈割后需要预干，为了保证半干青贮料的质量，预干的时间越短越好。在雨水较多地区，青绿饲料生产较丰的夏秋季节，因阴雨天较多、湿度高，较难进行青绿饲料的预干处理。因此，半干青贮的制作受气候条件的限制仍然较大。

三、微贮料

微贮料是在秸秆、牧草、藤蔓等饲料作物中添加有益微生物，通过微生物的发酵作用而制成的一种具有酸香气味、适口性好、利用率高、耐贮的粗饲料。微贮饲料可保存饲草料原有的营养价值，在适宜的保存条件下，只要不启封即可长时间保存。

(一)微贮原理

微贮是利用加入的微贮菌剂在适宜的条件下，益生菌大量生长繁殖，使原料中的粗纤维素类物质在发酵过程中部分转化为糖类，糖类又被有机酸菌转化为乳酸和挥发性脂肪酸，使pH值下降到4.5以下，抑制了丁酸菌、腐败菌等有害菌的生长繁殖，从而使被贮原料气味和适口性变好，利用率提高，保存期延长。

(1)微贮原料：微贮原料主要是指不适合青贮的黄干秸秆或牧草。微贮原料中的植物细胞基本死亡，不再有呼吸作用，含有的可溶性糖分越来越少，粗纤维含量越来越高，水分含量很低，附着在植株上的所有细菌都处于休眠状态，依靠加入的微贮菌剂促进发酵。

(2)种类：可进行微贮的饲料种类主要有各种农作物秸秆、牧草、饲用灌木、藤蔓、薯秧等。

(3)对原料的要求：微贮原料在发酵过程中要有足够的营养，一般微贮原料含糖量不应低于1.5%。在含糖量不能满足的情况下，可按比例加入糖渣、糖蜜等含糖量高的物质，调节到所需量。微贮原料含水量宜在60%~70%，质地粗硬的原料水分应稍高，质地细软的原料，水分应稍低。饲料在加水、喷洒菌液和压实过程中，要随时检查原料的含水量是否合适。现场判断水分的方法是：抓取切短的原料，用双手挤压后慢慢松开，指缝见水不滴、手掌沾满水为含水量适宜；指缝成串滴水则含水量偏高；指缝不见水滴，手掌有干的部位则含水量偏低。

(4)微贮剂：微贮时应根据所贮原料及微贮菌种的性质来选择合适的菌种。大部分微贮剂对饲草料完成发酵的时间在20天左右，也有在一周左右完成发酵的。选择时应根据需要量和需要程度考虑选择合适的微贮剂。无论选择何种菌剂，发酵周期长短，都会对微贮料产生效果。有效活菌是指能够在原料中大量繁殖并对被贮的饲料产生有益作用的活菌。这种活菌的数量越多越好，一般有效活菌数在5000万个/g以上就可以满足发酵的需要。微贮剂的添加量主要根据微贮原料来确定，一般添加量为0.5‰~1‰，具体操作参照产品说明。在使用新微贮剂前，应进行少量微贮试验。试验方法是取5~10kg微贮原料，粉碎后，按比例加入水和菌剂，装入塑料袋或其他容器中，压实后密封。在适宜的温度下发酵7~20天，启封观察微贮质量。

(二)微贮的主要方法

(1)水泥窖微贮法：将农作物秸秆等微贮原料揉碎切短，加水调制到合适的水分，在加水的同时按比例喷洒菌液，装入水泥窖内，分层压实，加盖塑料薄膜后覆土密封。

(2)土窖微贮法：选择地势高、土质硬、向阳干燥、排水容易、地下水位低、离畜舍近、取用方便的地方，根据贮量挖形状、大小适宜的窖，在窖的底部及周围铺一层塑料薄膜，将揉碎切短的微贮原料放入窖内，分层调制水分、喷洒菌液、压实，上面盖上塑料薄膜后覆土密封。

(3)塑料袋微贮法：将塑料袋放入与袋大小、体积相同或基本相同的耐压模具中待用(模具可以铁制、木制或挖坑等)，在光滑干净的地面上，将待贮原料揉碎切短，调好水分，分层喷洒菌液，适当翻搅后，将原料装入塑料袋内压实，将袋口扎紧，脱出模具，放在贮放地点。在没有模具的情况下，可将原料装入袋内，排出空气，或抽出袋内的空气后将塑料袋口扎紧保存。有条件的情况下，可采用机械压缩，成块后，装入塑料袋中密封贮存，效果更好。每袋适于处理50~100kg秸秆。

(4)大型窖微贮法：超过100t的大型窖可分格贮存，采用机械化作业方式，喷洒菌液，用扬程为20~30m，流量为30~50L/min的潜水泵，放入装有菌液的蓄水池内，在出水管处安上喷头，喷头要保证调制剂能够顺利喷出。压实机械可使用轮式拖拉机、履带式拖拉机或装载车等。

(三)微贮操作

根据所贮饲料的种类和贮量，确定所使用的菌种和添加比例，按每层微贮时的饲料量，计算出所需的调制剂菌种量，然后倒入10~20倍的水中充分搅拌，在常温下放置1~2h，活化菌种，形成菌液。在有条件的情况下，可在水中加适量白糖，以提高菌种的活化率。用于活化的容器，均须刷洗干净。活化好的菌液应在当天用完，不可隔夜使用。

菌液稀释时，将活化好的菌液，加水至菌种量的50倍以上进行稀释。如果微贮料的水分不足，可加大菌液的稀释倍数，直到微贮料的水分满足微贮条件为止；如果微贮料自身的水分已比较高，应减少菌液的稀释倍数，一般每吨微贮料至少加50kg的稀释菌液。大型微贮窖需配备较大容量的水箱用来配制稀释菌液。水箱容积根据窖的大小而定，一般在500~2000L为宜，最好有两个水箱交替使用。

微贮原料入窖前应揉细切短。揉切长度一般以3~5cm为宜，比较粗硬的玉米、高粱秸秆等切成2~3cm较为适宜。粗硬的原料应经过碾压揉碎，形成细丝。

经揉切后的微贮原料应尽快入窖，分层微贮，每层厚20~30cm，均匀喷洒菌液，边喷洒边压实，水分不足的干黄原料还要喷洒一定量的水，然后再铺放20~30cm厚的原料，再喷洒菌液压实，如此反复操作，直到压实后原料高于窖口40cm以上进行封口。装窖尽可能在短时间内完成，小型窖要当天完成，大型窖最好不超过3天。当天未装满的窖，必须盖上塑料薄膜压严，第2天揭开薄膜继续装窖。在微贮麦秸和稻秸等糖分不足的原料时，可根据实际情况，加入含糖量较高的物质进行调节。亦可将添加物放入稀释后的菌液或水中，向窖内均匀喷洒。

在微贮过程中，要随时检查原料的含水量及是否喷洒均匀一致，特别要注意层与层之间水分的衔接，不应出现夹干层或过湿层。

装窖完成后应立即进行封顶。封顶时先在顶层按200~250g/m² 均匀洒上食盐粉，再铺20~30cm厚的麦秸或软草。微贮原料的最上面应铺盖塑料薄膜，薄膜的厚度一般在0.7mm以上。当原料装到距窖面50cm左右时，在窖壁的一侧先铺好塑料薄膜并拉平，然后继续装料，直到原料高出窖深的20%左右。处理贮料面后，把塑料薄膜从窖壁的一端顺拉到另一端，压好。盖土时应从窖的最里面开始盖，逐渐向窖口方向延伸，覆盖土层的厚度要达到50厘米以上，边覆盖边拍实，顶部成半圆形，压土后的表面应平整，并有一定的坡度，无明显的凸凹。中、大型窖在封顶盖土的同时，应在窖的顶部留出排气孔，以利排出窖内的空气，尽快形成厌氧条件。排气孔要留在窖顶的中线上，根据窖的大小，一般隔4~5m留一个排气孔，排气孔的直径为20~30cm。留排气孔时，要将顶部的塑料薄膜剪开一个20~30cm的洞，然后将玉米秸秆扎成捆插在上面，在玉米秸秆的周围培上土。

封顶后5~7天，空气基本排尽，要将排气孔封死。用大于排气孔径2倍的塑料薄膜将排气孔盖好，覆土，压实拍平。必须做到不漏气、不漏水。

(四)微贮窖的管理

微贮完成后,窖内贮料会慢慢下沉,必须对微贮窖进行严格检查和管理。正常情况下,半个月窖顶基本与窖口持平,应及时加盖土使它高出地面,保证微贮窖不漏水不漏气。距窖四周1m处挖排水沟,防止雨水向窖内渗入。对微贮窖应经常检查,发现窖顶有裂纹和漏洞时,应及时覆土压实,防止透气和进雨水。窖顶上面不能堆放柴草,以防老鼠停留打洞。如发现有老鼠洞要及时填堵,以防进水、进气、进鼠,影响微贮质量。

(五)开窖取用

开窖取料,应在微贮发酵完成以后进行,随取随喂,取后及时盖好封口。启窖时要先从一个角开始,根据微贮料的用量决定开启口的大小。窖口不宜开得很大,切忌窖顶全部启封,以防顶部的微贮料暴露在空气中,使微贮料发热、发霉、变质。启封时应避免污染。将启封口表面清理干净,去除污物,防止污染物透入下层,造成微贮料霉烂扩散。

根据每天微贮料的用量,计算取料面的大小。每天的刨面取料厚度不应小于15cm,刨取时要直取窖底,要分段、分区从上到下垂直取用。取出的料必须在当天用掉,防止二次发酵后变质。超过规定长度的贮料在刨取时易形成松动的残留面,造成有氧条件,使原料霉烂变质,遇到这种情况,不要强行刨取,应将过长部分的料铲断或剪断,避免未取用面的松动,也不应掏洞取料。减少与空气的接触面。取完料后用草帘、塑料膜覆盖。防止冰冻、雨淋和霉变。发霉变质的微贮料应及时剔除。如果微贮饲料在制作时加入了食盐,这部分食盐应从饲喂的日粮中扣除。

(六)微贮饲料的品质鉴定

当发酵完成后及饲喂前要对微贮饲料的品质进行鉴定。优质微贮的色泽接近微贮原料的本色,呈金黄色或黄绿色则为良好的微贮饲料。如果成黄褐色、黑绿色或褐色则为质量较差、差或劣质品。微贮饲料具有醇香或果香味,并具有弱酸味,气味柔和,为品质优良。若酸味较强,略刺鼻、稍有酒味和香味的,品质为中等。若酸味刺鼻,或带有腐臭味、发霉味,手抓后长时间仍有臭味,不易用水洗掉,为劣等,不能饲喂。品质好的微贮料在窖里压的坚实紧密,但拿到手中比较松散、柔软湿润,无黏滑感,品质低略的微贮料结块,发黏;有的虽然松散,但质地粗硬、干燥,属于品质不良的饲料。正常的微贮料用pH试纸测试时,pH值4.2以下为上等,pH值4.3~5.5为中等,pH值5.5~6.2为下等,pH值6.3以上为劣质品。

(七)微贮料饲喂

微贮饲料以饲喂草食家畜为主,可以作为家畜日粮中的主要粗饲料。饲喂时可以与其他草料搭配。饲喂微贮饲料,开始时有的家畜不喜食,应有一个适应过程,可与其他饲草料混合搭配饲喂,要由少到多,循序渐进,逐渐加量,习惯后再定量饲喂。微贮饲料每天饲喂量一般为：奶牛、育成牛、肉牛 15~20kg，羊 1~3kg，马、驴、骡 5~10kg。要保持微贮料和饲槽的清洁卫生，采食剩下的微贮料要清理干净，防止污染，否则会影响家畜的食欲或导致疾病。冬季应防止微贮料冻结，已冻结的微贮饲料应溶化后再饲喂，否则会引起家畜疝痛或使孕畜流产。微贮饲料喂奶牛最好在挤奶后饲喂，切忌在挤奶区存放微贮饲料。

第五节 秸秆饲料氨化与碱化处理

一、秸秆氨化

秸秆氨化，就是在密闭的条件下，将氨(源液氨、氨水、尿素溶液、碳酸氢氨溶液)按一定的比例喷洒在植物秸秆上，在适宜的温度条件下，经过一定时间的化学反应，从而提高秸秆饲用价值的一种处理秸秆方法。秸秆氨化处理是世界公认的秸秆加工的有效方法，用尿素等对秸秆进行氨化处理，可使秸秆中的纤维素和半纤维素与木质素分离，引起细胞壁膨胀，结构疏松而易于消化。氨与秸秆中的有机物形成铵盐，铵盐则成为牛羊瘤胃内微生物的氮源。获得氮源后，瘤胃微生物活力将大大提高，对饲料的消化作用也增强。另一方面，氨溶于水形成氢氧化铵，对粗饲料有碱化作用。因此，氨化处理可通过碱化和氨化的双重作用提高秸秆的营养价值。秸秆通过尿素氨化处理 90 天可显著提高秸秆的粗蛋白含量，降低中性洗涤纤维含量和酸性洗涤纤维含量，提高秸秆干物质消化率。

(一)氨化秸秆的优缺点

1.提高秸秆的粗蛋白质含量

氨化处理可使秸秆的粗蛋白质含量提高 4%~6%，使秸秆的粗蛋白质含量越过了反刍家畜饲料中蛋白质含量不能低于 8%的既定值，而且提高了秸秆中蛋白质的生物学价值。

2.提高了家畜对秸秆的采食量

一般采食量可提高 20%~40%，这主要是处理后秸秆软化，具有糊香味，且消化率、蛋白质含量增加的缘故。采食量与消化率在饲料中成正相关，由于秸秆采食量的提高和消化率的相对增加，使得家畜获得的能量也相应增加，这些能量不仅能满足家畜的维持需要，而且还有多余的能量用于生产。

3.可提高秸秆的消化率

氨化秸秆比未氨化秸秆的消化率提高 10%~20%，从而使得秸秆中潜在的部分营养物质能够被家畜利用。

4.操作简便

氨化秸秆成本低、投资少,操作方法简便易行,氨化设备及操作程序简单,群众容易接受。

5.氨具有杀菌作用

氨化处理可杀死秸秆上的一些虫卵和病菌,减少家畜疾病,并能使含水量30%左右的秸秆得以保存。另外,氨化处理可使秸秆中夹杂的杂草种子丧失发芽力,从而起到控制农田杂草的作用。

秸秆氨化也有一些缺点,最主要的一点是对氨的利用率较低,仅50%左右,多余的氨在打开氨化设施后排入空气,造成了一定的污染,对家畜和人的健康有一定的危害。

(二)氨化秸秆的化学药品

目前用于秸秆氨化的化学药品种类很多,各种药剂的使用量也不同。在氨化前应根据氨化秸秆的数量准备好足够的氨化药品。

1.尿素[$CO(NH_2)_2$]

可使用市场上销售的农用化肥,其使用量为风干秸秆的2%~5%。用量过高,氨化效果并不提高,造成尿素的浪费,增加氨化秸秆成本,有时还会使家畜发生尿素中毒;用量过低,达不到氨化的目的。

尿素的加入方法:先将尿素溶于少量的温水中,再将尿素溶液倒入用于调整秸秆含水量的水中,然后将尿素溶液均匀地喷洒到秸秆上,这样既使氨化作用均匀,又可避免尿素含量偏高造成家畜尿素中毒。

2.氨水($NH_3 \cdot H_2O$)

盛放氨水必须有专门的设备,运输时要使用运输车,以防发生意外。氨的用量依浓度变化而不同,所以购买氨水时应根据氨化秸秆的数量和氨水浓度确定购买量。氨水易挥发,因此加氨水前应将秸秆密封起来,以防氨气逸出。氨水的扩散半径为1~1.5m。

将盛有氨水的瓶子放入密封的秸秆中扒翻,氨迅速挥发向四周扩散,氨与秸秆发生氨化作用。氨水瓶在秸秆中放置也应根据氨水的扩散半径而定。

3.碳铵(NH_4HCO_3)

一般用量为4%~5%,若超过5%,会增加秸秆的咸苦味,影响适口性。使用碳铵氨化秸秆的成本低于尿素,但氨化效果不如尿素。碳铵易挥发,所以操作时必须迅速。加碳铵的方法如下:

(1)以液体的形式加入:将碳铵与用于调整秸秆含水量的水的混合液,均匀地喷洒到秸秆中,然后迅速密封。

(2)以固体形式加入:碳铵不用水溶解,直接分层撒入秸秆中,层与层之间距为0.5m,使碳铵逐渐挥发而发生氨化作用。

(三)秸秆氨化技术

1.秸秆的准备

目前用于氨化的原料主要有禾本科作物及牧草的秸秆，如麦类秸秆以及其他作物秸秆。所选用的秸秆必须没有发霉变质,最好将收获籽实后的秸秆及时进行氨化处理,以免堆积时间过长而霉烂变质,也可根据利用时间确定制作氨化秸秆的时间。

2.氨化方法

(1)埋置式氨化法:采用的氨化设施为壕、池、窖。氨化池是砖、水泥结构,一次投资大,但可连续使用多年。氨化壕为长形土壕,投资少,取料方便,一般只能使用1~2年,氨化窖为土窖,既可用于冬季贮存蔬菜或青贮,又可用于搞氨化,可谓一窖多用。地下水位低的地方适宜挖氨化窖,窖址应选在地势高燥的地方,窖口四周用土坯等砌垒,高出地面0.5~1m,以免雨水、雪水流入。

氨化时应清除设备内的泥土和积水,并在窖的底部和四周铺放塑料,以防秸秆中混杂泥土。适用于该法的氨化药剂为尿素和碳铵。将尿素或碳铵与水溶解,均匀地喷洒到切碎的秸秆,然后装入设备内。装填时应注意压实靠近四壁的秸秆,尽量排除秸秆中的空气。密封要迅速严密,注意随时检查,发现漏氨处应及时修补。

(2)堆垛氨化法:场地应选择地势干燥、鼠害活动较少的地方,清除石块等易刺破塑料的锐物,底下铺一块旧塑料作为缓冲,再铺上一块新塑料。塑料的厚度应为0.15~0.2mm,大小视秸秆堆大小而定。

堆垛及密封:堆垛的秸秆应打成15~20kg重的捆,垛底四周的塑料应留下一定的宽度,将秸秆堆码到一定高度后,加水调整含水量,然后用塑料覆盖,上下两块塑料的四周重叠卷边,用重物压住或用塑料胶带密封。秸秆垛的大小视秸秆的数量以及加氨方便与否而定,垛愈大,每千克氨化秸秆所需塑料成本就越低,而大小垛的氨化效果则没有明显差异。

加氨:堆垛氨化最好使用氨水或液氨,通过氨枪加入秸秆垛中,也可采用倾倒法加氨。加完氨后,取出氨枪,用胶布将注氨孔密封。

管理:堆垛氨化在地面上进行包裹的塑料易被鼠咬破,所以在垛的四周要撒上一些灭鼠药;有时塑料被扎破或冻破,一经发现要马上修补,防止漏氨。

目前,有一种真空堆垛法,其操作步骤与上述一致,只是在秸秆垛密封后,用真空泵将垛中空气抽掉1/3,然后再注入氨。

(3)袋装氨化法:这种方法可省去建立氨化设施,贮存、取用方便,但每千克秸秆氨化时所需塑料费用较高。塑料袋一般长度为2.5m,宽1.5m。氨化用塑料袋以双层为好。秸秆装袋时要特别注意,防止扎破塑料袋。装完袋后,扎紧袋口。然后放置在安全地点,也可放在屋顶上。

存放期间,应经常检查,若嗅到袋口处有氨味,就重新扎紧,发现塑料袋破损,要及时用胶带等封住。

3.秸秆含水量

水是氨的"载体",氨与水结合成氢氧化铵(NH_4OH),其中 NH_4^+ 和 OH^- 对提高秸秆的含氮量和消化率起作用。因而,必须有适当的水分,一般以25%~35%为宜。含水量过低,水都吸附在秸秆中,没有足够的水充当氨的"载体",氨化效果差。含水量过高,不但开窖后需延长晾晒时间,而且由于氨浓度低而引起秸秆发霉变质,再者秸秆含水量过高,对于提高氨化效果没有明显的作用。

加水时将水均匀地喷洒在秸秆上,然后装入氨化设施中;也可在秸秆装窖时洒入,由下向上逐渐增多,以免上层过干,下层积水。

4.氨化时间

氨化时间的长短要依据气温来定,气温越高,完成氨化所需的时间越短;相反,氨化时气温越低,氨化所需的时间就越长。

(四)氨化秸秆的品质检验

氨化秸秆在饲喂之前应进行品质检验,以确定能否用于饲喂家畜。

(1)质地:氨化秸秆柔软蓬松,用手紧握没有明显的扎手感。

(2)颜色:不同秸秆氨化后的颜色与原色相比都有一定的变化。经氨化的麦秸颜色为杏黄色,未氨化的麦秸为灰黄色;氨化的玉米秸为褐色,其原色为黄褐色。

(3)pH值:氨化秸秆偏碱性,pH值为8.0左右;未氨化的秸秆偏酸性,pH值约为5.7。

(4)发霉情况:一般氨化秸秆不易发霉,因加入的氨具有防霉作用。有时氨化设备封口处的氨化秸秆有局部发霉现象,但内部秸秆仍可用于饲喂。若发现秸秆大部分已发霉时,不能用于饲喂家畜。

(5)气味:一般成功的氨化秸秆有糊香味和刺鼻的氨味。氨化玉米秸的气味略有不同,既具有青贮的酸香味,又有刺鼻的氨味。

(五)氨化秸秆的饲喂

氨化设备开封后,经品质检验合格的氨化秸秆,需放氨1~2天,消除氨味后,方可饲喂。放氨时,应将刚取出的氨化秸秆放置在远离畜圈和住所的地方,以免释放出的氨气刺激人畜呼吸道和影响家畜食欲。秸秆湿度较小,天气寒冷,通风时间应稍长。取喂时,应将每天饲喂数量的氨化秸秆于饲前1~2天取出放氨,其余的再密封起来,以防放氨后含水量仍很高的氨化秸秆在短期内饲喂不完而发霉变质。氨化饲料在牦牛生产中尚处于尝试阶段,目前还未见到相关报道。但在其他反刍类家畜中,应用效果良好。氨化秸秆只适用于反刍家畜如牛、羊等,不适宜饲喂单胃家畜如马、骡、驴、猪等。初喂氨化秸秆时，家畜不适应，需在饲喂氨化秸秆的第一天，将1/3的氨化秸秆与2/3的未氨化秸秆混合饲喂，以后逐渐增加，数日后家畜不再愿意采食未氨化秸秆。

氨化秸秆的饲喂量一般可占牛、羊日粮的70%~80%，这一喂量对牛、羊的增重、维持过冬、产羔率及羊羔初生重等效果均较好。在其他饲料相同的情况下，奶牛饲喂氨化秸秆比对照组提高产奶量约10%，且氨化秸秆为奶牛提供了优质纤维，使泌乳初期和放牧饲养的奶牛保持乳脂率，牛奶没有任何异常味道；用氨化秸秆饲喂阉牛、犊牛和羊，要比对照组日增重提高30%~80%，提高屠宰率2%~4%。对饲喂氨化秸秆的牛、羊进行临床观察、生产力测定和肝功化验等，均未发现有任何不良影响。

为使家畜获取的营养趋于平衡，在饲喂氨化秸秆的同时，应尽可能注意维生素、矿物质和能量的补充，以便取得更好的饲养效果。维生素的补充对于饲喂氨化秸秆的家畜尤为重要，否则易出现缺乏症，如长期饲喂氨化秸秆给母牛，没有补充含维生素的饲料，结果产下的牛犊都失明。所以，家畜在饲喂氨化秸秆的同时，应适当搭配胡萝卜及矿物质元素，同时应与青草和青贮饲料混合饲喂。

(六)氨化时注意事项

(1)严格按规定操作。

(2)氨化时，应尽量避开闷热和阴雨连绵的天气。

(3)计算氨的用量要力求准确，并注意做好排气和密封工作。否则达不到预期的氨化效果，甚至会产生一些副作用。如尿素用量过大时，在窖内不能全部转化为氨，残留尿素被家畜采食后，有时会发生尿素中毒。

(4)氨水和无水氨有一定的腐蚀性，操作时要特别注意，以免伤及人的眼睛和皮肤。

(5)氨化秸秆饲喂时，一定要放净氨味，以免影响家畜采食。

二、秸秆碱化

秸秆饲料碱化技术，是化学处理秸秆的主要方法之一，一般常用氢氧化钠、氢氧化钾、氢氧化钙等，其中以氢氧化钠效果最好。

(一)氢氧化钠(NaOH)碱化法

“湿法”碱化法：将秸秆浸泡在1.5%氢氧化钠溶液中，100kg秸秆需要1 000kg碱溶液，浸泡24~48h后，捞出秸秆，淋去多余的碱液(碱液仍可重复使用，但需不断增加氢氧化钠，以保持碱液浓度)，再用清水反复清洗。这种方法的优点是可提高饲料消化率25%以上，缺点是在清水冲洗过程中，有机物及其他营养物质损失较多，污水量大，目前较少采用。

“干法”碱化法：用4%~5%(占秸秆风干重)的氢氧化钠，配制成浓度为30%~40%的碱溶液，喷洒在粉碎的秸秆上，堆积数日后不经冲洗，直接喂饲反刍家畜，秸秆消化率可提高12%~20%。此方法的优点是不需用清水冲洗，可减少有机物的损失和环境污染，并便于机械化生产。但牲畜长期喂用这种碱化饲料，其粪便中钠离子增多，若用做肥料，长期使用会使土壤碱化。

喷洒碱水快速碱化法：将秸秆铡成2~3cm的短草，每千克秸秆喷洒5%的氢氧化钠1kg，搅拌均匀，经24h后即可喂用。处理后的秸秆呈潮湿状，鲜黄色、有碱味。牲畜喜食，比未处理的秸秆采食量增加10%~20%。

喷洒碱水堆放发热处理法：使用25%~45%的氢氧化钠溶液，均匀喷洒在铡碎的秸秆上，每吨秸秆喷洒30~50kg碱液，充分搅拌混合后，立即把潮润的秸秆堆积起来，每堆至少3~4t。堆放后秸秆堆内温度可上升到80℃~90℃，温度在第3天达到高峰，以后逐渐下降，到第15天恢复到环境温度。由于发热的结果，水分被蒸发，使秸秆的含水量达到适宜保存的水平，即秸秆含水量低于17%。

喷洒碱水封贮处理法：此法适于收获时尚绿或收获时下雨的湿秸秆。用25%~45%浓度的氢氧化钠溶液，每吨秸秆需60~120kg碱液，均匀喷洒后可保存1年。

氢氧化钠与生石灰混合处理法：原料含水量65%~75%的高水分秸秆，整株平铺在水泥地面上，每层厚度15~20cm，用喷雾器喷洒1.5%~2%的氢氧化钠和1.5%~2.0%生石灰混合液，分层喷洒并压实。每吨秸秆需喷0.8~1.2t混合液，经7~8天后，秸秆内温度达到50℃~55℃，秸秆呈淡绿色，并有新鲜的青贮味道。处理后的秸秆粗纤维消化率可由40%提高到70%。即将切碎的秸秆压成捆，浸泡在1.5%的氢氧化钠溶液里，经浸渍30~60min捞出，放置3~4天后进行熟化，即可直接喂饲牲畜，有机物消化率可提高20%~25%。

(二)生石灰碱化法

用生石灰水处理秸秆，制备石灰溶液要求用含氧化钙不少于90%的生石灰，每吨秸秆需30kg，放入2~2.5t清水中熟化，充分搅拌后使其自然澄清，并添加10~ 15kg食盐，用澄清液浸泡切碎的秸秆，经24h后，把秸秆捞出，放在倾斜的木板上，使多余的水分溢出，再经过24~36h，即可饲喂牲畜。这种方法营养价值可提高0.5~1倍。但用水量较大，污水也需处理。这种方法的优点是成本低廉、原料广泛，可以就地取材。

第六节　配合饲料

一、配合饲料的概念与分类

配合饲料是根据饲养标准将各种饲料包括添加剂，按一定配方混合均匀，制备而成，其营养全面，使用方便，有利于促进养殖业的集约化生产。配合饲料生产始于20世纪初，20世纪50年代以后，由于对家畜的氨基酸、维生素和微量元素需要量的了解日益确切，加以抗生素和磺胺类药物等被作为添加剂纳入饲料领域，配合饲料的生产突飞猛进。它的应用先在欧美普及，并很快推广到亚洲和其他地方。

配合饲料除按饲喂对象分类外，还可按基本类型分为添加剂预混料、浓缩饲料、全价配合饲料、精料混合料四大类型。

(一)添加剂预混料

添加剂预混料是由多种饲料添加剂加上载体或稀释剂按配方制成的均匀混合物。它的专业化生产可以简化配制工艺，提高生产效率。其基本原料添加剂大体可分为营养性和非营养性两类。前者包括维生素类、微量元素类、必需氨基酸类等；后者包括促生长添加物如抗生素等，保护性添加物如抗氧化剂、防霉剂、抗虫剂等，抗病药品如抗球虫药等以及其他激素、酶制剂和着色剂等。添加剂中除含上述活性成分外，也包含一定量的载体或稀释物。由一类饲料添加剂配制而成的称单项添加剂预混料，如维生素预混料、微量元素预混料；由几类饲料添加剂配制而成的称综合添加剂预混料或简称添加剂预混料。

饲料添加剂或添加剂预混料中的载体，是一种能接受和承载粉状活性成分的可食性物料，表面粗糙或具有小孔洞。常用的载体为粗小麦粉、麸皮、稻壳粉、玉米芯粉、石灰石粉等。稀释剂也是可食性物料，但不要求表面粗糙或有小孔洞。二者的作用都在于扩大体积和有利于混合均匀。

饲料添加剂或添加剂预混料的制作工艺标准如下：

(1)粒度：指活性成分、饲料添加剂、载体、稀释剂等颗粒的直径。美国按标准筛量度，以1in²(6.45cm²)筛网上的网眼或目数计算，目越多、颗粒越小。欧洲国家则用“mm”或“μm”计算。如粒度为18目(1000μm)时，1g比重为1的物料有1530个颗粒；当粒度为325目(44μm)时，

1g 比重为 1 的物料有 1560 万个颗粒，两者相差 1 万倍。活性成分的配比越小、颗粒就应越小，才能满足配料的颗粒数。

(2)容重：也是影响均匀度的因素，由于不同物料存在容量差距而易产生分层现象，要选用合适的载体或稀释剂加以调整，才能达到混合均匀。

(3)静电现象：干燥的粉状物料微粒常带有静电荷，产生吸附作用，以致搅拌时活性成分会附着在混拌机或输送设备表面而受损失。粒子之间的相斥作用，又会增大物体体积，干扰其流动性。工艺上一般需要添加适量植物油以消除静电影响。

(4)含水量与 pH：含水量一般不宜超过 10%，过高不利于贮藏。pH 适宜于接近中性，过酸过碱均影响维生素的稳定性。此外尚有配伍的禁忌、原料的吸湿性问题等，均须适当处理。

(二)浓缩饲料

浓缩饲料又称平衡配合料或维生素-蛋白质补充料，由添加剂、预混料、蛋白质饲料和钙、磷以及食盐等按配方制成，是全价配合饲料的组分之一。因须加上能量饲料组成全价配合饲料后才能饲喂，配制时必须知道拟搭配的能量饲料成分，方能保证营养平衡。如饲养肉用仔鸡，育肥前期浓缩饲料通常占全价配合饲料的 30%，能量饲料占 70%，俗称三七料；到了育肥后期，则前者占 20%，后者占 80%，俗称二八料。反刍家畜的浓缩饲料可采用尿素类饲料如尿素、双缩尿等，以节省蛋白质饲料。

(三)全价配合饲料

全价配合饲料是饲喂单胃家畜的一种饲料，由浓缩饲料配以能量饲料制成。能量饲料多用玉米、高粱、大麦、小麦、麸皮、细米糠、红薯粉、马铃薯和部分植物油等为原料。全价配合饲料可呈粉状，也可压成颗粒，以防止饲料组分的分层，保持均匀度和便于饲喂。颗粒饲料较适于肉用家畜与鱼类，但成本较高。

(四)精料混合料

精料混合料是饲喂反刍家畜的一种饲料，也由浓缩饲料加上能量饲料配成，但饲用时要另加大量青、粗料。为了加强对配合饲料的质量管理，不少国家已颁布饲料法规，以法律形式确保其品质规格、营养价值和对人畜的安全性。

二、配合饲料的优点及配制原则

畜禽生长必须要有足够的营养补充，营养补充所需物质绝大部分来源于饲料。由于畜禽品种、生理状态、养殖目的等不同，除了需要补充蛋白质、能量之外，还要补充其他营养物质，如钙、磷、食盐等。而单一饲料所含营养物质不全面，一般不能满足畜禽生长需要，这就需要根据动物生长阶段的不同，调配不同种类的饲料，满足动物生长所需要的营养元素含量，提高饲料利用率，促进养殖水平提高，以获得较高的经济效益。

(一)饲喂配合饲料的优点

配合饲料是经合理搭配的单一饲料,经机械加工而成,其优点有:

(1)可获得较高的经济效益:配合饲料是根据禽畜生长各个日龄阶段营养物质的需求合理调配而成的,如此调配的饲料营养含量全面、适口性好,饲料利用率高,更能满足禽畜生产需求,由此可获得较高的经济效益。

(2)有利于科学饲养技术的普及推广:养殖户在实际养殖过程中,根据养殖需要不断尝试调配饲料,改进饲料配方,无形中推进了配合饲料配制的科学化发展之路,使饲料营养水平得到了更高层次的提升。

(3)合理利用了各种饲料资源:棉籽饼、菜籽饼、芝麻饼、豆饼等各种饼粕和饲料酵母等都是重要的蛋白质饲料资源;蛋壳、贝壳、磷酸钙、碳酸钙、磷酸氢钙、过磷酸钙等都含有动物所需要的磷和钙;化工产品硫酸亚铁、硫酸铜、硫酸锌、氧化锌、硫酸锰、氧化锰、硫酸钴、氯化钴、亚硒酸钠等都含有动物所需要的常量元素和微量元素;各种维生素、氨基酸、抗菌药物、驱虫剂、调味剂、着色剂等饲料资源都能做添加剂用于配合饲料生产。配合饲料可以把原本营养价值不高、牲畜不便吃的物质,通过合理搭配,提高其营养,增强其适口性。用做配合饲料的原料,既拓宽了饲料的来源,又降低了饲料成本。

(二)配合饲料配制的基本原则

随着畜牧养殖户生产能力的提升以及养殖知识的积累,很多养殖户具备了自己配制动物饲料的能力。如有通过购买浓缩饲料,配合自己生产的玉米、高粱、燕麦等,调配出全价饲料;也有通过购买添加剂预混饲料,配合自己生产玉米、麸皮,加上鱼粉,配制全价饲料。通过自己调配的方式,可有效降低养殖成本,实现低投入高收益的回报。

调配饲料必须要注意以下原则:

1.严格按照饲料标准,满足牲畜各生长阶段对营养的需求

饲养标准也就是畜禽生长的营养需求量,标准的制订是在综合考虑禽畜生理状态、生产目的、技术水平、种类、性别等基础上,科学规定了每只禽畜每天应该补给的营养及能量。目前,在畜禽生产中已经制订了较为详细的饲料标准,在实际的日粮配置中,一定要严格按照这些标准要求,结合当地实际情况有目的地配制。即使地方条件不允许,难以达到饲料配制标准要求,也必须要满足蛋白质、钙、磷、食盐、能量以及3种限制性氨基酸(蛋氨酸、赖氨酸、色氨酸)的补给量。尤其是能量饲料的补给,因为其在饲料中的含量较大,日常配制过程中要尤为注意。

2.不断完善,追求饲料营养供给的全面

除了要求营养元素量上达到标准,还要注重加强对质的要求,尽量做到原料供给多元化,

彼此间取长补短,实现营养供给的均衡发展。如为了满足禽畜生长能量的需求,饲料必须要适当增加能量饲料。养殖户多会选择多喂玉米(丰富的能量饲料),但是玉米中虽然能量充足,但是蛋白质质量就逊色很多,尤其是蛋氨酸、赖氨酸、钙、磷、维生素的含量严重不足。因此,在增加能量饲料的时候,可适当添加鱼粉、氨基酸以及维生素添加剂的量,保证饲料营养供给的全面性。

3.注意配合饲料中能量蛋白质比例及钙磷比例

考虑到动物生产性能及生理状态的不同,饲料中蛋白质比例及钙磷比例一定要搭配得当。根据实际生产需要,合理搭配。如母畜在妊娠期蛋白质的需求量会大增,可适量增加蛋白质的含量;而成年役畜能量需求较大,可有针对性地增加其在饲料中所占的比例。

4.综合考虑禽畜的消化生理特点

禽畜生理特点不同,所选用的饲料也各有千秋。选择饲料时,要综合考虑禽畜的生理特点。如食草类禽畜可饲喂大量含粗纤维的粗饲料,如马、羊、牛等。但是对于单胃性动物,则要控制其粗纤维含量,像鸡(粗纤维含量不超过4%)、猪(幼猪不超过5%,生产猪不超过6%)等等。

5.注意控制日粮容积量

注意控制日粮容积量,保证日粮容积量与禽畜消化道相适应。如果容积量过大,畜禽虽有饱感,但各种营养成分仍不能满足要求;如容积过小,虽满足了营养成分的需要,但有饥饿感会导致不安,不利于正常生长。各种动物日所需干物质的数量,由于品种、年龄、体重、生产情况不同而差异很大,一般100kg畜禽体重干物质的限量标准:猪为2.5~4.5kg,马牛为2~3kg;而产蛋鸡每只每日给量为100~200g。

6.注意饲料的适口性

饲料的适口性直接影响牲畜采食量,适口性不好,动物不爱吃,采食量小,不能满足营养需要。另外还应注意到饲料对畜产品品质的影响。

7.杜绝使用发霉变质的饲料原料

饲料中的有毒物质要控制在限定允许范围以内,如毒麦、黑穗病菌麦不得超过0.25%。

8.经济性原则

从经济学考虑,充分利用各地资源,就地取材,加工生产,降低饲料成本。

(三)饲料配方设计应注意的事项

饲料配方的设计,先要根据不同畜禽对各种营养素的需要而制订饲养标准(营养需要量),其次要有一个常用饲料的营养成分。饲料标准要求的各项营养素指标都应该在饲料营养成分表中表达出来。

饲养标准是根据畜牧业生产实践中积累的经验，结合物质能量代谢试验和饲养试验，科学地规定出不同种类、性别、年龄、生理状态、生产目的与水平的家畜，每天每头应给予的能量和各种营养物质的数量，这种为畜禽规定的数量，称做饲料标准或称为营养需要量。饲养标准中规定的各种营养物质的需要量，是通过畜禽采食各种饲料来体现的。因此在饲养实践中，必须根据各种饲料的特性、来源、价格及营养物质含量，计算出各种饲料的配合比例，即配制一个平衡全价的日粮，因此饲料标准以表格形式列出畜禽对各种营养物质的需要。为使用方便，畜禽的饲养标准附列家畜所用饲料成分及营养价值表。此外，在必要时，也可附上畜禽典型日粮配方，以供实际应用之参考。

饲养标准由于是通过科学试验和总结实践经验提出的，所以它具有一定的科学性，是实行科学养畜的重要依据。在畜牧生产实践中，只有正确应用饲养标准，合理地开发利用饲料资源，制订科学的饲料配方，生产全价配合饲料，以使畜禽获得足够数量的营养物质，做到科学饲养，才能在保证畜禽健康的前提下充分发挥其生产性能，提高饲料利用率，降低生产成本。另外，饲养标准还是一个技术准则，是为养殖场制订饲养定额、饲料生产和供应计划不可缺少的依据，所以饲养标准在畜禽饲养实践和配方设计中起着非常重要的作用。

饲养标准具有一定的科学性、代表性，但对任何一种饲养标准，都不应把它作为教条看待，这是因为饲养标准规定的指标，并不是永恒不变的指标，而是在不断地发生变化的，随着动物与饲养科学的发展，畜禽品种质量的改良和提高，生产水平的提高，饲养标准也在不断地进行修订、补充和完善。饲养标准是生物类型的标准，它具有局限性、地区性。因此，应用时要根据不同情况和饲养效果、家畜的反应适当地调整，以求饲养标准更接近于实际。饲养标准是在一定的条件下制订的，它所规定的各种营养物质的数量，是根据许多试验研究结果的平均数据提出来的，只是一个概括的平均数，不可能完全符合每一个个体和群体的需要，因此应用时必须因地制宜，灵活应用，不能不考虑畜群的生态环境、技术水平、饲养条件等情况，不能脱离实际生搬硬套。

总之，既要看到饲养标准的科学性，把它作为科学养畜配制日粮的重要依据，又要看到它的相对合理性，要灵活应用，并要在科学实验和生产实践经验基础上加以修订，使它日益完善。

同样，对饲料成分表和其营养价值也应重视其科学性和应用时的灵活性。因为饲料成分表中的数字都是通过科学分析而得出来的，是科学的，但饲料成分表尤其是常用饲料成分表，不能将所有含高营养成分与含低营养成分的饲料都列出来，而只能列出居中的数，如玉米的蛋白质含量在7%~9%的范围内，但大多数在8.2%~8.9%，而饲料成分表所列数字为8.6%。以此类推，可见一斑。

饲养标准应是每日每头(只)该吃进的各种营养素的标准,但多数畜禽都是群体饲养的,加上为管理方便,就采用一种以每千克饲粮的百分比或含量的营养素需要来表示,如每千克的能量千卡(千焦)数,这样配合饲料的营养素百分数乘以每日采量,恰好等于每日获得所需要的营养素。由于畜禽对能量的需要有在进食上自行调节的能力,在自由采食的方式下,采食一定范围能量水平的饲粮,都能获得同样量的能量和其他营养素。只要不受体积的限制,畜禽都能获得每日所需的能量和各种营养素,只不过是采食量不同而已。

三、配合饲料配方设计的依据

为了搞好饲料配方,必须把饲养标准和饲料营养成分与营养价值表作为设计饲料配方的重要依据。

(一)饲养标准的使用

饲养实践中,为了维持畜禽的健康,充分发挥畜禽的生产性能和繁殖能力,节省饲料,降低生产成本,供给畜禽的各种营养物质的数量、质量和相互比例,必须符合畜禽的生理需要。科学合理饲养的目的,就是以最少的饲料消耗,获得量多优质的畜产品。

随着饲养科学的发展,根据生产实践中的积累和经验,结合消化、代谢、饲养及其他试验,科学地规定了各种畜禽在不同体重、不同生理状态和不同生产水平条件下,每头每天应该给予的能量和各种营养物的数量,这种规定的标准称“饲养标准”。饲养标准多以表格形式表示出来,在生产实践中参考应用比较方便。

规定了各种畜禽的饲养标准,使畜禽的合理饲养有了科学根据,就可以避免饲养中的盲目性。如果饲养标准能基本上符合生产实际,那么就可以使畜禽饲养标准化,而且有利于进一步实行畜牧机械化。实践证明:饲养不足或者过度,都不利于畜禽的健康和生产性能的发挥,特别是对于种用畜禽后果更为严重,不合理的饲养影响种公畜的配种能力和种母畜的受胎率。

根据饲养标准配合家畜的日粮,饲养标准作为养殖场制订全年饲料生产与供应计划已是不可缺少的依据,这也是饲养标准的另一个作用。

饲养标准在家畜的饲养实践中起重要作用,但由于饲养标准是各个不同国家和地区根据不同情况和条件制订的,在制订饲养标准的过程中,尽管总结了生产实践中的经验并进行了一些试验,但这些试验材料和经验还是有限的,所以这种标准适合于不同国家、不同地区,也只能是相对的。对一个具体的饲养标准,不应当把它作为教条来看待,在参考应用某一标准时,应注意以下几个问题:

(1)不应把饲养标准看做固定不变的东西。饲养标准同一切事物一样,都是发展变化的,随着畜禽品种的改良和提高,日粮全价性的进一步完善,畜禽对饲料的利用率不断提高,饲养标准也应不断修改,使它成为提高家畜生产性能的一种手段。

(2)不同国家和地区制订的饲养标准,虽然有一定代表性,但毕竟受试验家畜的选择和试验条件的限制,由此决定了标准的相对合理性。同时自然条件的差异对饲料品质的影响,以及畜禽品种和生产用途的不同,饲养标准在应用时,应根据具体条件经常进行检验和修正。

(3)饲养标准中所规定的能量和各种营养物质的需要量,只是一个概括的平均数。在生产实践中,也应根据本地条件灵活运用。过去有些猪场生搬硬套国外的标准,而不考虑本地的具体条件,结果使种猪养的过肥,影响了繁殖能力。

总之,对饲养标准的认识应该用一分为二的观点,既要看到饲养标准是合理饲养的科学依据,又要看到它的相对合理性和不完善的一面。

(二)饲料营养成分及营养价值表的使用

表中的数据是根据化验分析、饲养试验以及大量计算得来的,它客观地表示了每一种饲料的营养成分和营养价值,是制订饲料配方、合理饲养畜禽的重要参考数据。

但是,饲料的营养成分和营养价值受许多因素影响,表列数据并不能准确地表示具体使用的饲料原料的成分和营养价值。不同生育期刈割的牧草的营养成分和营养价值有较大差异,调制技术和天气对晒制的干草的营养价值影响很大;因原料和加工工艺的差别使一些加工的饲料原料(如小麦麸、各种饼粕、鱼粉、肉粉、肉骨粉、骨粉等)的营养成分和营养价值有很大变化;不同来源的石灰石粉的含钙量也有显著差异。在用这些原料配合饲粮时,应采集代表性的样品,进行化验、测定。

四、饲料配方设计

(一)设计一个比较合理的饲料配方的步骤

(1)经过市场调查确定饲料配方种类。调查供应范围内的畜禽种类、头数,已使用的配方效果,用户对饲料种类、质量和价格方面的要求。

(2)经过原料调查,掌握可提供作为配合饲料的原料。原料的种类、数量、质量和价格,包括对原料的化验分析工作。

(3)书面设计配方。

(4)将新配方饲料进行动物饲养试验。包括小试、中试或小面积推广试验,写出试验报告或推广情况报告。

(5)报请主管部门审查批准使用。

(二)常用的饲料配方设计与计算方法

(1)试差法(又称试配法、凑数法):这是一种最原始的方法,其实质是反复对比所给饲料中提供的各营养物质总量与标准需要量,并根据两者之差反复调整饲料给量,以求其差别逐渐减少直至消失为止。应用试差法配合日粮时，首先按照饲养标准查出饲喂对象的相应营养需要量，再依现场条件选定若干种所用饲料，并从饲料成分及价值表中查出营养成分含量，最后根据饲喂对象的特点及饲用原料的性质，一步步确定各种饲料，并计算所提供的营养物质数量，根据提供的各营养物质总量与查出的标准营养需要量间的差值，逐步变动各饲料的给量。这样反复多次比较与调整，使两者最终趋近平衡。此时日粮配合过程即告完成，而最终确定的各种饲用原料给量，就是日粮中的饲料组成。

(2)交叉法(又称四角法、方形法、对角线法或图解法)：这种方法是用来计算两种或两种以上饲料的混合比例。使混合饲料的某种营养成分达到所要求的指标，这种方法简单易学，适于饲料品种少，指标单一的配方计算。如计算某种添加剂的添加量。若饲料品种多，营养指标多，则不宜用此法。

(3)联立方程法：此法是利用数学上联立方程求解法来计算饲料配方，优点是条理清晰，方法简单，缺点是饲料种类多时，计算较复杂。计算机配方软件设计法是目前应用最广泛的设计方法。主要是应用计算机技术和数学规划方法进行饲料配方的设计，运用高等数学、运筹学的各种规划方法，利用动物营养学原理和饲料学原理，兼顾饲料品质、资源、市场、配方效果等因素，在全面考虑营养、成本和效益的前提下，设计出最低成本和最佳效益的饲料配方。此方法可大大提高设计配方的效率，使设计工作简化，能够降低饲料成本，可为经济分析决策提供更多的定性和定量的参考信息。尤其是多配方规划技术的应用，在国际配方优化技术上是一个新的飞跃。其着眼点不是满足营养需要的单个配方成本最低，而是对于整个企业内多个产品而言，追求所有配方的总成本最低。这对追求规模效益的企业而言，无疑是一次技术性的质的跨越。

第七节 非蛋白氮饲料

非蛋白氮(NPN)是指供饲料用的尿素、双缩脲、氨、铵盐及其他合成的简单含氮化合物。它们都是简单的纯化学物质，对于动物并无能量的营养效应。其作用只是供给瘤胃微生物合成蛋白质所需的氮源，从而起到补充蛋白质营养的作用。使用非蛋白氮作为反刍动物蛋白质营养的补充来源，已在全世界范围内普遍采用，并取得了显著效果。在人口多、耕地少的中国和各发展中国家，为节约常规的蛋白质饲料，开发应用非蛋白氮饲料更具现实意义。

一、尿素

尿素主要用做种植业的肥料。近几十年来,用做非蛋白氮饲料的比重显著上升。美国和苏联在20世纪80年代尿素的年饲用量都已超过60万t。中国从20世纪50年代起就开始研究应用尿素,70年代又在利用技术上做了不少研究工作。但迄今在饲料工业上还没有大量应用,估计年使用量超不过5万t。因此尿素饲料在中国有着很大的潜力。

(一)尿素性质及其利用原理

尿素[$CO(NH_2)_2$]为白色晶体,无臭,味微咸苦,易溶于水,吸湿性强。纯尿素含氮量为46.6%,商品尿素一般含氮为45%,折算为粗蛋白质则每千克尿素相当于2.8kg的粗蛋白质。如果说豆饼含粗蛋白质40%,那么每千克尿素则相当于7kg豆饼的粗蛋白质含量。反刍动物瘤胃微生物能产生脲酶,可分解尿素。当尿素进入瘤胃后,被脲酶分解产生氨和二氧化碳。微生物利用氨作为氮源营养,合成菌体蛋白,最后被消化分解为氨基酸而被机体吸收利用。

(二)影响尿素利用效果的因素

(1)日粮蛋白质水平及瘤胃氨浓度:补饲尿素的日粮中应含有一定比例的蛋白质。试验证明:基础日粮中天然蛋白质含量在11%以下时,尿素的利用率在70%左右,如果蛋白质含量超过12%,则尿素在瘤胃内转化为蛋白质的速度和利用程度显著降低。一般认为,日粮蛋白质水平在9%~12%时,添加尿素最为有效。此外,瘤胃液的氨浓度也影响尿素的利用效果。测定结果表明:只有每升瘤胃液的氨浓度小于50mg时,尿素等非蛋白氮才能有效利用。

(2)碳水化合物的种类与数量:只有提供足量的能源与碳架,瘤胃微生物才能利用尿素合成菌体蛋白,因此,日粮中应有一定数量的碳水化合物。在碳水化合物中,粗纤维提供能量的速度太慢,而糖类又过快,而以淀粉的效果最好,熟淀粉又比生淀粉好。因此应用尿素时应多用淀粉,为发挥最大的利用率,有人建议每千克尿素应搭配10kg的易溶性碳水化合物,其中2/3应为淀粉。

(3)矿物质元素与维生素:矿物质元素钙、磷、硫、钴、锌、铜和锰等是提高尿素利用率的重要因素。硫是瘤胃微生物合成含硫氨基酸(蛋氨酸、胱氨酸)及含硫维生素(硫胺素、生物素)等所需的原料,一般认为N:S=10:1时,尿素的利用才能达到最佳效果。钴是维生素B_{12}的组成成分,如果日粮中缺钴,则维生素B_{12}合成缓慢,并且影响日粮中含氮物质的利用。

维生素特别是维生素A和维生素D是保持瘤胃微生物正常活性的重要营养因素,因而必须注意供给。维生素不足会影响瘤胃微生物的正常繁殖和生长,从而对尿素的利用产生不利影响。

(三)尿素的喂量及一般喂法

1.尿素的喂量

关于尿素的喂量,一般推荐以不超过日粮总氮量的1/3为原则。有人认为尿素可占日粮干物质的1%或混合精料的2%~3%。具体来讲,妊娠及产奶量低于25kg/天的奶牛,尿素可占所需可消化粗蛋白质的15%~20%,但每头日喂量不能超过100g;产奶量高于25kg/天的奶牛,不宜饲喂尿素,因为高产奶牛瘤胃微生物来不及合成足量的菌体蛋白;6个月以上的育成牛,可占所需可消化蛋白质的20%~25%,即每头每日40~50g;育肥牛可占25%~30%,或每头每日50~90g。

妊娠和哺乳绵羊可占所需可消化蛋白质的30%~35%,或每只羊每日13~18g,具体视活重和产量而定;6个月以上的青年绵羊占所需可消化粗蛋白质的25%~30%,或每只羊每日8~12g。

以上规定的尿素日饲喂量,应分早、中、晚三次投喂,切不可将一天的喂量一次全部喂给,以免造成家畜中毒。

2.尿素的一般喂法

(1)制作尿素青贮料。以玉米为代表的禾本科作物往往蛋白质含量低,青贮时,边装边洒尿素溶液。一般按青贮原料鲜重的0.5%~0.7%添加,最多不超过1%。若青贮原料干物质含量为35%时,则每吨青贮料添加2.25kg尿素,若干物质为40%时,添加2.5kg尿素。

(2)拌入精料混合料。饲喂肉牛、奶牛、育成牛时,可把尿素干粉均匀混入精料混合料中喂给。一般尿素在混合料中占1%~2%,若用量达3%,则适口性变差。

(3)与粗饲料混合。将尿素与植物性残渣(如甜菜渣、果渣、甘蔗渣等)及铡碎的青干草均匀混合,供牛、羊采食。

(4)用尿素制作氨化秸秆。

(5)喷洒在生长的牧草上。在放牧前对缺乏蛋白质的低劣草场,用尿素糖蜜的稀溶液进行机械化喷洒,而后立即放牧牛羊。这种方法的缺点是浪费较大。

(6)配制成液体尿素精料。主要成分为糖蜜(供做能源)和尿素,使用时注意其适口性,要严格控制采食量,其腐蚀性很强,注意妥善保存。

(四)尿素利用新技术

尿素在瘤胃内受脲酶作用可迅速水解为氨,据报道,100g瘤胃内容物在1h内可将100mg的尿素转化为氨。当尿素分解为氨的速度超过细菌合成的能力,就会有大量的氨进入血液,这样既降低了尿素的利用率,又增加了中毒的危险性。为此,人们致力于研究降低尿素在瘤胃中水解速度的各种方法。目前行之有效的方法和产品有以下几种。

1.尿素分子间缩合物

将尿素加热,自身缩合成双缩脲或三缩脲。它们的分解速度较尿素慢,因而较安全。但是其价格高,饲喂奶牛时,可能会有部分氨分泌于奶中,影响产品质量。另外,家畜对双缩脲的适应时间要求严格(3~8周),因为瘤胃微生物要充分利用这种缩合物,就必须形成一套新的酶系。这是尿素分子间缩合物在生产上未得到广泛使用的原因。

2.尿素与其他分子形成分子间化合物

(1)磷酸脲:又名“牛羊壮”,由尿素与磷酸作用生成。由于磷酸脲分子中磷酸的存在,能降低瘤胃的pH值,中和血液或瘤胃中过剩的氨,从而提高了尿素的利用率。

(2)脂肪酸脲(CSU):又名“牛得乐”,主要由尿素和异丁酸、α-甲基丁酸、异戊酸和戊酸组成,此外还含有硫、钴、钙、胆碱等。其中脂肪酸(异位酸)可刺激微生物合成相应的氨基酸,从而提高尿素的利用率。

(3)异丁基二脲(DUIB):由尿素与异丁醛聚合而成,在瘤胃中释放氨的速度较慢,故使用较安全,饲喂效果也较好。

3.脲酶抑制剂

在日粮中添加脲酶抑制剂,可降低尿素在瘤胃中的水解速度,即减缓了尿素释放氨的速度,可提高尿素的利用效果。一些重金属离子如钴、铜、铁、锌和某些有机化合物如羟基尿素、苯脲、磷酸苯脂二胺、丙酮、甲醛均可抑制脲酶活性。中国近年也对脲酶抑制剂进行了研究,并开发出了一些产品。

4.包被尿素

为了提高尿素的利用率,减慢其降解速度,科学工作者发明了包被尿素,减少尿素与瘤胃中脲酶的接触,使包被物在瘤胃中逐步分解,尿素裸露出来后被微生物逐步利用。包被材料可用羧甲基纤维素钠或不饱和脂肪酸酯。具体方法是将35%的羧甲基纤维素钠加65%尿素,再加上20%的水混匀后,在制粒机内通过孔径为12.5mm的压模,制成长条颗粒饲料,再切成6mm长,在20℃温度下冷却并干燥,即为饲用的尿素颗粒。

经试验,这种尿素颗粒浸泡在39℃的温水中(相当于瘤胃内的温度),经过2.5h只有50%被溶解,而未加包被的尿素颗粒饲料仅经过9min即遭到完全溶解。尿素经过包被后,可适当提高其在精料混合料中的配比,大约可占到2%~5%。

5.糊化淀粉尿素

由于尿素在瘤胃中分解很快,必须同时存在有机酸,方可与氨及时结合,而防止过量的氨进入血液。因此使用尿素时,日粮中应有适量的易分解的碳水化合物。国外多使用糖蜜,而国内则以淀粉为主,并且熟淀粉效果更好。将淀粉糊化并与尿素混合,既可以提供能源与碳,又可起到包被尿素的作用。

糊化淀粉尿素的制作方法是:将粉碎好的谷物(如玉米、小麦、高粱等)70%~80%,与尿素15%~25%及膨润土5%混合均匀,加入适量水装入挤压机,在温度121℃~176℃、湿度15%~30%、压力28.35kg/cm^{2}条件下制成。由于高温和高压而使淀粉糊化,同时尿素融化后均匀地被淀粉分隔、包围。糊化淀粉尿素在瘤胃中释放氨的过程与细菌利用氨同步,从而促进了菌体蛋白的生成,有些试验证明菌体蛋白增加了1倍多。

糊化淀粉尿素在瘤胃中也具有良好的物理作用,通过瘘管观察到,糊化淀粉尿素在瘤胃中膨胀成面团状,并漂浮在干草团附近,而这一区域的细菌浓度最大。用糊化淀粉尿素喂肉牛,效果良好。试验表明:以青贮玉米为主的日粮,精料仅0.45kg,在自由采食条件下喂糊化淀粉尿素,200kg的肉牛日增重可达300g,而喂不加处理的尿素对照组,其日增重仅250g。

6.高蛋白当量尿素颗粒饲料

这种饲料主要由尿素、糖蜜、苜蓿草粉和沸石等组成。沸石为天然的多孔硅铝矿石,具有较强的吸附性和离子交换功能。沸石进入瘤胃后能吸附尿素分解的氨,并缓慢释放出来,使瘤胃细菌有充分的时间逐步利用氨合成菌体蛋白。对肉牛、生长奶牛的用量可占精料的10%,若按蛋白质当量计算,约占整个日粮蛋白质的1/3。

7.糖蜜尿素复合舔砖

由糖蜜、尿素、矿物元素等组成,供放牧牛羊自由舔食,这是利用舔砖的硬度和其中某些特殊成分来控制尿素进食量,从而达到防止氨中毒和提高尿素利用率的目的。

糖蜜既是一种快速释放能量的碳水化合物,又是一种很好的黏结剂,并因其好的气味与味道对动物极具诱食作用。一种加工舔砖的配方是:糖蜜45%,尿素15%,矿物元素15%,食盐8%,方解石粉4%,膨润土3%,棉籽饼粉10%。将糖蜜加热到70℃,放入尿素使之溶解,边搅拌边加入其他配料,搅匀,当黏稠混合物温度达25℃时,停止加热,并将其注模成型。另外也可采用冷加工法,在带双叶片的水平桨式混合机中按顺序加入下列物质:糖蜜50%,尿素10%,食盐5%,氧化钙10%,麦麸25%。然后将混合物倒入模具中,大约15h后成型。

试验证明:糖蜜尿素复合舔砖可刺激动物食欲,提高采食量和干物质消化率,进而改善动物生产性能。并且,牛羊生产水平越低,使用效果越明显。

(五)尿素使用中应注意的问题

(1)尿素:只能供成年反刍动物使用 一般认为6月龄以上的反刍动物使用效果好,而幼年动物使用不但效果不佳,还会出现氨中毒。

(2)利用尿素应有适应期:根据动物种类和生长阶段的不同,适应期有长有短,一般为2~3周。同时应注意使用时不要时用时停,以免影响瘤胃微生物的平衡。

饥饿或空腹的家畜饲喂尿素时,会增加中毒的可能性,因此饲喂时应少喂多餐。尿素吸湿性大,易分解为氨,故不宜单喂,也不可溶于水中供家畜饮用,喂后半小时内也不能饮水。尿素味苦,应配合其他适口性好的饲料原料使用,并要注意尿素与饲料混合均匀。

生豆类、生豆饼、胡枝子籽、苜蓿籽和野芥籽中含有尿素酶,切勿与尿素一起饲喂,否则因尿素分解会使含氮量降低,并且影响适口性。

(八)尿素中毒及其防治

尿素饲喂过量会在瘤胃内形成大量的游离氨,由于瘤胃液的 pH 值增大,致使氨通过瘤胃壁进入血液。如所吸收的氨的数量超过肝脏将氨转化为尿素的能力,则氨在血液中的含量升高。若血氨水平达到中毒浓度(牛:1mg/100ml),便出现典型的氨中毒症状:呼吸急促,肌肉震颤,出汗不止,动作失调。一般中毒严重时,口吐白沫。以上症状多在饲喂后的 15~40min 出现,如不及时治疗,0.5~2.5h 即死亡。

对于牛的尿素中毒,最常用的治疗方法是灌服 20~40L 凉水,使瘤胃液温度下降,从而抑制尿素的溶解,使氨的浓度下降。也可以灌服 4L 稀释的醋酸,以中和瘤胃液。解毒的办法还有:给成年中毒牛灌服 4~5L 酸奶或酸乳清,或者 0.5~2.0L,0.5%的食醋(相当于 1kg 的醋)或同一浓度的乳酸。如果加喂 1~1.5L 含 20%~30%糖浆或糖的溶液,效果更好。如使用 10%的醋酸钠和葡萄糖混合液(喂量同前),效果更为理想。对于青年牛和绵羊中毒,急救办法与成年牛相同,但剂量要根据体重和年龄酌减。

二、铵盐、液氨和氨水

(一)铵盐

铵盐主要有碳酸氢铵、磷酸铵、硫酸铵和氯化铵等。碳酸氢铵(NH_4HC0_3)是合成氨工业的主要产品之一。纯品为白色粉状,不稳定,易分解为氨、二氧化碳和水。其含氮 17.7%,工业品实际上含氮不足 17%,是中国小氮肥厂的主要产品,已用于反刍动物的饲料添加。磷酸铵盐主要是磷酸氢二铵〔$(NH_4)_2HP0_4$〕和磷酸二氢铵($NH_4H_2P0_4$)两种,除可作为氮源外,还能提供动物所需的无机磷,但目前价格较贵,用于动物饲料还不多。其他无机铵盐如硫酸铵[$(NH_4)_2S0_4$]和氯化铵(NH_4Cl),因动物食后会带入较大量的氯离子和硫酸根,影响体液的酸碱平衡,故生产上较少使用。对于硝酸铵(NH_4N0_3),一般认为是严禁使用的,因其在瘤胃中受微生物作用而还原为亚硝酸盐,易引起动物亚硝酸盐中毒。

(二)液氨和氨水

液氨(NH_3)也称无水氨,含氮 82%,由气态氨液化而得;氨水($NH_3·H_20$)为氨的水溶液,含氮一般为 12%~17%。液氨和氨水由于贮存、运输和使用不方便,一定程度上限制了其应用范围。而且,氨的气味和易挥发特点会造成环境污染,对人、畜健康不利,同时对非蛋白氮源也是一种浪费。饲料、饲草中加入氨后,适口性降低,也是一个缺点。目前,液氨和氨水主要用来处理秸秆、青贮饲料及糟渣类等饲料,用于补充氮源和提高粗饲料的营养价值。

第八节 草原围栏和人工草地建设技术

一、草原围栏建设技术

(一)围栏选址

建设前应根据当地自然、地形条件,在充分考虑放牧地、割草地、人工饲料地、居民点、牧道、饮水点、交通及其他有关设施的基础上,并根据牛群头数、牧户的草原使用权范围和牧草生长情况进行规划或确定围建面积,便于管理和利用。

(二)围栏面积

面积的大小应当充分考虑地形、使用需要和经济力量,一般以容纳一个畜群放牧需要为宜。太大管理不便,起不到围栏的作用,太小,则成本过高,放牧密度过大,对草地和家畜都不利。需根据牧草产量、放牧家畜数量、放牧时间长短等进行计算。

(三)管护培育

要采取灌溉、施肥、补播、除莠等措施,对围栏草场进行综合培育改良,以尽快恢复草场植被,改善草地生态环境。

(1)灌溉:天祝县年降水量在265.6~613mm,而且年、季变幅较大,一般主要集中在7~9月份。草地缺水已成为影响牧草的限制因子,各地应根据本地实际状况,充分利用各种有效水源进行草场灌溉。严格地确定灌水定额、灌溉定额、灌水时间和灌溉次数比较困难。一般来说,牧草每生产1克干物质需耗水600~700g,比农作物高,灌水定额应为40~50m³/亩。但在多数情况下不能够按要求满足,大致讲,一年在春季牧草萌发至分蘖、分枝期,秋季牧草向根部贮藏营养物质期各灌溉一次即可,每次灌水量30~60m³/亩。

(2)施肥:施肥是恢复和提高土壤肥力,改善草地植物组成,提高牧草产量和质量的重要措施,也是控制草地植物群落变化的有效手段。草地施肥一般都以施追肥为主,因而肥料选择上应以氮肥为主,即以硝酸铵和尿素为主,每亩一般施10kg左右即可。施肥时间应在牧草分蘖-拔节期,配合降雨或灌水进行。

(3)补播:补播是在不破坏或少破坏原有植被的情况下,在草地上播种一些适应性强、饲用价值高的牧草,以增加草群种类成分,增加地面覆盖度,提高牧草的产量与质量,这是改良的一项重要措施。适合于补播的种类有披碱草、垂穗披碱草、鹅观草、早熟禾、看麦娘等。播种量一般为每亩 0.5~1kg，播种时间一般在雨季来临前后，即 6 月中下旬。补播前一般都要进行地面处理，地面处理的目的是减少或消除原有植被的竞争，为补播的牧草创造必要的土壤条件。土壤黏重、原生植被盖度较大的地方，播前的地面处理常常是补播成功的关键。

地面处理的方法有：松耙(用缺口重耙、圆盘耙等)、划破(用划破补播及燕尾犁等)、穴垦、条垦、带垦、全垦、重牧(以减少原有植被)、清除灌木与枯枝落叶、烧荒等。

(4)除莠：在棘豆、狼毒、醉马草等毒草危害严重的地带，都应开展此项工作。一般除莠都以化学防除为主，在棘豆、狼毒危害地带以 2，4—D 丁酯防除，施用浓度为 0.4%~0.6%，以每亩 100~200ml 为宜；在醉马草分布严重的地带以枯草多进行防除，每亩用量为 80~100g。

(5)划区轮牧：为了合理利用可将大围栏划分成若干小区。一般优质草场每公顷约可放牧 18~20 头，中等的 10~12 头，贫瘠的 4~5 头，一般一个小牧区，以一次可连续放牧 3~5 天为宜。

二、人工草地建植技术

人工草地是特殊的农业用地，它是农业文明和牧业文明结合的产物，它是利用综合农业技术，在完全破坏原有植被的基础上，通过人为的播种建植的新的人工草本群落。人工草地可以创造新的生产力，能够促进草地的集约经营，与天然草地相比，人工草地是技术密集、资金密集、商品密集和流通密集的草业用地，不仅可以促进牧区生产的分化、劳动力的分流，而且还可以促进牧民定居，推进牧区社会经济的进步，是迅速改善草原生态环境，有助于优化农牧业生产结构的主要措施。

(一)土地的选择与地面处理

不同用途的人工草地(收草，或收种子，或保持水土，或放牧)对牧草的品种要求不一样，不同的牧草对土地的适应性也不一样。因此，建植人工草地之前，必须选择好土地，考虑其立地条件，主要考虑土壤盐分、土壤酸碱度、降水量、无霜期等。要做好地面的耕翻、平整和耙耱等。

(二)选种与播种

草种选择要根据生态适应性原则，即根据不同气候、水文条件和土地类型及其组合进行选种；还要根据长远发展的战略布局，特别是产业化发展的需要合理选种。不同的草种播种量不同，播种量与牧草种类、用途、气候等多种因素有关，在一定条件下主要决定于种子大小，即千粒重，单株所需要的营养面积，种子纯度、发芽率和收获目的。一般来讲，每平方米的成苗数应在 10~50 株之间，要保证这样多的株数，每平方米就得有 200~500 粒有发芽力的种子，中等水平的可按 350 粒计算。一般播种量可用这个公式进行计算：

播种量=千粒重×每平方米所需有发芽力的种子数×667(m^2)/(10^6×发芽率×强度)

播种深度随种子大小、土壤质地和水势条件而异。小种子播深 1~1.5cm，大种子可达 2~

2.5cm 左右。播种的方法有撒播、条播、穴播三种。种子田以穴播或条播为好,行距 40~50cm;收草条播或撒播均可,条播则行距 30cm。

(三)施肥

施肥是恢复和提高土壤肥力,提高牧草产量和质量的重要措施,也是控制草地植物群落变化的有效手段。根据土壤和植物特点及产量和利用状况,进行计量施肥、均衡施肥和按需施肥,以提高肥料利用效率。施肥量的多少则应根据牧草中营养元素的含量、草地单位面积的产量、肥料的利用率和土壤本身的供肥能力来确定。施肥时间有播种前整地时的基肥,播种时与种子同时施用的种肥,生长期的追肥。施用方法常用的有撒施、条施、溶水灌喷等。

(四)灌溉

天祝县年降水量 265.5~630mm,多集中于 7~9 月份,草地缺水是影响牧草生长、畜牧业发展的一个限制性因子。在有条件和可能的地方可利用各种水源进行草地灌溉。草地灌溉因受水源、地形等条件限制,严格地确定灌水定额、灌水时间和灌溉次数比较困难,大致讲,一年在春季牧草萌发至分蘖分枝期、秋季牧草向根部贮藏营养物质期各灌溉 1 次即可,每次灌水量 45~90m^3/hm^2。灌溉方法主要用漫灌和喷灌。

(五)杂草控制

有毒有害植物、杂草和无用灌木等常常是妨碍草地利用、造成人工草地迅速退化的一大隐患,清除或控制这些非理想植物是人工草地管理和利用中的一项重要任务。清除毒杂草较为有效的方法有刈割控制、放牧控制、化学除草等。

(六)适时收获

如果是收营养体,豆科牧草应在孕蕾末至初花期、禾本科牧草应在抽穗初期收获。如果收种子,应严格掌握收获时间,成熟后适时收获。不同牧草适宜的收获期不一样,可灵活掌握。

人工草地它完全不同于天然草原,天然草原植物是经过长期的自然选择后形成的,它的植物群落最大的特点:一是多样性;二是稳定性。

(七)不同牧草栽培技术

1.苜蓿

苜蓿是一种重要的世界性牧草,约有 60 个种,适合于天祝县栽培的品种有黄花苜蓿、甘农二号苜蓿、杂花苜蓿、紫花苜蓿等,鲜草产量为 700~800kg/亩。

整地与施肥:因苜蓿种子小,幼芽弱,顶土力差,播前精细整地对出苗十分重要。在其前作收获后应立即浅耕灭茬,之后再深耕。冬春还应做好耙磨或镇压,蓄水保墒。结合翻耕,每亩施有机肥 1500~2500kg,过磷酸钙 20~30kg 为底肥。对肥力低下的,播种时再施入适量硝酸铵等速效氮肥。

选种：要选择适宜当地的良种，最好是一级种子。播前要晒种2~3天，以打破休眠，提高发芽率和幼苗整齐度。播种量：种子田3.75~7.5kg/hm²，饲草地11.25~15.0kg/hm²，干旱地、坡地和土壤质地较差的播量应提高20%~25%。

播期：苜蓿在春、夏、秋均可播种，但以春季晚霜过后1个月（或最低温度5℃以上）和秋季早霜前1个半月播种较好。旱地应选雨季或雨后抢墒播种。

播种深度：根据土壤质地和墒情而定，干土和轻壤土宜深，湿土和黏重土易浅，一般1~2.5cm。

播种方法：按下种方法分条播、撒播和穴播三种；按种子组成又分为单播、混播和覆盖（保护）播种。种子田要用穴播或宽行单播，行距50cm，穴距50cm×50~70cm，每穴留1~2株。收草的可条播或撒播，可单播或混播，条播行距30cm，保护播种的要先播保护作物，后播苜蓿种子，再耙耱。

田间管理：播种后出苗前如遇雨土壤板结，要及时耙、耱，解除板结层，以利出苗。苗期如有杂草危害，要及时除草，但要禁止使用2，4-D丁酯等阔叶性除莠剂。2龄以上苜蓿，春季萌发前应清理田间留茬，并进行松耙保墒。每次刈割后要追肥耙地，结合灌水施肥，施过磷酸钙150~300kg/hm²，或磷二铵60~90kg/hm²。入冬前灌好冬水，覆土或覆盖秸秆。播种当年应禁止利用。

收获利用：青刈利用以孕蕾至初花期为最佳，留茬以4~5cm为宜。收割调制青干草，应选晴好天气刈割，防止雨淋，平晒和扎捆散立风干。收种适宜期是1/2~2/3荚果由绿变黄褐时。在苜蓿鲜嫩期反刍家畜不宜放牧或慎牧，以防发生臌胀病。

2.披碱草

披碱草为禾本科披碱草属的多年生疏丛型草本植物，抗寒性强，对高寒湿润气候条件下有非常强的适应能力，返青早，枯黄迟，生育期140~150天，鲜草产量为1000~1100kg/亩，适宜于天祝县大部分地区建立人工草地。

整地与施肥：初垦地种植时，应深翻草皮，交错耙耱，整平地面。耕地种植时，应在作物收获后浅耕灭茬，蓄水保墒，翌年结合翻耕施足底肥，每亩施有机肥1000~1500kg，过磷酸钙15~20kg，然后耙耱整平地面，以待播种。

播种：建立人工草地，在土壤解冻后即可播种，宜早不宜迟，最迟不超过6月中旬。天然草原补播，可从土壤解冻至6月中旬播种。每亩播种量：条播种子田1~1.5kg、生产田1.5~2.0kg，撒播时应适当加大播种量。生产田条播，行距15~25cm，种子田条播行距25~30cm。播种深度3~4cm。大面积撒播应分区划片播种。出苗后应做出苗检测，缺苗或漏播地段应及时补播。

田间管理：披碱草播种当年，幼苗生长缓慢，易受杂草危害，应及时进行人工除草或选用化学除莠剂2，4-D丁酯乳油喷洒除草。建立的人工刈割草地在每年早春用轻耙松土，适时追施有机肥，每亩追施 1000~1500kg，以提高产草量，延长利用年限。

收获利用：播种的当年可以在冬季土壤结冻后，有控制地轻度放牧，晚秋与早春严禁放牧。刈牧兼用草地放牧利用时应划区轮牧。收草应在开花期进行。收种应在全田果穗 60%变黄时进行，迟则种子脱落。收种和刈割收草的留茬高度为 5~7cm。

3.无芒雀麦

无芒雀麦又名无芒草，是干旱、寒冷地区的一种重要栽培牧草，鲜草产量为 800~1000kg/亩，适宜天祝县大部分地区种植。

整地与施肥：精细整地是保苗和提高产量的重要措施。特别是在干旱少雨的地区，秋季深耕，蓄水保墒，减少杂草，为其根系提供良好的生长和发育条件，是以后获得高产的前提。一般在收获大秋作物后浅根灭茬，施上厩肥，再行深翻和耙耱即可。

播种：无芒雀麦的适宜播种期因地区而异。可用条播或撒播，条播行距 15~30cm，用做收种时，可适当加宽行距。单播播种量以 22.5~30kg/hm² 为宜，种子田可减少到 15kg/hm² 左右。无芒雀麦可与苜蓿、红豆草、披碱草及老芒麦等牧草混播，混播的播种量以 15~20kg/hm² 为宜。播种深度 2~3cm。

田间管理：无芒雀麦较易出苗，但苗期生长比较缓慢，应注意及时中耕除草。无芒雀麦对氮肥需求量大，单播时更大，播种前可施 1000~2000kg/hm² 厩肥做基肥，以后每年深秋或早春施厩肥。每次刈割后追施氮肥。在有条件的地方，应及时灌溉，入冬前最好灌溉 1 次。在杂草严重的地区需灭除杂草。3~4 年后往往会形成很密的草皮，土壤通透性差，使产量降低，应在早春划破草皮，疏松土壤，使草地能够更新复壮。

收获利用：刈割收获时期以开花期为好。收获种子的时间以穗色变黄、种子完熟时最好。放牧利用最好从播种的第二年或第三年开始，因为此时已结成草皮，具有较强的耐牧性。

4.燕麦

燕麦是高寒地区一年生人工草地的主要栽培作物，无论做精料、青饲料还是调制干草，都具有丰富的营养价值和良好的适口性，是高寒牧区牲畜冬春补饲的主要饲草料。燕麦生育期短，生长速度快，产量高，适宜在高寒山区大面积种植，其籽实产量 150~200kg/亩，鲜草产量 2000~2400kg/亩，青干草产量 400~600kg/亩，在畜牧业生产中起到当家草种的作用。

轮作：燕麦是喜氮作物，因此一切豆科作物都是它的良好前作，尤以豌豆茬对它增产效果明显；洋芋、油菜等亦为燕麦的良好前作。燕麦种植，尽量避免重茬，减少病虫杂草的危害，以提高产量。

整地与施肥：前作物收获后，浅耕灭茬，活化土壤，充分吸收水分，雨季过后及时耙耱保墒。播种前深耕施肥，细耙细耱，减少土壤水分蒸发。燕麦施肥，每亩施农家肥 2000~3000kg、纯氮4~6kg、五氧化二磷3~5kg,并结合施用一定的草木灰,以防止燕麦倒伏。

选种:燕麦的优良品种较多,不同的品种对生境条件要求不同,生产性能各不相同。根据天祝县气候特点和土壤状况,选择了高产抗寒的燕麦品种"永久444"进行种子繁育。播种前检验燕麦种子的品质,判定等级,要求种子达到国家规定的Ⅰ级和Ⅱ种子标准。

播种:燕麦种子田在4月下旬至5月初播种,采用条播播种,行距为15~18cm,深度3~4cm,播量不宜太大,以12.5~15.0lkg/亩为宜,播后及时耱地保墒。

田间管理:燕麦在出苗前后若表土出现板结,可轻耙一次;苗期如果杂草太多,可用人工除草,或用2,4-D丁酯进行化学除草,每亩用药量不超过100g。在分蘖和拔节期进行第二次除草,结合灌溉、降雨追施适量氮肥,在抽穗期以2%的过磷酸钙进行叶面追肥,促进燕麦籽粒饱满。

收获利用:收籽燕麦在完熟期及时收获、脱粒、晒干、贮藏。种子入库前检查种子的湿度,燕麦种子湿度不应超过15%,并进行清选、分级,除去杂质,按种级进行存放。

5.箭舌豌豆

箭舌豌豆是一种优良的一年生豆科牧草,是粮、料、草兼用型作物,其茎枝柔嫩,生长繁茂、叶量多,鲜草产量1000~1200kg/亩,种子产量200kg/亩,适口性好,是各类家畜喜食的优良牧草,可用做青饲、放牧及调制干草,箭舌豌豆与燕麦混播,可提高饲草产量和质量,是建立一年生人工草地的优良豆科牧草。

土壤耕作与施肥:箭舌豌豆种子田应选择在开阔、通风、光照充足、杂草较少的地块,并邻近林带、灌丛及水库,以利于昆虫传粉。豆类作物不宜连作,连作容易发生病虫害,种子田要避免重茬。整地应在播种前一年完成浅耕,灭茬灭草,蓄水保墒。播种前深耕施肥,耙耱整平地面,每亩施农家肥2000~3000kg,施纯氮1~1.5kg,施五氧化二磷3~6kg,多施磷肥,少施氮肥。

播种:播种前检验种子品质、纯净度,试验种子发芽率,计算播种量。种子必须选用Ⅰ级种子,播种采用条播,行距20~30cm,深度3~4cm,播量6~8kg/亩,播种后及时耱地覆土。

田间管理:箭舌豌豆苗期生长缓慢,应及时中耕除草,防止形成草压苗的现象。在分枝期和盛花期,灌水两次,提高种子产量。

收获及种子贮藏:箭舌豌豆成熟后易曝荚,在70%豆荚成熟变黄时收获,最好早晨收割,随收随运。种子脱粒后进行晾晒,使种子的湿度不超过13%,以便贮藏。种子入库前进行清选、分级,按种级存放。收草时应在开花期刈割。

6.饲用玉米

玉米又名苞谷,原产墨西哥、秘鲁,是全世界分布最广的作物之一。玉米的生育期一般为80~140天,是主要的粮食作物,也是家畜、家禽的优质精饲料和优良的青饲料和青贮原料。在一般肥力水平下，籽粒产量为3000~4000kg/hm²。专门用做青贮原料的密植玉米，乳熟阶段可产青绿饲料60000kg/hm²，在水、肥条件优越时产量更高。目前已推广的杂交玉米籽粒产量可达15000 kg/hm²。玉米由于需要的水分比较多，要求的温度也比较高，在天祝县适合种植的地方不多，一般在天堂、朱岔的平川地，赛什斯镇先明峡的河口灌溉地带及华藏、打柴沟的部分灌区种植。

整地与施肥：玉米要求深耕，深耕应在前一年秋季或冬季前作收获后尽早进行，并同时结合施用基肥。翻地后做好耕、耙、耱保墒工作，这对干旱地区非常重要。基肥对玉米很重要。基肥应占总用肥量的70%以上。基肥中应加施速效磷、钾肥。有条件的地方最好冬前进行冬灌，早春耙耱。

播种：应选用果穗中部的籽粒做种子。播前晒种，可提高发芽率和活力。玉米播期在10cm土温稳定达到10℃~12℃时为好。用做青贮的玉米，播种量为8kg/亩左右，青饲玉米可以适当加大。播种方法可采用穴播、条播等。

田间管理：玉米的田间管理包括定苗、中耕、除杂、培土、灌溉、追肥、授粉及防治病虫害等一系列工作，不一一细述，农民大都非常有经验。

利用技术：作为青饲，可在营养期至乳熟期根据需要收取茎叶。青贮玉米于乳熟期至蜡熟期收获。如欲将果穗食用，茎叶青贮，可于蜡熟后期收获果穗，并及时将茎叶刈割青贮。

附录 1

国家级畜禽遗传资源保护名录

中华人民共和国农业部公告

（第 2061 号）

根据《畜牧法》第十二条的规定，结合第二次全国畜禽遗传资源调查结果，我部对《国家级畜禽遗传资源保护名录》（中华人民共和国农业部公告第 662 号）进行了修订，确定八眉猪等 159 个畜禽品种为国家级畜禽遗传资源保护品种。

特此公告。

附件：国家级畜禽遗传资源保护名录

农业部

2014 年 2 月 14 日

附件

国家级畜禽遗传资源保护名录

一、猪

八眉猪、大花白猪、马身猪、淮猪、莱芜猪、内江猪、乌金猪（大河猪）、五指山猪、二花脸猪、梅山猪、民猪、两广小花猪（陆川猪）、里岔黑猪、金华猪、荣昌猪、香猪、华中两头乌猪（沙子岭猪、通城猪、监利猪）、清平猪、滇南小耳猪、槐猪、蓝塘猪、藏猪、浦东白猪、撒坝猪、湘西黑猪、大蒲莲猪、巴马香猪、玉江猪（玉山黑猪）、姜曲海猪、粤东黑猪、汉江黑猪、安庆六白猪、莆田黑猪、嵊县花猪、宁乡猪、米猪、皖南黑猪、沙乌头猪、乐平猪、海南猪（屯昌猪）、嘉兴黑猪、大围子猪

二、鸡

大骨鸡、白耳黄鸡、仙居鸡、北京油鸡、丝羽乌骨鸡、茶花鸡、狼山鸡、清远麻鸡、藏鸡、矮脚鸡、浦东鸡、溧阳鸡、文昌鸡、惠阳胡须鸡、河田鸡、边鸡、金阳丝毛鸡、静原鸡、瓢鸡、林甸鸡、怀乡鸡、鹿苑鸡、龙胜凤鸡、汶上芦花鸡、闽清毛脚鸡、长顺绿壳蛋鸡、拜城油鸡、双莲鸡

三、鸭

北京鸭、攸县麻鸭、连城白鸭、建昌鸭、金定鸭、绍兴鸭、莆田黑鸭、高邮鸭、缙云麻鸭、吉安红毛鸭

四、鹅

四川白鹅、伊犁鹅、狮头鹅、皖西白鹅、豁眼鹅、太湖鹅、兴国灰鹅、乌鬃鹅、浙东白鹅、钢鹅、溆浦鹅

五、牛马驼

九龙牦牛、天祝白牦牛、青海高原牦牛、甘南牦牛、独龙牛(大额牛)、海子水牛、温州水牛、槟榔江水牛、延边牛、复州牛、南阳牛、秦川牛、晋南牛、渤海黑牛、鲁西牛、温岭高峰牛、蒙古牛、雷琼牛、郏县红牛、巫陵牛(湘西牛)、帕里牦牛、德保矮马、蒙古马、鄂伦春马、晋江马、宁强马、岔口驿马、焉耆马、关中驴、德州驴、广灵驴、泌阳驴、新疆驴、阿拉善双峰驼

六、羊

辽宁绒山羊、内蒙古绒山羊(阿尔巴斯型、阿拉善型、二狼山型)、小尾寒羊、中卫山羊、长江三角洲白山羊(笔料毛型)、乌珠穆沁羊、同羊、西藏羊(草地型)、西藏山羊、济宁青山羊、贵德黑裘皮羊、湖羊、滩羊、雷州山羊、和田羊、大尾寒羊、多浪羊、兰州大尾羊、汉中绵羊、岷县黑裘皮羊、苏尼特羊、成都麻羊、龙陵黄山羊、太行山羊、莱芜黑山羊、牙山黑绒山羊、大足黑山羊

七、其他品种

敖鲁古雅驯鹿、吉林梅花鹿、中蜂、东北黑蜂、新疆黑蜂、福建黄兔、四川白兔

附录 2

中华人民共和国畜牧法

（2015年修订）

（2005年12月29日第十届全国人民代表大会常务委员会第十九次会议通过，根据2015年4月24日第十二届全国人民代表大会常务委员会第十四次会议全国人民代表大会常务委员会《关于修改<中华人民共和国计量法>等五部法律的决定》修订）。

目 录

第一章 总 则

第一条 为了规范畜牧业生产经营行为，保障畜禽产品质量安全，保护和合理利用畜禽遗传资源，维护畜牧业生产经营者的合法权益，促进畜牧业持续健康发展，制定本法。

第二条 在中华人民共和国境内从事畜禽的遗传资源保护利用、繁育、饲养、经营、运输等活动，适用本法。

本法所称畜禽，是指列入依照本法第十一条规定公布的畜禽遗传资源目录的畜禽。

蜂、蚕的资源保护利用和生产经营，适用本法有关规定。

第三条 国家支持畜牧业发展，发挥畜牧业在发展农业、农村经济和增加农民收入中的作用。县级以上人民政府应当采取措施，加强畜牧业基础设施建设，鼓励和扶持发展规模化养殖，推进畜牧产业化经营，提高畜牧业综合生产能力，发展优质、高效、生态、安全的畜牧业。

国家帮助和扶持少数民族地区、贫困地区畜牧业的发展,保护和合理利用草原,改善畜牧业生产条件。

第四条 国家采取措施，培养畜牧兽医专业人才，发展畜牧兽医科学技术研究和推广事业,开展畜牧兽医科学技术知识的教育宣传工作和畜牧兽医信息服务,推进畜牧业科技进步。

第五条 畜牧业生产经营者可以依法自愿成立行业协会,为成员提供信息、技术、营销、培训等服务,加强行业自律,维护成员和行业利益。

第六条 畜牧业生产经营者应当依法履行动物防疫和环境保护义务，接受有关主管部门依法实施的监督检查。

第七条 国务院畜牧兽医行政主管部门负责全国畜牧业的监督管理工作。县级以上地方人民政府畜牧兽医行政主管部门负责本行政区域内的畜牧业监督管理工作。

县级以上人民政府有关主管部门在各自的职责范围内,负责有关促进畜牧业发展的工作。

第八条 国务院畜牧兽医行政主管部门应当指导畜牧业生产经营者改善畜禽繁育、饲养、运输的条件和环境。

第二章 畜禽遗传资源保护

第九条 国家建立畜禽遗传资源保护制度。各级人民政府应当采取措施,加强畜禽遗传资源保护,畜禽遗传资源保护经费列入财政预算。

畜禽遗传资源保护以国家为主,鼓励和支持有关单位、个人依法发展畜禽遗传资源保护事业。

第十条 国务院畜牧兽医行政主管部门设立由专业人员组成的国家畜禽遗传资源委员会,负责畜禽遗传资源的鉴定、评估和畜禽新品种、配套系的审定,承担畜禽遗传资源保护和利用规划论证及有关畜禽遗传资源保护的咨询工作。

第十一条 国务院畜牧兽医行政主管部门负责组织畜禽遗传资源的调查工作，发布国家畜禽遗传资源状况报告,公布经国务院批准的畜禽遗传资源目录。

第十二条 国务院畜牧兽医行政主管部门根据畜禽遗传资源分布状况，制定全国畜禽遗传资源保护和利用规划，制定并公布国家级畜禽遗传资源保护名录，对原产我国的珍贵、稀有、濒危的畜禽遗传资源实行重点保护。

省级人民政府畜牧兽医行政主管部门根据全国畜禽遗传资源保护和利用规划及本行政区域内畜禽遗传资源状况,制定和公布省级畜禽遗传资源保护名录,并报国务院畜牧兽医行政主管部门备案。

第十三条 国务院畜牧兽医行政主管部门根据全国畜禽遗传资源保护和利用规划及国家

级畜禽遗传资源保护名录，省级人民政府畜牧兽医行政主管部门根据省级畜禽遗传资源保护名录,分别建立或者确定畜禽遗传资源保种场、保护区和基因库,承担畜禽遗传资源保护任务。

享受中央和省级财政资金支持的畜禽遗传资源保种场、保护区和基因库,未经国务院畜牧兽医行政主管部门或者省级人民政府畜牧兽医行政主管部门批准,不得擅自处理受保护的畜禽遗传资源。

畜禽遗传资源基因库应当按照国务院畜牧兽医行政主管部门或者省级人民政府畜牧兽医行政主管部门的规定,定期采集和更新畜禽遗传材料。有关单位、个人应当配合畜禽遗传资源基因库采集畜禽遗传材料,并有权获得适当的经济补偿。

畜禽遗传资源保种场、保护区和基因库的管理办法由国务院畜牧兽医行政主管部门制定。

第十四条 新发现的畜禽遗传资源在国家畜禽遗传资源委员会鉴定前，省级人民政府畜牧兽医行政主管部门应当制定保护方案,采取临时保护措施,并报国务院畜牧兽医行政主管部门备案。

第十五条 从境外引进畜禽遗传资源的，应当向省级人民政府畜牧兽医行政主管部门提出申请;受理申请的畜牧兽医行政主管部门经审核,报国务院畜牧兽医行政主管部门经评估论证后批准。经批准的,依照《中华人民共和国进出境动植物检疫法》的规定办理相关手续并实施检疫。

从境外引进的畜禽遗传资源被发现对境内畜禽遗传资源、生态环境有危害或者可能产生危害的,国务院畜牧兽医行政主管部门应当商有关主管部门,采取相应的安全控制措施。

第十六条 向境外输出或者在境内与境外机构、个人合作研究利用列入保护名录的畜禽遗传资源的,应当向省级人民政府畜牧兽医行政主管部门提出申请,同时提出国家共享惠益的方案;受理申请的畜牧兽医行政主管部门经审核,报国务院畜牧兽医行政主管部门批准。

向境外输出畜禽遗传资源的,还应当依照《中华人民共和国进出境动植物检疫法》的规定办理相关手续并实施检疫。

新发现的畜禽遗传资源在国家畜禽遗传资源委员会鉴定前,不得向境外输出,不得与境外机构、个人合作研究利用。

第十七条 畜禽遗传资源的进出境和对外合作研究利用的审批办法由国务院规定。

第三章 种畜禽品种选育与生产经营

第十八条 国家扶持畜禽品种的选育和优良品种的推广使用,支持企业、院校、科研机构和技术推广单位开展联合育种,建立畜禽良种繁育体系。

第十九条 培育的畜禽新品种、配套系和新发现的畜禽遗传资源在推广前,应当通过国家畜禽遗传资源委员会审定或者鉴定,并由国务院畜牧兽医行政主管部门公告。畜禽新品种、配套系的审定办法和畜禽遗传资源的鉴定办法,由国务院畜牧兽医行政主管部门制定。审定或者鉴定所需的试验、检测等费用由申请者承担,收费办法由国务院财政、价格部门会同国务院畜牧兽医行政主管部门制定。

培育新的畜禽品种、配套系进行中间试验,应当经试验所在地省级人民政府畜牧兽医行政主管部门批准。

畜禽新品种、配套系培育者的合法权益受法律保护。

第二十条 转基因畜禽品种的培育、试验、审定和推广,应当符合国家有关农业转基因生物管理的规定。

第二十一条 省级以上畜牧兽医技术推广机构可以组织开展种畜优良个体登记,向社会推荐优良种畜。优良种畜登记规则由国务院畜牧兽医行政主管部门制定。

第二十二条 从事种畜禽生产经营或者生产商品代仔畜、雏禽的单位、个人,应当取得种畜禽生产经营许可证。

申请取得种畜禽生产经营许可证,应当具备下列条件:

(一)生产经营的种畜禽必须是通过国家畜禽遗传资源委员会审定或者鉴定的品种、配套系,或者是经批准引进的境外品种、配套系;

(二)有与生产经营规模相适应的畜牧兽医技术人员;

(三)有与生产经营规模相适应的繁育设施设备;

(四)具备法律、行政法规和国务院畜牧兽医行政主管部门规定的种畜禽防疫条件;

(五)有完善的质量管理和育种记录制度;

(六)具备法律、行政法规规定的其他条件。

第二十三条 申请取得生产家畜卵子、冷冻精液、胚胎等遗传材料的生产经营许可证,除应当符合本法第二十二条第二款规定的条件外,还应当具备下列条件:

(一)符合国务院畜牧兽医行政主管部门规定的实验室、保存和运输条件;

(二)符合国务院畜牧兽医行政主管部门规定的种畜数量和质量要求;

(三)体外授精取得的胚胎、使用的卵子来源明确,供体畜符合国家规定的种畜健康标准和质量要求;

(四)符合国务院畜牧兽医行政主管部门规定的其他技术要求。

第二十四条 申请取得生产家畜卵子、冷冻精液、胚胎等遗传材料的生产经营许可证,应当向省级人民政府畜牧兽医行政主管部门提出申请。受理申请的畜牧兽医行政主管部门应当自收到申请之日起六十个工作日内依法决定是否发给生产经营许可证。

其他种畜禽的生产经营许可证由县级以上地方人民政府畜牧兽医行政主管部门审核发放,具体审核发放办法由省级人民政府规定。

种畜禽生产经营许可证样式由国务院畜牧兽医行政主管部门制定，许可证有效期为三年。发放种畜禽生产经营许可证可以收取工本费,具体收费管理办法由国务院财政、价格部门制定。

第二十五条 种畜禽生产经营许可证应当注明生产经营者名称、场(厂)址、生产经营范围及许可证有效期的起止日期等。

禁止任何单位、个人无种畜禽生产经营许可证或者违反种畜禽生产经营许可证的规定生产经营种畜禽。禁止伪造、变造、转让、租借种畜禽生产经营许可证。

第二十六条 农户饲养的种畜禽用于自繁自养和有少量剩余仔畜、雏禽出售的,农户饲养种公畜进行互助配种的,不需要办理种畜禽生产经营许可证。

第二十七条 专门从事家畜人工授精、胚胎移植等繁殖工作的人员,应当取得相应的国家职业资格证书。

第二十八条 发布种畜禽广告的,广告主应当提供种畜禽生产经营许可证和营业执照。广告内容应当符合有关法律、行政法规的规定,并注明种畜禽品种、配套系的审定或者鉴定名称;对主要性状的描述应当符合该品种、配套系的标准。

第二十九条 销售的种畜禽和家畜配种站(点)使用的种公畜,必须符合种用标准。销售种畜禽时,应当附具种畜禽场出具的种畜禽合格证明、动物防疫监督机构出具的检疫合格证明,销售的种畜还应当附具种畜禽场出具的家畜系谱。

生产家畜卵子、冷冻精液、胚胎等遗传材料,应当有完整的采集、销售、移植等记录,记录应当保存二年。

第三十条 销售种畜禽,不得有下列行为:

(一)以其他畜禽品种、配套系冒充所销售的种畜禽品种、配套系;

(二)以低代别种畜禽冒充高代别种畜禽;

(三)以不符合种用标准的畜禽冒充种畜禽;

(四)销售未经批准进口的种畜禽;

(五)销售未附具本法第二十九条规定的种畜禽合格证明、检疫合格证明的种畜禽或者未附具家畜系谱的种畜;

(六)销售未经审定或者鉴定的种畜禽品种、配套系。

第三十一条 申请进口种畜禽的,应当持有种畜禽生产经营许可证。进口种畜禽的批准文件有效期为六个月。

进口的种畜禽应当符合国务院畜牧兽医行政主管部门规定的技术要求。首次进口的种禽还应当由国家畜禽遗传资源委员会进行种用性能的评估。

种畜禽的进出口管理除适用前两款的规定外，还适用本法第十五条和第十六条的相关规定。

国家鼓励畜禽养殖者对进口的畜禽进行新品种、配套系的选育;选育的新品种、配套系在推广前,应当经国家畜禽遗传资源委员会审定。

第三十二条 种畜禽场和孵化场(厂)销售商品代仔畜、雏禽的,应当向购买者提供其销售的商品代仔畜、雏禽的主要生产性能指标、免疫情况、饲养技术要求和有关咨询服务,并附具动物防疫监督机构出具的检疫合格证明。

销售种畜禽和商品代仔畜、雏禽,因质量问题给畜禽养殖者造成损失的,应当依法赔偿损失。

第三十三条 县级以上人民政府畜牧兽医行政主管部门负责种畜禽质量安全的监督管理工作。种畜禽质量安全的监督检验应当委托具有法定资质的种畜禽质量检验机构进行;所需检验费用按照国务院规定列支,不得向被检验人收取。

第三十四条 蚕种的资源保护、新品种选育、生产经营和推广适用本法有关规定,具体管理办法由国务院农业行政主管部门制定。

第四章 畜禽养殖

第三十五条 县级以上人民政府畜牧兽医行政主管部门应当根据畜牧业发展规划和市场需求,引导和支持畜牧业结构调整,发展优势畜禽生产,提高畜禽产品市场竞争力。

国家支持草原牧区开展草原围栏、草原水利、草原改良、饲草饲料基地等草原基本建设,优化畜群结构,改良牲畜品种,转变生产方式,发展舍饲圈养、划区轮牧,逐步实现畜草平衡,改善草原生态环境。

第三十六条 国务院和省级人民政府应当在其财政预算内安排支持畜牧业发展的良种补贴、贴息补助等资金,并鼓励有关金融机构通过提供贷款、保险服务等形式,支持畜禽养殖者购买优良畜禽、繁育良种、改善生产设施、扩大养殖规模,提高养殖效益。

第三十七条 国家支持农村集体经济组织、农民和畜牧业合作经济组织建立畜禽养殖场、养殖小区,发展规模化、标准化养殖。乡(镇)土地利用总体规划应当根据本地实际情况安排畜禽养殖用地。农村集体经济组织、农民、畜牧业合作经济组织按照乡(镇)土地利用总体规划建立的畜禽养殖场、养殖小区用地按农业用地管理。畜禽养殖场、养殖小区用地使用权期限届满,需要恢复为原用途的,由畜禽养殖场、养殖小区土地使用权人负责恢复。在畜禽养殖场、养殖小区用地范围内需要兴建永久性建(构)筑物,涉及农用地转用的,依照《中华人民共和国土地管理法》的规定办理。

第三十八条 国家设立的畜牧兽医技术推广机构,应当向农民提供畜禽养殖技术培训、良种推广、疫病防治等服务。县级以上人民政府应当保障国家设立的畜牧兽医技术推广机构从事公益性技术服务的工作经费。

国家鼓励畜禽产品加工企业和其他相关生产经营者为畜禽养殖者提供所需的服务。

第三十九条 畜禽养殖场、养殖小区应当具备下列条件:

(一)有与其饲养规模相适应的生产场所和配套的生产设施;

(二)有为其服务的畜牧兽医技术人员;

(三)具备法律、行政法规和国务院畜牧兽医行政主管部门规定的防疫条件;

(四)有对畜禽粪便、废水和其他固体废弃物进行综合利用的沼气池等设施或者其他无害化处理设施;

(五)具备法律、行政法规规定的其他条件。

养殖场、养殖小区兴办者应当将养殖场、养殖小区的名称、养殖地址、畜禽品种和养殖规模,向养殖场、养殖小区所在地县级人民政府畜牧兽医行政主管部门备案,取得畜禽标识代码。

省级人民政府根据本行政区域畜牧业发展状况制定畜禽养殖场、养殖小区的规模标准和备案程序。

第四十条 禁止在下列区域内建设畜禽养殖场、养殖小区:

(一)生活饮用水的水源保护区,风景名胜区,以及自然保护区的核心区和缓冲区;

(二)城镇居民区、文化教育科学研究区等人口集中区域;

(三)法律、法规规定的其他禁养区域。

第四十一条 畜禽养殖场应当建立养殖档案,载明以下内容:

(一)畜禽的品种、数量、繁殖记录、标识情况、来源和进出场日期;

(二)饲料、饲料添加剂、兽药等投入品的来源、名称、使用对象、时间和用量;

(三)检疫、免疫、消毒情况;

(四)畜禽发病、死亡和无害化处理情况;

(五)国务院畜牧兽医行政主管部门规定的其他内容。

第四十二条 畜禽养殖场应当为其饲养的畜禽提供适当的繁殖条件和生存、生长环境。

第四十三条 从事畜禽养殖,不得有下列行为:

(一)违反法律、行政法规的规定和国家技术规范的强制性要求使用饲料、饲料添加剂、兽药;

(二)使用未经高温处理的餐馆、食堂的泔水饲喂家畜；

(三)在垃圾场或者使用垃圾场中的物质饲养畜禽；

(四)法律、行政法规和国务院畜牧兽医行政主管部门规定的危害人和畜禽健康的其他行为。

第四十四条 从事畜禽养殖，应当依照《中华人民共和国动物防疫法》的规定，做好畜禽疫病的防治工作。

第四十五条 畜禽养殖者应当按照国家关于畜禽标识管理的规定，在应当加施标识的畜禽的指定部位加施标识。畜牧兽医行政主管部门提供标识不得收费，所需费用列入省级人民政府财政预算。

畜禽标识不得重复使用。

第四十六条 畜禽养殖场、养殖小区应当保证畜禽粪便、废水及其他固体废弃物综合利用或者无害化处理设施的正常运转，保证污染物达标排放，防止污染环境。

畜禽养殖场、养殖小区违法排放畜禽粪便、废水及其他固体废弃物，造成环境污染危害的，应当排除危害，依法赔偿损失。

国家支持畜禽养殖场、养殖小区建设畜禽粪便、废水及其他固体废弃物的综合利用设施。

第四十七条 国家鼓励发展养蜂业，维护养蜂生产者的合法权益。

有关部门应当积极宣传和推广蜜蜂授粉农艺措施。

第四十八条 养蜂生产者在生产过程中，不得使用危害蜂产品质量安全的药品和容器，确保蜂产品质量。养蜂器具应当符合国家技术规范的强制性要求。

第四十九条 养蜂生产者在转地放蜂时，当地公安、交通运输、畜牧兽医等有关部门应当为其提供必要的便利。

养蜂生产者在国内转地放蜂，凭国务院畜牧兽医行政主管部门统一格式印制的检疫合格证明运输蜂群，在检疫合格证明有效期内不得重复检疫。

第五章 畜禽交易与运输

第五十条 县级以上人民政府应当促进开放统一、竞争有序的畜禽交易市场建设。

县级以上人民政府畜牧兽医行政主管部门和其他有关主管部门应当组织搜集、整理、发布畜禽产销信息，为生产者提供信息服务。

第五十一条 县级以上地方人民政府根据农产品批发市场发展规划，对在畜禽集散地建立畜禽批发市场给予扶持。

畜禽批发市场选址，应当符合法律、行政法规和国务院畜牧兽医行政主管部门规定的动物防疫条件，并距离种畜禽场和大型畜禽养殖场三公里以外。

第五十二条 进行交易的畜禽必须符合国家技术规范的强制性要求。

国务院畜牧兽医行政主管部门规定应当加施标识而没有标识的畜禽，不得销售和收购。

第五十三条 运输畜禽，必须符合法律、行政法规和国务院畜牧兽医行政主管部门规定的动物防疫条件，采取措施保护畜禽安全，并为运输的畜禽提供必要的空间和饲喂饮水条件。

有关部门对运输中的畜禽进行检查，应当有法律、行政法规的依据。

第六章 质量安全保障

第五十四条 县级以上人民政府应当组织畜牧兽医行政主管部门和其他有关主管部门，依照本法和有关法律、行政法规的规定，加强对畜禽饲养环境、种畜禽质量、饲料和兽药等投入品的使用以及畜禽交易与运输的监督管理。

第五十五条 国务院畜牧兽医行政主管部门应当制定畜禽标识和养殖档案管理办法，采取措施落实畜禽产品质量责任追究制度。

第五十六条 县级以上人民政府畜牧兽医行政主管部门应当制定畜禽质量安全监督检查计划，按计划开展监督抽查工作。

第五十七条 省级以上人民政府畜牧兽医行政主管部门应当组织制定畜禽生产规范，指导畜禽的安全生产。

第七章 法律责任

第五十八条 违反本法第十三条第二款规定，擅自处理受保护的畜禽遗传资源，造成畜禽遗传资源损失的，由省级以上人民政府畜牧兽医行政主管部门处五万元以上五十万元以下罚款。

第五十九条 违反本法有关规定，有下列行为之一的，由省级以上人民政府畜牧兽医行政主管部门责令停止违法行为，没收畜禽遗传资源和违法所得，并处一万元以上五万元以下罚款：

（一）未经审核批准，从境外引进畜禽遗传资源的；

（二）未经审核批准，在境内与境外机构、个人合作研究利用列入保护名录的畜禽遗传资源的；

（三）在境内与境外机构、个人合作研究利用未经国家畜禽遗传资源委员会鉴定的新发现的畜禽遗传资源的。

第六十条 未经国务院畜牧兽医行政主管部门批准，向境外输出畜禽遗传资源的，依照《中华人民共和国海关法》的有关规定追究法律责任。海关应当将扣留的畜禽遗传资源移送省级人民政府畜牧兽医行政主管部门处理。

第六十一条 违反本法有关规定，销售、推广未经审定或者鉴定的畜禽品种的，由县级以上人民政府畜牧兽医行政主管部门责令停止违法行为，没收畜禽和违法所得；违法所得在五万元以上的，并处违法所得一倍以上三倍以下罚款；没有违法所得或者违法所得不足五万元的，并处五千元以上五万元以下罚款。

第六十二条 违反本法有关规定，无种畜禽生产经营许可证或者违反种畜禽生产经营许可证的规定生产经营种畜禽的，转让、租借种畜禽生产经营许可证的，由县级以上人民政府畜牧兽医行政主管部门责令停止违法行为，没收违法所得；违法所得在三万元以上的，并处违法所得一倍以上三倍以下罚款；没有违法所得或者违法所得不足三万元的，并处三千元以上三万元以下罚款。违反种畜禽生产经营许可证的规定生产经营种畜禽或者转让、租借种畜禽生产经营许可证，情节严重的，并处吊销种畜禽生产经营许可证。

第六十三条 违反本法第二十八条规定的，依照《中华人民共和国广告法》的有关规定追究法律责任。

第六十四条 违反本法有关规定，使用的种畜禽不符合种用标准的，由县级以上地方人民政府畜牧兽医行政主管部门责令停止违法行为，没收违法所得；违法所得在五千元以上的，并处违法所得一倍以上二倍以下罚款；没有违法所得或者违法所得不足五千元的，并处一千元以上五千元以下罚款。

第六十五条 销售种畜禽有本法第三十条第一项至第四项违法行为之一的，由县级以上人民政府畜牧兽医行政主管部门或者工商行政管理部门责令停止销售，没收违法销售的畜禽和违法所得；违法所得在五万元以上的，并处违法所得一倍以上五倍以下罚款；没有违法所得或者违法所得不足五万元的，并处五千元以上五万元以下罚款；情节严重的，并处吊销种畜禽生产经营许可证或者营业执照。

第六十六条 违反本法第四十一条规定，畜禽养殖场未建立养殖档案的，或者未按照规定保存养殖档案的，由县级以上人民政府畜牧兽医行政主管部门责令限期改正，可以处一万元以下罚款。

第六十七条 违反本法第四十三条规定养殖畜禽的，依照有关法律、行政法规的规定处罚。

第六十八条 违反本法有关规定，销售的种畜禽未附具种畜禽合格证明、检疫合格证明、家畜系谱的，销售、收购国务院畜牧兽医行政主管部门规定应当加施标识而没有标识的畜禽的，或者重复使用畜禽标识的，由县级以上地方人民政府畜牧兽医行政主管部门或者工商行政管理部门责令改正,可以处二千元以下罚款。

违反本法有关规定,使用伪造、变造的畜禽标识的,由县级以上人民政府畜牧兽医行政主管部门没收伪造、变造的畜禽标识和违法所得,并处三千元以上三万元以下罚款。

第六十九条 销售不符合国家技术规范的强制性要求的畜禽的,由县级以上地方人民政府畜牧兽医行政主管部门或者工商行政管理部门责令停止违法行为,没收违法销售的畜禽和违法所得,并处违法所得一倍以上三倍以下罚款;情节严重的,由工商行政管理部门并处吊销营业执照。

第七十条 畜牧兽医行政主管部门的工作人员利用职务上的便利,收受他人财物或者谋取其他利益,对不符合法定条件的单位、个人核发许可证或者有关批准文件,不履行监督职责,或者发现违法行为不予查处的,依法给予行政处分。

第七十一条 违反本法规定,构成犯罪的,依法追究刑事责任。

第八章 附 则

第七十二条 本法所称畜禽遗传资源,是指畜禽及其卵子(蛋)、胚胎、精液、基因物质等遗传材料。

本法所称种畜禽,是指经过选育、具有种用价值、适于繁殖后代的畜禽及其卵子(蛋)、胚胎、精液等。

第七十三条 本法自 2006 年 7 月 1 日起施行。

附录 3

中华人民共和国动物防疫法

(1997 年 7 月 3 日第八届全国人民代表大会常务委员会第二十六次会议通过,2007 年 8 月 30 日第十届全国人民代表大会常务委员会第二十九次会议修订)

目　录

第一章　总　　则

第一条　为了加强对动物防疫活动的管理,预防、控制和扑灭动物疫病,促进养殖业发展,保护人体健康,维护公共卫生安全,制订本法。

第二条　本法适用于在中华人民共和国领域内的动物防疫及其监督管理活动。

进出境动物、动物产品的检疫,适用《中华人民共和国进出境动植物检疫法》。

第三条　本法所称动物,是指家畜家禽和人工饲养、合法捕获的其他动物。

本法所称动物产品,是指动物的肉、生皮、原毛、绒、脏器、脂、血液、精液、卵、胚胎、骨、蹄、头、角、筋以及可能传播动物疫病的奶、蛋等。

本法所称动物疫病,是指动物传染病、寄生虫病。

本法所称动物防疫,是指动物疫病的预防、控制、扑灭和动物、动物产品的检疫。

第四条 根据动物疫病对养殖业生产和人体健康的危害程度,本法规定管理的动物疫病分为下列三类:

(一)一类疫病,是指对人与动物危害严重,需要采取紧急、严厉的强制预防、控制、扑灭等措施的;

(二)二类疫病,是指可能造成重大经济损失,需要采取严格控制、扑灭等措施,防止扩散的;

(三)三类疫病,是指常见多发、可能造成重大经济损失,需要控制和净化的。

前款一、二、三类动物疫病具体病种名录由国务院兽医主管部门制定并公布。

第五条 国家对动物疫病实行预防为主的方针。

第六条 县级以上人民政府应当加强对动物防疫工作的统一领导,加强基层动物防疫队伍建设,建立健全动物防疫体系,制定并组织实施动物疫病防治规划。

乡级人民政府、城市街道办事处应当组织群众协助做好本管辖区域内的动物疫病预防与控制工作。

第七条 国务院兽医主管部门主管全国的动物防疫工作。

县级以上地方人民政府兽医主管部门主管本行政区域内的动物防疫工作。

县级以上人民政府其他部门在各自的职责范围内做好动物防疫工作。

军队和武装警察部队动物卫生监督职能部门分别负责军队和武装警察部队现役动物及饲养自用动物的防疫工作。

第八条 县级以上地方人民政府设立的动物卫生监督机构依照本法规定,负责动物、动物产品的检疫工作和其他有关动物防疫的监督管理执法工作。

第九条 县级以上人民政府按照国务院的规定,根据统筹规划、合理布局、综合设置的原则建立动物疫病预防控制机构,承担动物疫病的监测、检测、诊断、流行病学调查、疫情报告以及其他预防、控制等技术工作。

第十条 国家支持和鼓励开展动物疫病的科学研究以及国际合作与交流,推广先进适用的科学研究成果,普及动物防疫科学知识,提高动物疫病防治的科学技术水平。

第十一条 对在动物防疫工作、动物防疫科学研究中做出成绩和贡献的单位和个人,各级人民政府及有关部门给予奖励。

第二章 动物疫病的预防

第十二条 国务院兽医主管部门对动物疫病状况进行风险评估,根据评估结果制定相应的动物疫病预防、控制措施。

国务院兽医主管部门根据国内外动物疫情和保护养殖业生产及人体健康的需要,及时制定并公布动物疫病预防、控制技术规范。

第十三条 国家对严重危害养殖业生产和人体健康的动物疫病实施强制免疫。国务院兽医主管部门确定强制免疫的动物疫病病种和区域,并会同国务院有关部门制定国家动物疫病强制免疫计划。

省、自治区、直辖市人民政府兽医主管部门根据国家动物疫病强制免疫计划,制订本行政区域的强制免疫计划;并可以根据本行政区域内动物疫病流行情况增加实施强制免疫的动物疫病病种和区域,报本级人民政府批准后执行,并报国务院兽医主管部门备案。

第十四条 县级以上地方人民政府兽医主管部门组织实施动物疫病强制免疫计划。乡级人民政府、城市街道办事处应当组织本管辖区域内饲养动物的单位和个人做好强制免疫工作。

饲养动物的单位和个人应当依法履行动物疫病强制免疫义务,按照兽医主管部门的要求做好强制免疫工作。

经强制免疫的动物,应当按照国务院兽医主管部门的规定建立免疫档案,加施畜禽标识,实施可追溯管理。

第十五条 县级以上人民政府应当建立健全动物疫情监测网络,加强动物疫情监测。

国务院兽医主管部门应当制定国家动物疫病监测计划。省、自治区、直辖市人民政府兽医主管部门应当根据国家动物疫病监测计划,制定本行政区域的动物疫病监测计划。

动物疫病预防控制机构应当按照国务院兽医主管部门的规定,对动物疫病的发生、流行等情况进行监测;从事动物饲养、屠宰、经营、隔离、运输以及动物产品生产、经营、加工、贮藏等活动的单位和个人不得拒绝或者阻碍。

第十六条 国务院兽医主管部门和省、自治区、直辖市人民政府兽医主管部门应当根据对动物疫病发生、流行趋势的预测,及时发出动物疫情预警。地方各级人民政府接到动物疫情预警后,应当采取相应的预防、控制措施。

第十七条 从事动物饲养、屠宰、经营、隔离、运输以及动物产品生产、经营、加工、贮藏等活动的单位和个人,应当依照本法和国务院兽医主管部门的规定,做好免疫、消毒等动物疫病预防工作。

第十八条 种用、乳用动物和宠物应当符合国务院兽医主管部门规定的健康标准。

种用、乳用动物应当接受动物疫病预防控制机构的定期检测;检测不合格的,应当按照国务院兽医主管部门的规定予以处理。

第十九条 动物饲养场(养殖小区)和隔离场所,动物屠宰加工场所,以及动物和动物产品无害化处理场所,应当符合下列动物防疫条件:

(一)场所的位置与居民生活区、生活饮用水源地、学校、医院等公共场所的距离符合国务院兽医主管部门规定的标准；

(二)生产区封闭隔离,工程设计和工艺流程符合动物防疫要求；

(三)有相应的污水、污物、病死动物、染疫动物产品的无害化处理设施设备和清洗消毒设施设备；

(四)有为其服务的动物防疫技术人员；

(五)有完善的动物防疫制度；

(六)具备国务院兽医主管部门规定的其他动物防疫条件。

第二十条 兴办动物饲养场(养殖小区)和隔离场所,动物屠宰加工场所,以及动物和动物产品无害化处理场所,应当向县级以上地方人民政府兽医主管部门提出申请,并附具相关材料。受理申请的兽医主管部门应当依照本法和《中华人民共和国行政许可法》的规定进行审查。经审查合格的,发给动物防疫条件合格证;不合格的,应当通知申请人并说明理由。

动物防疫条件合格证应当载明申请人的名称、场(厂)址等事项。

经营动物、动物产品的集贸市场应当具备国务院兽医主管部门规定的动物防疫条件,并接受动物卫生监督机构的监督检查。

第二十一条 动物、动物产品的运载工具、垫料、包装物、容器等应当符合国务院兽医主管部门规定的动物防疫要求。

染疫动物及其排泄物、染疫动物产品,病死或者死因不明的动物尸体,运载工具中的动物排泄物以及垫料、包装物、容器等污染物,应当按照国务院兽医主管部门的规定处理,不得随意处置。

第二十二条 采集、保存、运输动物病料或者病原微生物以及从事病原微生物研究、教学、检测、诊断等活动,应当遵守国家有关病原微生物实验室管理的规定。

第二十三条 患有人畜共患传染病的人员不得直接从事动物诊疗以及易感染动物的饲养、屠宰、经营、隔离、运输等活动。

人畜共患传染病名录由国务院兽医主管部门会同国务院卫生主管部门制定并公布。

第二十四条 国家对动物疫病实行区域化管理,逐步建立无规定动物疫病区。无规定动物疫病区应当符合国务院兽医主管部门规定的标准,经国务院兽医主管部门验收合格予以公布。

本法所称无规定动物疫病区,是指具有天然屏障或者采取人工措施,在一定期限内没有发生规定的一种或者几种动物疫病,并经验收合格的区域。

第二十五条 禁止屠宰、经营、运输下列动物和生产、经营、加工、贮藏、运输下列动物产品：

(一)封锁疫区内与所发生动物疫病有关的；

(二)疫区内易感染的；

(三)依法应当检疫而未经检疫或者检疫不合格的；

(四)染疫或者疑似染疫的；

(五)病死或者死因不明的；

(六)其他不符合国务院兽医主管部门有关动物防疫规定的。

第三章　动物疫情的报告、通报和公布

第二十六条　从事动物疫情监测、检验检疫、疫病研究与诊疗以及动物饲养、屠宰、经营、隔离、运输等活动的单位和个人,发现动物染疫或者疑似染疫的,应当立即向当地兽医主管部门、动物卫生监督机构或者动物疫病预防控制机构报告,并采取隔离等控制措施,防止动物疫情扩散。其他单位和个人发现动物染疫或者疑似染疫的,应当及时报告。

接到动物疫情报告的单位,应当及时采取必要的控制处理措施,并按照国家规定的程序上报。

第二十七条　动物疫情由县级以上人民政府兽医主管部门认定；其中重大动物疫情由省、自治区、直辖市人民政府兽医主管部门认定,必要时报国务院兽医主管部门认定。

第二十八条　国务院兽医主管部门应当及时向国务院有关部门和军队有关部门以及省、自治区、直辖市人民政府兽医主管部门通报重大动物疫情的发生和处理情况;发生人畜共患传染病的,县级以上人民政府兽医主管部门与同级卫生主管部门应当及时相互通报。

国务院兽医主管部门应当依照我国缔结或者参加的条约、协定,及时向有关国际组织或者贸易方通报重大动物疫情的发生和处理情况。

第二十九条　国务院兽医主管部门负责向社会及时公布全国动物疫情,也可以根据需要授权省、自治区、直辖市人民政府兽医主管部门公布本行政区域内的动物疫情。其他单位和个人不得发布动物疫情。

第三十条　任何单位和个人不得瞒报、谎报、迟报、漏报动物疫情,不得授意他人瞒报、谎报、迟报动物疫情,不得阻碍他人报告动物疫情。

第四章　动物疫病的控制和扑灭

第三十一条　发生一类动物疫病时,应当采取下列控制和扑灭措施:

(一)当地县级以上地方人民政府兽医主管部门应当立即派人到现场,划定疫点、疫区、受

威胁区,调查疫源,及时报请本级人民政府对疫区实行封锁。疫区范围涉及两个以上行政区域的,由有关行政区域共同的上一级人民政府对疫区实行封锁,或者由各有关行政区域的上一级人民政府共同对疫区实行封锁。必要时,上级人民政府可以责成下级人民政府对疫区实行封锁。

(二)县级以上地方人民政府应当立即组织有关部门和单位采取封锁、隔离、扑杀、销毁、消毒、无害化处理、紧急免疫接种等强制性措施,迅速扑灭疫病。

(三)在封锁期间,禁止染疫、疑似染疫和易感染的动物、动物产品流出疫区,禁止非疫区的易感染动物进入疫区,并根据扑灭动物疫病的需要对出入疫区的人员、运输工具及有关物品采取消毒和其他限制性措施。

第三十二条 发生二类动物疫病时,应当采取下列控制和扑灭措施:

(一)当地县级以上地方人民政府兽医主管部门应当划定疫点、疫区、受威胁区。

(二)县级以上地方人民政府根据需要组织有关部门和单位采取隔离、扑杀、销毁、消毒、无害化处理、紧急免疫接种、限制易感染的动物和动物产品及有关物品出入等控制、扑灭措施。

第三十三条 疫点、疫区、受威胁区的撤销和疫区封锁的解除,按照国务院兽医主管部门规定的标准和程序评估后,由原决定机关决定并宣布。

第三十四条 发生三类动物疫病时,当地县级、乡级人民政府应当按照国务院兽医主管部门的规定组织防治和净化。

第三十五条 二、三类动物疫病呈暴发性流行时,按照一类动物疫病处理。

第三十六条 为控制、扑灭动物疫病,动物卫生监督机构应当派人在当地依法设立的现有检查站执行监督检查任务;必要时,经省、自治区、直辖市人民政府批准,可以设立临时性的动物卫生监督检查站,执行监督检查任务。

第三十七条 发生人畜共患传染病时,卫生主管部门应当组织对疫区易感染的人群进行监测,并采取相应的预防、控制措施。

第三十八条 疫区内有关单位和个人,应当遵守县级以上人民政府及其兽医主管部门依法作出的有关控制、扑灭动物疫病的规定。

任何单位和个人不得藏匿、转移、盗掘已被依法隔离、封存、处理的动物和动物产品。

第三十九条 发生动物疫情时,航空、铁路、公路、水路等运输部门应当优先组织运送控制、扑灭疫病的人员和有关物资。

第四十条 一、二、三类动物疫病突然发生,迅速传播,给养殖业生产安全造成严重威胁、危害,以及可能对公众身体健康与生命安全造成危害,构成重大动物疫情的,依照法律和国务院的规定采取应急处理措施。

第五章 动物和动物产品

第四十一条 动物卫生监督机构依照本法和国务院兽医主管部门的规定对动物、动物产品实施检疫。

动物卫生监督机构的官方兽医具体实施动物、动物产品检疫。官方兽医应当具备规定的资格条件,取得国务院兽医主管部门颁发的资格证书,具体办法由国务院兽医主管部门会同国务院人事行政部门制定。

本法所称官方兽医,是指具备规定的资格条件并经兽医主管部门任命的,负责出具检疫等证明的国家兽医工作人员。

第四十二条 屠宰、出售或者运输动物以及出售或者运输动物产品前,货主应当按照国务院兽医主管部门的规定向当地动物卫生监督机构申报检疫。

动物卫生监督机构接到检疫申报后,应当及时指派官方兽医对动物、动物产品实施现场检疫;检疫合格的,出具检疫证明、加施检疫标志。实施现场检疫的官方兽医应当在检疫证明、检疫标志上签字或者盖章,并对检疫结论负责。

第四十三条 屠宰、经营、运输以及参加展览、演出和比赛的动物,应当附有检疫证明;经营和运输的动物产品,应当附有检疫证明、检疫标志。

对前款规定的动物、动物产品,动物卫生监督机构可以查验检疫证明、检疫标志,进行监督抽查,但不得重复检疫收费。

第四十四条 经铁路、公路、水路、航空运输动物和动物产品的,托运人托运时应当提供检疫证明;没有检疫证明的,承运人不得承运。

运载工具在装载前和卸载后应当及时清洗、消毒。

第四十五条 输入到无规定动物疫病区的动物、动物产品,货主应当按照国务院兽医主管部门的规定向无规定动物疫病区所在地动物卫生监督机构申报检疫,经检疫合格的,方可进入;检疫所需费用纳入无规定动物疫病区所在地地方人民政府财政预算。

第四十六条 跨省、自治区、直辖市引进乳用动物、种用动物及其精液、胚胎、种蛋的,应当向输入地省、自治区、直辖市动物卫生监督机构申请办理审批手续,并依照本法第四十二条的规定取得检疫证明。

跨省、自治区、直辖市引进的乳用动物、种用动物到达输入地后,货主应当按照国务院兽医主管部门的规定对引进的乳用动物、种用动物进行隔离观察。

第四十七条 人工捕获的可能传播动物疫病的野生动物,应当报经捕获地动物卫生监督机构检疫,经检疫合格的,方可饲养、经营和运输。

第四十八条 经检疫不合格的动物、动物产品,货主应当在动物卫生监督机构监督下按照国务院兽医主管部门的规定处理,处理费用由货主承担。

第四十九条 依法进行检疫需要收取费用的,其项目和标准由国务院财政部门、物价主管部门规定。

第六章 动物诊疗

第五十条 从事动物诊疗活动的机构,应当具备下列条件:

(一)有与动物诊疗活动相适应并符合动物防疫条件的场所;

(二)有与动物诊疗活动相适应的执业兽医;

(三)有与动物诊疗活动相适应的兽医器械和设备;

(四)有完善的管理制度。

第五十一条 设立从事动物诊疗活动的机构,应当向县级以上地方人民政府兽医主管部门申请动物诊疗许可证。受理申请的兽医主管部门应当依照本法和《中华人民共和国行政许可法》的规定进行审查。经审查合格的,发给动物诊疗许可证;不合格的,应当通知申请人并说明理由。

第五十二条 动物诊疗许可证应当载明诊疗机构名称、诊疗活动范围、从业地点和法定代表人(负责人)等事项。

动物诊疗许可证载明事项变更的,应当申请变更或者换发动物诊疗许可证。

第五十三条 动物诊疗机构应当按照国务院兽医主管部门的规定,做好诊疗活动中的卫生安全防护、消毒、隔离和诊疗废弃物处置等工作。

第五十四条 国家实行执业兽医资格考试制度。具有兽医相关专业大学专科以上学历的,可以申请参加执业兽医资格考试;考试合格的,由省、自治区、直辖市人民政府兽医主管部门颁发执业兽医资格证书;从事动物诊疗的,还应当向当地县级人民政府兽医主管部门申请注册。执业兽医资格考试和注册办法由国务院兽医主管部门商国务院人事行政部门制定。

本法所称执业兽医,是指从事动物诊疗和动物保健等经营活动的兽医。

第五十五条 经注册的执业兽医,方可从事动物诊疗、开具兽药处方等活动。但是,本法第五十七条对乡村兽医服务人员另有规定的,从其规定。

执业兽医、乡村兽医服务人员应当按照当地人民政府或者兽医主管部门的要求,参加预防、控制和扑灭动物疫病的活动。

第五十六条 从事动物诊疗活动,应当遵守有关动物诊疗的操作技术规范,使用符合国家规定的兽药和兽医器械。

第五十七条 乡村兽医服务人员可以在乡村从事动物诊疗服务活动,具体管理办法由国务院兽医主管部门制定。

第七章 监督管理

第五十八条 动物卫生监督机构依照本法规定,对动物饲养、屠宰、经营、隔离、运输以及动物产品生产、经营、加工、贮藏、运输等活动中的动物防疫实施监督管理。

第五十九条 动物卫生监督机构执行监督检查任务,可以采取下列措施,有关单位和个人不得拒绝或者阻碍:

(一)对动物、动物产品按照规定采样、留验、抽检;

(二)对染疫或者疑似染疫的动物、动物产品及相关物品进行隔离、查封、扣押和处理;

(三)对依法应当检疫而未经检疫的动物实施补检;

(四)对依法应当检疫而未经检疫的动物产品,具备补检条件的实施补检,不具备补检条件的予以没收销毁;

(五)查验检疫证明、检疫标志和畜禽标识;

(六)进入有关场所调查取证,查阅、复制与动物防疫有关的资料。

动物卫生监督机构根据动物疫病预防、控制需要,经当地县级以上地方人民政府批准,可以在车站、港口、机场等相关场所派驻官方兽医。

第六十条 官方兽医执行动物防疫监督检查任务,应当出示行政执法证件,佩戴统一标志。

动物卫生监督机构及其工作人员不得从事与动物防疫有关的经营性活动,进行监督检查不得收取任何费用。

第六十一条 禁止转让、伪造或者变造检疫证明、检疫标志或者畜禽标识。

检疫证明、检疫标志的管理办法,由国务院兽医主管部门制定。

第八章 保障措施

第六十二条 县级以上人民政府应当将动物防疫纳入本级国民经济和社会发展规划及年度计划。

第六十三条 县级人民政府和乡级人民政府应当采取有效措施,加强村级防疫员队伍建设。

县级人民政府兽医主管部门可以根据动物防疫工作需要，向乡、镇或者特定区域派驻兽医机构。

第六十四条 县级以上人民政府按照本级政府职责，将动物疫病预防、控制、扑灭、检疫和监督管理所需经费纳入本级财政预算。

第六十五条 县级以上人民政府应当储备动物疫情应急处理工作所需的防疫物资。

第六十六条 对在动物疫病预防和控制、扑灭过程中强制扑杀的动物、销毁的动物产品和相关物品，县级以上人民政府应当给予补偿。具体补偿标准和办法由国务院财政部门会同有关部门制定。

因依法实施强制免疫造成动物应激死亡的，给予补偿。具体补偿标准和办法由国务院财政部门会同有关部门制定。

第六十七条 对从事动物疫病预防、检疫、监督检查、现场处理疫情以及在工作中接触动物疫病病原体的人员，有关单位应当按照国家规定采取有效的卫生防护措施和医疗保健措施。

第九章 法律责任

第六十八条 地方各级人民政府及其工作人员未依照本法规定履行职责的，对直接负责的主管人员和其他直接责任人员依法给予处分。

第六十九条 县级以上人民政府兽医主管部门及其工作人员违反本法规定，有下列行为之一的，由本级人民政府责令改正，通报批评；对直接负责的主管人员和其他直接责任人员依法给予处分：

(一)未及时采取预防、控制、扑灭等措施的；

(二)对不符合条件的颁发动物防疫条件合格证、动物诊疗许可证，或者对符合条件的拒不颁发动物防疫条件合格证、动物诊疗许可证的；

(三)其他未依照本法规定履行职责的行为。

第七十条 动物卫生监督机构及其工作人员违反本法规定，有下列行为之一的，由本级人民政府或者兽医主管部门责令改正，通报批评；对直接负责的主管人员和其他直接责任人员依法给予处分：

(一)对未经现场检疫或者检疫不合格的动物、动物产品出具检疫证明、加施检疫标志，或者对检疫合格的动物、动物产品拒不出具检疫证明、加施检疫标志的；

(二)对附有检疫证明、检疫标志的动物、动物产品重复检疫的；

(三)从事与动物防疫有关的经营性活动，或者在国务院财政部门、物价主管部门规定外加收费用、重复收费的；

(四)其他未依照本法规定履行职责的行为。

第七十一条 动物疫病预防控制机构及其工作人员违反本法规定，有下列行为之一的，由本级人民政府或者兽医主管部门责令改正，通报批评；对直接负责的主管人员和其他直接责任人员依法给予处分：

(一)未履行动物疫病监测、检测职责或者伪造监测、检测结果的；

(二)发生动物疫情时未及时进行诊断、调查的；

(三)其他未依照本法规定履行职责的行为。

第七十二条 地方各级人民政府、有关部门及其工作人员瞒报、谎报、迟报、漏报或者授意他人瞒报、谎报、迟报动物疫情，或者阻碍他人报告动物疫情的，由上级人民政府或者有关部门责令改正，通报批评；对直接负责的主管人员和其他直接责任人员依法给予处分。

第七十三条 违反本法规定，有下列行为之一的，由动物卫生监督机构责令改正，给予警告；拒不改正的，由动物卫生监督机构代作处理，所需处理费用由违法行为人承担，可以处一千元以下罚款：

(一)对饲养的动物不按照动物疫病强制免疫计划进行免疫接种的；

(二)种用、乳用动物未经检测或者经检测不合格而不按照规定处理的；

(三)动物、动物产品的运载工具在装载前和卸载后没有及时清洗、消毒的。

第七十四条 违反本法规定，对经强制免疫的动物未按照国务院兽医主管部门规定建立免疫档案、加施畜禽标识的，依照《中华人民共和国畜牧法》的有关规定处罚。

第七十五条 违反本法规定，不按照国务院兽医主管部门规定处置染疫动物及其排泄物，染疫动物产品，病死或者死因不明的动物尸体，运载工具中的动物排泄物以及垫料、包装物、容器等污染物以及其他经检疫不合格的动物、动物产品的，由动物卫生监督机构责令无害化处理，所需处理费用由违法行为人承担，可以处三千元以下罚款。

第七十六条 违反本法第二十五条规定，屠宰、经营、运输动物或者生产、经营、加工、贮藏、运输动物产品的，由动物卫生监督机构责令改正、采取补救措施，没收违法所得和动物、动物产品，并处同类检疫合格动物、动物产品货值金额一倍以上五倍以下罚款；其中依法应当检疫而未检疫的，依照本法第七十八条的规定处罚。

第七十七条 违反本法规定，有下列行为之一的，由动物卫生监督机构责令改正，处一千元以上一万元以下罚款；情节严重的，处一万元以上十万元以下罚款：

(一)兴办动物饲养场(养殖小区)和隔离场所，动物屠宰加工场所，以及动物和动物产品无害化处理场所，未取得动物防疫条件合格证的；

(二)未办理审批手续,跨省、自治区、直辖市引进乳用动物、种用动物及其精液、胚胎、种蛋的;

(三)未经检疫,向无规定动物疫病区输入动物、动物产品的。

第七十八条 违反本法规定,屠宰、经营、运输的动物未附有检疫证明,经营和运输的动物产品未附有检疫证明、检疫标志的,由动物卫生监督机构责令改正,处同类检疫合格动物、动物产品货值金额百分之十以上百分之五十以下罚款;对货主以外的承运人处运输费用一倍以上三倍以下罚款。

违反本法规定,参加展览、演出和比赛的动物未附有检疫证明的,由动物卫生监督机构责令改正,处一千元以上三千元以下罚款。

第七十九条 违反本法规定,转让、伪造或者变造检疫证明、检疫标志或者畜禽标识的,由动物卫生监督机构没收违法所得,收缴检疫证明、检疫标志或者畜禽标识,并处三千元以上三万元以下罚款。

第八十条 违反本法规定,有下列行为之一的,由动物卫生监督机构责令改正,处一千元以上一万元以下罚款:

(一)不遵守县级以上人民政府及其兽医主管部门依法作出的有关控制、扑灭动物疫病规定的;

(二)藏匿、转移、盗掘已被依法隔离、封存、处理的动物和动物产品的;

(三)发布动物疫情的。

第八十一条 违反本法规定,未取得动物诊疗许可证从事动物诊疗活动的,由动物卫生监督机构责令停止诊疗活动,没收违法所得;违法所得在三万元以上的,并处违法所得一倍以上三倍以下罚款;没有违法所得或者违法所得不足三万元的,并处三千元以上三万元以下罚款。

动物诊疗机构违反本法规定,造成动物疫病扩散的,由动物卫生监督机构责令改正,处一万元以上五万元以下罚款;情节严重的,由发证机关吊销动物诊疗许可证。

第八十二条 违反本法规定,未经兽医执业注册从事动物诊疗活动的,由动物卫生监督机构责令停止动物诊疗活动,没收违法所得,并处一千元以上一万元以下罚款。

执业兽医有下列行为之一的,由动物卫生监督机构给予警告,责令暂停六个月以上一年以下动物诊疗活动;情节严重的,由发证机关吊销注册证书:

(一)违反有关动物诊疗的操作技术规范,造成或者可能造成动物疫病传播、流行的;

(二)使用不符合国家规定的兽药和兽医器械的;

(三)不按照当地人民政府或者兽医主管部门要求参加动物疫病预防、控制和扑灭活动的。

第八十三条 违反本法规定，从事动物疫病研究与诊疗和动物饲养、屠宰、经营、隔离、运输，以及动物产品生产、经营、加工、贮藏等活动的单位和个人，有下列行为之一的，由动物卫生监督机构责令改正；拒不改正的，对违法行为单位处一千元以上一万元以下罚款，对违法行为个人可以处五百元以下罚款：

(一)不履行动物疫情报告义务的；

(二)不如实提供与动物防疫活动有关资料的；

(三)拒绝动物卫生监督机构进行监督检查的；

(四)拒绝动物疫病预防控制机构进行动物疫病监测、检测的。

第八十四条 违反本法规定，构成犯罪的，依法追究刑事责任。

违反本法规定，导致动物疫病传播、流行等，给他人人身、财产造成损害的，依法承担民事责任。

第十章 附 则

第八十五条 本法自 2008 年 1 月 1 日起施行。

附录 4

中华人民共和国农业行业标准

天祝白牦牛

Tianzhu white yak

中华人民共和国农业部 发布

前　言

本标准的第 3 章为强制性的,其余为推荐性的。

本标准的附录 A、附录 B 为规范性附录。

本标准由中华人民共和国农业部畜牧司提出。

本标准由全国畜牧业标准化技术委员会归口。

本标准起草单位:中国农业科学院兰州畜牧与兽药研究所、甘肃省天祝白牦牛育种实验场。

本标准主要起草人:阎萍、梁育林、梁春年、郭宪、张海明、高雅琴、曾玉峰、裴杰、潘和平

天祝白牦牛

1 范围

本标准规定了天祝白牦牛的品种特征、评级标准和评级规则。

本标准适用于天祝白牦牛品种鉴定、选育和等级评定。

2 术语和定义

下列术语和定义适用于本标准。

2.1 天祝白牦牛　Tianzhu white yak

天祝白牦牛是我国乃至世界稀有而珍贵的牦牛遗传资源,是经过长期自然选择和人工选育而形成的肉毛兼用型牦牛地方品种,对高寒严酷的草原生态环境有很强适应性。因其产于甘肃省天祝藏族自治县,具有被毛洁白如雪的外貌特征,而被称为“天祝白牦牛”。

2.2 毛绒产量 hair yield

指从牦牛个体的体躯上剪(拔)下的粗毛和绒毛的重量。

2.3 体重 body weight

指牦牛个体停食12小时的重量。

2.4 屠宰率 dressing percentage

指牛屠宰后去皮、头、尾、内脏(不包括肾脏和肾脂肪)、腕跗关节以下的四肢、生殖器官,称为胴体。胴体重占屠宰前活体重的百分率为屠宰率。

2.5 净肉率 meat percentage

指胴体剔骨后全部肉重(包括全部肾脏和胴体脂肪)占屠宰前活体重的百分率为净肉率。

3 品种特征

3.1 体型外貌

天祝白牦牛,毛色为纯白。体态结构紧凑,有角(角形较杂)或无角。鬐甲隆起,前躯发育良好,荐部较高。四肢结实,蹄小,质地密。尾形如马尾。体躯各突出部位,肩端至肘,肘至腰角,腰角至髋结节,臀端联线以下,包括胸骨的体表部位,以及项脊至颈峰,下颌和垂皮等部位,着生长而光泽的粗毛(或称裙毛)同尾毛一起围于体侧,胸部、后躯和四肢、颈侧、背腰及尾部,着生较短的粗毛及绒毛。天祝白牦牛两性异形显著。公牛头大、额宽、头心毛卷曲,有角个体角粗长,有雄相。颈粗,鬐甲显著隆起。睾丸紧缩悬在后腹下部,睾丸比普通黄牛种的小。母牛头清秀,角较细,颈细,鬐甲隆起,鬐甲后的背线平直,腹较大不下垂,乳房呈碗碟状,乳头短细。

3.2 体重、体尺

天祝白牦牛成年公牦牛体重平均为257.7kg,体高平均为115.8cm;成年母牦牛体重平均为189.7kg,体高平均为106.2cm。体尺、体重见表1,体尺测量方法见附录A。

表1 成年天祝白牦牛体尺、体重

性别	体高 cm	体长 cm	胸围 cm	管围 cm	体重 kg
公牛	115.8	123.7	163.3	17.5	257.7
母牛	106.2	114.2	152.5	15.2	189.7

3.3 生产性能

3.3.1 产肉性能

天然草场放牧条件下,成年公、母牦牛平均屠宰率为50.90%,平均净肉率为39.6%。

3.3.2 产毛性能

年剪(拔)毛一次,成年公牦牛平均毛绒产量为3.52kg,成年母牦牛平均毛绒产量为

2.28kg，幼年牦牛平均毛绒产量为1.59kg。尾毛两年剪取一次，成年公牛平均尾毛量为0.65kg，母牛平均尾毛量0.42kg。

4 等级鉴定及评定

4.1 单项评定

4.1.1 体型外貌

成年天祝白牦牛体型外貌评分见附录B，体型外貌等级评定见表2。幼年牦牛体型外貌等级评定见表3。

表2 成年天祝白牦牛体型外貌等级评定表

等级	公牛	母牛
特级	85分以上	80分以上
一级	80~84	75~79
二级	75~79	70~74
三级	74分以下	69分以下

表3 幼年天祝白牦牛体型外貌等级评定表

等级	体型外貌评级标准
一级	被毛纯白，毛长丰厚，光泽好。体格大，肢势端正。体型结构及生长发育良好，活泼健壮。
二级	被毛纯白，毛长较密。体格中等，肢势端正。体型结构及生长发育一般，无缺陷，较活泼。
三级	被毛纯白，毛稀短。体格小。体型结构及生长发育差或稍有缺陷。欠活泼或乏弱。

4.1.2 体重

4.1.2.1 成年天祝白牦牛

成年天祝白牦牛体重等级评定见表4。

表4 天祝白牦牛体重等级评定(下限) 单位:kg

性别	年龄或胎次	特级	一级	二级	三级
公	6岁以上	370	320	270	/
	5岁	320	280	220	/
	4岁	290	260	190	/
	3岁	250	220	170	/
母	2胎以上	270	250	220	190
	初胎	240	200	160	140

4.1.2.2 幼年天祝白牦牛

幼年天祝白牦牛体重等级评定见表5。

表5 幼年天祝白牦牛体重等级评定(下限)　　单位:kg

等级	初生重		6月龄		18月龄		30月龄	
	公	母	公	母	公	母	公	母
一级	16	14	80	60	120	100	160	140
二级	14	12	70	50	100	85	130	100
三级	12	10	60	40	80	70	100	90

4.1.3 体高

成年天祝白牦牛体高等级评定见表6。

表6 成年天祝白牦牛体高等级评定(下限)　　单位:cm

性别	年龄或胎次	特等	一等	二等	三等
公	6岁以上	125	120	115	/
	5岁	120	115	110	/
	4岁	115	110	105	/
	3岁	110	105	100	/
母	2胎以上	115	110	105	100
	初胎	110	105	100	95

4.1.4 毛绒产量

成年天祝白牦牛毛绒产量等级评定见表7。

表7 成年天祝白牦牛毛绒产量等级评定(下限)　　单位:kg

性别	年龄或胎次	特等	一等	二等	三等
公	6岁以上	5.0	4.5	4.0	/
	5岁	4.5	4.0	3.5	/
	4岁	4.0	3.5	3.0	/
	3岁	3.0	2.5	2.0	/
母	2胎以上	3.0	2.5	2.0	1.5
	初胎	2.5	2.0	1.5	1.0

4.2 综合评定

4.2.1 成年天祝白牦牛

成年天祝白牦牛综合等级评定见表 8。

表 8 成年天祝白牦牛综合评定等级表

项目	等级																	
单项等级	特	特	特	特	特	特	特	特	特	一	一	一	一	一	一	二	二	二
	特	特	特	特	一	一	一	二	二	一	一	一	二	二	三	二	二	三
	特	一	二	三	一	二	三	二	三	一	二	三	二	三	三	二	三	三
总评等级	特	特	一	二	一	一	二	二	三	一	一	二	二	二	三	二	二	三

4.2.2 幼年天祝白牦牛

幼年天祝白牦牛综合等级评定见表 9。

表 9 幼年天祝白牦牛综合评定等级表

项目	等级					
单项等级	一	一	一	二	二	三
	一	二	三	二	三	三
总评等级	一	一	二	二	二	三

5 评定规则

5.1 单项评定

5.1.1 体型外貌

成年天祝白牦牛按附录 B 表 B.1 评分(百分制)后,再按表 2 评定体型外貌等级。幼年按表 3 评定体型外貌等级。凡被毛非纯白(如有杂色毛)及畸形,体型外貌有严重缺陷者不予评定。初评应在剪毛前,剪毛后复查并调整评分。特、一级种公牦牛的体型外貌评分表中必须注明其明显的优、缺点。以供选配时参考。

5.1.2 体重

称重应在早晨出牧前(即停食 12 小时)进行。有条件时最好在同一时间连续称重两次,取其平均值。用公式(见附录 A)计算时,应经过校正。因条件限制对成年牦牛难以进行称重时也可单测体高指标,按表 6 评定等级,用来代替体重等级。犊牛初生重在出生 24 小时内称重。

5.1.3 体高

成年天祝白牦牛体高等级评定按表 6 进行,评定时间在剪毛前进行。

5.1.4 毛绒产量

成年天祝白牦牛的毛绒产量(不包括尾毛)等级评定按表7进行,测定结合剪毛季节进行,用秤称重。尾毛两年剪取一次,要登记其尾毛长度、产量,供评定时参考。

5.2 综合评定

5.2.1 种公牦牛

5.2.1.1 6岁以上公牦牛

以其本身体型外貌(附录B表B.1)、体重(表4)、毛绒产量(表7)三项等级评定为主,参考体高(表6)等级评定。评定为特级、一级、二级的公牦牛可作种用。

5.2.1.2 3~5岁公牦牛

以其本身体型外貌(附录B表B.1)、体重(表4)、毛绒产量(表7)三项等级评定为主,参考体高(表6)等级评定,按表8综合评定,除个别优秀个体外,一般不得评为特级。评定为特级、一级、二级公牦牛可作为后备种牛。

5.2.2 母牦牛

初胎及2胎以上母牦牛,据体型外貌、体重(或体高)、毛绒产量等级,按表8综合评定等级,对产有两头以上杂色犊牛的母牦牛不得评为特等。

5.2.3 幼年牦牛

幼年牦牛根据体型外貌、体重等级按表9综合评定等级。

(附录A,附录B略)